Basiswissen Transportation-Design

Die Zugangsinformationen zum eBook inside finden Sie am Ende des Buches in der gedruckten Ausgabe.

Hartmut Seeger

Basiswissen Transportation-Design

Anforderungen - Lösungen - Bewertungen

15 Vorlesungen und ein Anwendungsbeispiel

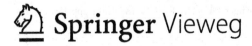 Springer Vieweg

Hartmut Seeger
Universität Stuttgart
Stuttgart, Deutschland

ISBN 978-3-658-04448-0   ISBN 978-3-658-04449-7 (eBook)
DOI 10.1007/978-3-658-04449-7

Die Deutsche Nationalbibliothek verzeichnet diese Publikation in der Deutschen Nationalbibliografie; detaillierte bibliografische Daten sind im Internet über http://dnb.d-nb.de abrufbar.

Springer Vieweg
© Springer Fachmedien Wiesbaden 2014

Springer Vieweg ist eine Marke von Springer DE. Springer DE ist Teil der Fachverlagsgruppe Springer Science+Business Media
www.springer-vieweg.de

Vorwort

Das Entwickeln von Fahrzeugen – oder erweitert, von Transportmitteln – ist heute eine eigenständige Wissensdisziplin (s. Verlagsverzeichnis von Springer Vieweg mit ca. 100 Titeln).

Das vorliegende Vorlesungsmanuskript und Studienbuch konzentriert sich darauf, das diesbezügliche Designthema in einem Semesterprogramm von 15 Vorlesungen bzw. Abschnitten inhaltlich umfassend darzustellen. Dies erfolgte über 7 Wintersemester an der Universität Stuttgart für die Diplomstudenten der Fahrzeug- und Motorentechnik.

Zugunsten dieser fachlichen Breite wurde auf organisatorische, methodische und auch darstellungstechnische Aspekte verzichtet.

Die Gliederung dieses Studienbuches ist implizit trotz fehlender Ablaufpläne und Workflows eine Empfehlung für eine erfolgreiche Designarbeit.

Allgemeine Zielsetzungen dieser Vorlesungen waren:

– „Transportation-Design" wurde gewählt wegen der vielen fachlichen Wechselbezüge zwischen den Wasser-, Land- und Luftfahrzeugen.
– Das Transportation-Design ist die komplexeste und schwierigste Aufgabenstellung des industriellen Designs, insbesondere beim Design von Schiffen, Schienenfahrzeugen, Flugzeugen u. a. mit mehreren Räumen.
– Der Einsatz neuer, insbesondere virtueller Hilfsmittel enthebt nicht von der grundsätzlichen Auseinandersetzung mit fachlichen Grundfragen, wie z. B. dem Komfort.

Grundlegende Entwicklungslinien sind:

– von den historischen Ansätzen des Fahrzeugdesigns und ihren Designern bis zum modernen Advanced Design;
– vom Interior- und Interface-Design zum Exterior-Design;
– von der historischen Vermessung des Menschen bis zu Komfort, Ergonomie und Kundentypologie;
– von der funktionalen Maßkonzeption bis zur aerodynamischen Gestaltbildung;
– vom Einzelfahrzeug bis zu Fahrzeugprogrammen durch Variantenbildung aus Baukästen.

Neue Abschnitte und Themenbereiche sind:

– eine neue Informationsästhetik des Fahrzeugdesigns unter Einschluss ihrer pragmatischen oder Handlungsdimension;
– die Bedeutungsprofile für das Interior- und das Exterior-Design in der semantischen oder informativen Gestaltung;

– die Behandlung der „Linea Serpentina" in der formalen oder syntaktischen Gestaltung;
– ein Anwendungsbeispiel in klassisch handwerklicher Bearbeitung, ergänzt um den Rechnereinsatz mit Autodesk Alias (Mixed Reality).

Primäre Zielgruppe dieses Studienbuches sind Studenten aller Disziplinen des Transportwesens, d. h. der Fahrzeugtechnik, der Fahrzeugwirtschaft, des Transportation-Designs, des Interior-Designs u. a. Dieser Lehrstoff und Studieninhalt ist von einer Ausrichtung an einem klassischen Diplomstudiengang ein Post-Graduate-Thema oder ein Masterprogramm. Eine grundständige Vermittlung des Transportation-Designs erscheint problematisch. Sie erscheint sinnlos, wenn damit nur Zeichner („Zeichen-Äffchen") oder Modelleure ausgebildet werden.

Dieses Studienbuch ist weder ein allgemeiner Lösungskatalog noch ein Rezeptbuch. Studieren heißt – nach der Auffassung des Verfassers –, fachliche Fragestellungen kennenzulernen und dazu neue Antworten und Lösungen zu suchen.

Der Text enthält viele Stichwörter, die im konkreten Anwendungsfall durch eigene Recherchen, Fachlektüre, Forschung und Experimente vertieft werden müssen. Hierzu dient auch das umfangreiche Literaturverzeichnis.

Ergebnis des Studiums kann auch sein, dass die gewählte Disziplin zu komplex und zu schwierig ist, ein Faktum, das nicht zuletzt auch für das Transportation-Design gilt.

Erweiterte Zielgruppen dieses Werkes sind alle an einer Fahrzeugentwicklung beteiligten Fachleute:
– Unternehmer, Manager, Strategen, Marketingfachleute,
– Designer, Studioingenieure, Karosseriekonstrukteure, Interface-Entwickler,
– Fachleute der technischen Dokumentation, Tester und Fachjournalisten,
– auch Historiker und Museumsfachleute sowie
– Hochschullehrer und Dozenten.

Dieses Werk ist am Ende meiner über 50-jährigen Berufspraxis als Ingenieur und Designer, als Forscher und Hochschullehrer mein Beitrag zum 50. Gründungstag 2016 des Forschungs- und Lehrgebiets Technisches Design am IKTD der Universität Stuttgart und gleichzeitig eine Dokumentation unseres Wissensstandes in der Phase der Diplomausbildung.

Mein Dank für die guten Arbeitsmöglichkeiten an diesem Institut gilt den beiden Institutsleitern Prof. Dr. K. Langenbeck und Prof. Dr. H. G. Binz sowie meinem Nachfolger Prof. Dr. T. Maier.

Eine intensive fachliche Diskussion mit vielen meiner ehemaligen Studenten, Mitarbeitern und Doktoranden begleitete mich hilfreich.

Dies gilt in gleicher Weise für eine große Zahl ehemaliger Kollegen in der Industrie und an den Hochschulen. An der Erstellung der einzelnen Stufen dieses Vorlesungsmanuskriptes war die Mitarbeit meiner letzten Hilfsassistenten, der Herren cand. mach. E. Öngüner, S. Skoda und K. Minch, besonders hilfreich und sei besonders bedankt. Dies gilt gleichfalls für die langjährige förderliche Begleitung durch den Verlagsleiter und seine Assistentin bis zur Veröffentlichung.

Stuttgart, im Januar 2014   *H. Seeger*

Über den Autor

Transportfahrzeuge zu Wasser, zu Land und in der Luft gehörten zur Umwelt des Autors seit seiner frühesten Jugend. Hartmut Seeger ist 1936 in Stuttgart geboren und in Friedrichshafen aufgewachsen. In dieser süddeutschen Industriestadt waren für ihn die Pionierentwicklungen des Zeppelin-Luftschiffbaus, von Dornier, Maybach, Allgaier-Porsche u. a. präsent und prägend. Dazu die Weiße Flotte und die Segelyachten auf dem Bodensee. Das erste selbständige Führen eines Fahrzeugs erfolgte dort auf einem Elektrokarren der DR. Später folgte das Führen eines Schleppers, einer Segelyacht, eines Motorbootes u. a.

Nach dem Abitur in Stuttgart-Bad Cannstatt absolvierte Seeger eine Vorpraxis bei Daimler-Benz in der Zeit der weltberühmten Renn- und Rennsportwagen und begann anschließend mit dem Studium des Maschinenbaus an der damaligen TH Stuttgart. Seine Studienschwerpunkte lagen u. a. im Kraftfahrwesen und bei den Schienenfahrzeugen. Es folgte eine erste Berufspraxis als technischer Zeichner und Konstrukteur sowie als wissenschaftlicher Mitarbeiter. Zur Vertiefung seiner gestalterischen Interessen absolvierte er 1960/61 ein Zweitstudium an der damaligen Hochschule für Gestaltung (HfG) Ulm. Dieses Studium eröffnete ihm die neue Welt des Designs mit den Leitbildern eines erweiterten Funktionalismus und einer reduktiven Moderne.

Seine mehrjährige Praxis als angestellter und freiberuflicher Designer startete Seeger als Mitarbeiter bei Form-Technic in Baden-Baden, damals eines der ersten und größten deutschen Designbüros mit vielen erfolgreichen Projekten im Fahrzeugdesign.

1966 erhielt Seeger die Chance als wissenschaftlicher Mitarbeiter und ab 1971 als Lehrbeauftragter das Technische Design im Maschinenbau der TH Stuttgart aufzubauen für die Integration des Designs in die Produktentwicklung. Das Ausbildungsziel waren und sind designorientierte Produktentwickler, nicht zuletzt für die Fahrzeugindustrie, z. B. für die Interior-Konstruktion.

Zu den frühen Erfolgen, der von ihm betreuten Studienarbeiten gehörte 1968 der erste Preis in dem FORD-Wettbewerb „Das Auto von morgen".

Neben vielen praktischen Studien- und Entwicklungsarbeiten folgten erste Projekte zur Designforschung einschließlich der Designgeschichte sowie erste Fachpublikationen.

1975 wurde Seeger an die Fachhochschule für Gestaltung (FHG) Pforzheim als Dozent für Designwissenschaften berufen. Er war dort der Antipode zu den künstlerischen Vertretern des Designs. In seine Zeit als Abteilungsleiter des Industriedesigns fällt auch die Gründung des damaligen Kfz- und heutigen Transportation-Designs.

1980 erfolgte die Berufung von Seeger als Hochschullehrer an die Universität Stuttgart mit der Leitung des Forschungs- und Lehrgebiets Technisches Design bis 2003. Neben dem Ausbau der bisherigen Lehrveranstaltungen kam nun eine vielfältige Forschungsbetreuung maßgeblich von Dissertationen und eine umfangreiche Industrieberatung dazu. Die größten Projekte betrafen in den 80er Jahren das Interior- und das Exterior-Design von vier Schiffen für den Bodensee. Seeger war an vielen Aus- und Fortbildungsstätten für Ingenieure als Designdozent aktiv, wie der TA Esslingen, der ETH Zürich und der Universität Karlsruhe.

In den 80er und 90er Jahren war Seeger an einer Reihe von Symposien und Lehrgängen über Kraftfahrzeuge und Kraftfahrzeugdesign beteiligt. Verantwortlicher Leiter war er von zwei Statusseminaren über Fahrzeugdesign und einem über Schiffsdesign. Seine internationale Plattform war schwerpunktmäßig die ICED (*International Congress of Engineering Design*). Seeger wurde 1998 zum Ordinarius für Technisches Design an der Universität Stuttgart ernannt. Er ist Inhaber einer ganzen Reihe von Designpreisen, z. B. für umweltgerechtes Design, und von Patenten, z. B. im Bereich Interface-Design. Wichtige Mitgliedschaften waren beim VDI (*Verein Deutscher Ingenieure*) und beim VDID (*Verband Deutscher IndustrieDesigner*).

Seit 2003 liegt sein beruflicher Schwerpunkt in der Forschung und einer Vorlesung über Geschichte und Basiswissen des Transportation-Designs.

Inhaltsverzeichnis

Ausgangssituation und Einleitung

Jeder, der sich heute mit der Entwicklung und dem Design neuer Fahrzeuge beschäftigt (**Bild 1-1**), bewegt sich am Ende einer langen Fachgeschichte.

Das Leben des frühen Menschen bestand zu einem Großteil aus Wanderungen. Er musste zu seiner Existenzsicherung „mobil" sein.

Er war ein „homme nomade". Als Hilfsmittel dazu entwickelte er Fahrzeuge:
– zuerst Einbäume, später Schiffe,
– danach Landfahrzeuge: Schleifen, Schlitten, später Wagen (**Bild 1-2**),
– viel später Luftfahrzeuge, zuerst Ballone.

Mit diesem frühen Ansatzpunkt gehören die Fahrzeuge im weitesten Sinn zu unserer Kultur- und Technikgeschichte.

Diese lange Fachgeschichte geben auch die Jubiläen der jüngsten Vergangenheit wieder (**Bilder 1-3/8**):
– 188 Jahre / seit 1824 Binnen-Dampfschiffe in Mitteleuropa,
– 175 Jahre / seit 1837 Österreichische Eisenbahn,
– 150 Jahre / seit 1862 U-Bahn London,
– 128 Jahre / seit 1885 Motorradbau,
– 127 Jahre / seit 1886 Automobilbau,
– 113 Jahre / seit 1900 Erstes Hybridfahrzeug.

Andere Autoren [1-1] setzen diese Fachgeschichte noch früher an:
– 1769   d. h. vor 244 Jahren, der erste dampfgetriebene Wagen, der „Fardier" von Cugnot,
– 1803   das erste Dampftaxi von Trevithik,
– 1835   die ersten Elektrowagen von Stratingh, Becker und Davenport,
– 1863   das erste Gasmobil von Lenoir,
– 1873   das erste Dampfauto von Bollée.

Diese Fachgeschichte kann in den vielfältigen Fahrzeugmuseen nachvollzogen werden. Die dort ausgestellten Exponate, besser Oldtimer, faszinieren jeden Besucher, nicht zuletzt durch ihr „Design".

In der ganzen Welt bestehen die unterschiedlichsten Fahrzeugmuseen und -sammlungen. Allein in Baden-Württemberg, dem Land der Mobilität im Zentrum Europas, gilt diese Aussage für über 50 Museen, wie z. B. das Zeppelin-Museum in Friedrichshafen.

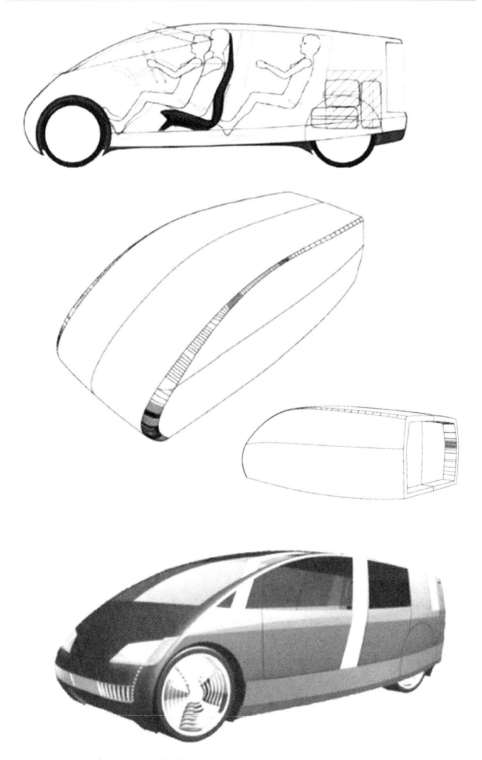

Bild 1-1: Advanced-Design-Studie für einen Mittelklassewagen (s. Abschnitt 15)

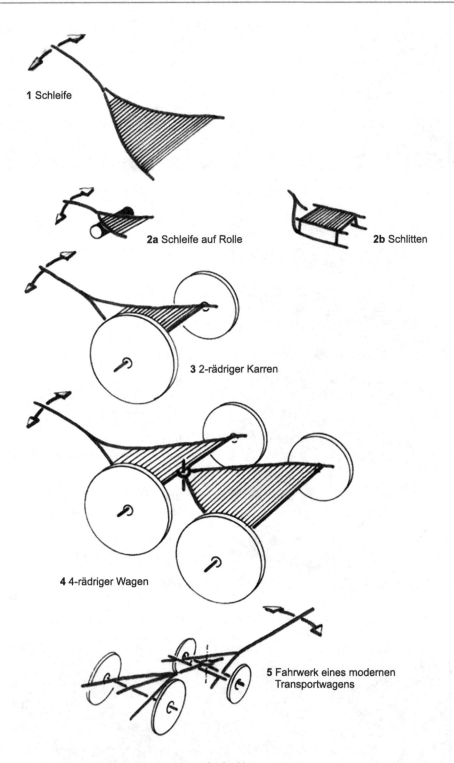

1 Schleife

2a Schleife auf Rolle

2b Schlitten

3 2-rädriger Karren

4 4-rädriger Wagen

5 Fahrwerk eines modernen Transportwagens

Bild 1-2: Hypothese zur Gestaltentwicklung der lenkbaren Wagen

3

4

1940

1930

1909

1909

1907

1853

5

Bild 1-3:
Flugversuch des Schneiders von Ulm
1811

Bild 1-4:
Das erste Bodensee-Dampfschiff
Wilhelm 1824

Bild 1-5:
Veränderung des Lokomotivendesigns
von 1853 bis 1940

Bild 1-6:
Motorkutsche von G. Daimler 1886

Bild 1-7:
Motorwagen von C. Benz 1886

Bild 1-8:
Lohner-Porsche Hybridfahrzeug 1900

6

7

8

Nicht vergessen werden dürfen die verschiedenen Planungen, wie das Mobilitätsmuseum Stuttgart. Alle diese Sammlungen dokumentieren die jeweilige Fahrzeugtechnik und damit verbunden das entsprechende Fahrzeugdesign. Nicht zuletzt auch für 125 Jahre Automobil und 175 Jahre Eisenbahn.

Selbst der Vatikan hat einen Kutschenpavillon mit den früheren Kutschen der Päpste über die Mercedes-Limousinen der 30er Jahre und den ersten, kugelsichereren Papamobilen. In allen diesen Fahrzeugen saß und sitzt der Papst auf einem freistehenden und erhöhten Thron.

Eine allgemeine und umfassende Geschichte des Industriedesigns, wie z. B. für die Architektur, liegt bis heute nicht vor. Eingeschlossen in diese Feststellung ist auch das Fahrzeugdesign. In letzter Zeit verstärkt sich aber die wissenschaftliche Hinwendung und das öffentliche Interesse an diesen Themenfeldern, wie an den neueren Fachpublikationen [1-2], einschließlich denen des Verfassers, abzulesen ist (s. Literaturverzeichnis).

Das Transportationdesign ist der Oberbegriff für das Design aller Arten von Wasser-, Land- und Luftfahrzeugen (**Tabelle 1-1**), d. h. vom Unterseeboot bis zum Weltraumfahrzeug. Es ist interdisziplinär ein Teilbereich der Technik-, Wirtschafts-, Sozial- und Kulturgeschichte, wie z. B. auch das Möbeldesign oder das Werkzeugmaschinendesign. Methodisch ergibt sich daraus die Frage nach der Gültigkeit der jeweiligen Erklärungs- und Gliederungsschemata, wie z. B. der Phasen der Stilgeschichte, oder auch nur die Frage nach dem Ausgangspunkt der jeweiligen Betrachtung, z. B. mit der industriellen Revolution oder schon früher.

Tabelle 1-1: Gliederung der behandelten Transportfahrzeuge

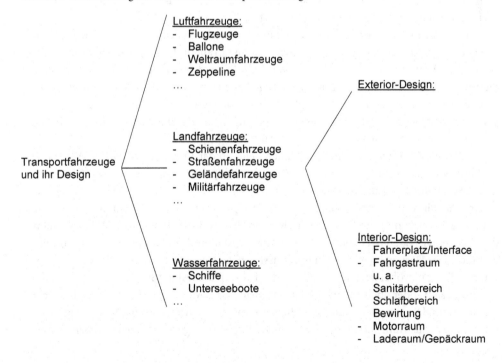

Der generelle Ausgangspunkt der vorliegenden Untersuchung liegt bei den Schiffen. Nach neusten Erkenntnissen gelten ergänzend dazu die Schlitten als die ersten Landfahrzeuge, die der „homme nomade" für seine weltweiten Wanderungen benötigte (**Bild 1-2**). Die ältesten Räder und damit die Wagen werden heute auf die Jungsteinzeit, d. h. 3000 Jahre vor Christus, datiert.

Die Entwicklung der Mobilität in (Mittel-)Europa ab dem 1. Drittel des 19. Jahrhunderts begann in der stilgeschichtlichen Phase des Historismus und dessen späterer Ablösung durch den Funktionalismus. Eine stilistische Zwischenphase war in Deutschland der sogenannte Jugendstil.

Die historischen Ereignisse und Entwicklungen werden von den Geschichtswissenschaften üblicherweise über der Zeitachse in solchen Stilphasen aus der Kunstgeschichte dargestellt. Spätestens seit dem 19. Jahrhundert entstanden aber immer mehr parallele Stilausprägungen, und eine eindeutige Kennzeichnung der Designentwicklung nach seriellen Stilphasen funktionierte nicht mehr. Bei den Versuchen zu einer Geschichte des Fahrzeugdesigns hat dieses Ordnungsprinzip dazu geführt, dass im 20. Jahrhundert alle 10–15 Jahre ein neuer Stil eingeführt wurde. Beispiel:

- Funktionalistisches Design   1914–1930
- Stromlinienform   1930–1949
- Traumwagenstil   1949–1959
- Sachliches Autodesign   1959–1973
- Keilform   ab 1973

Ein ernstzunehmender Ansatz zu einer Designgeschichte war und ist natürlich die Geschichte des Funktionalismus. Allerdings wurde und wird dabei nur eine Designrichtung, nämlich der sogenannte Internationale Stil, die gute Form, der Bauhaus-Look u. a., sozial- und berufspolitisch dargestellt und propagiert.

Der Haupteinwand gegen die Gleichsetzung von Funktionalismus und Designgeschichte ist aber, dass dieser das „Universum der Designs" (**Tabelle 1-2**) der postmodernen Gegenwart und ihre historischen Wurzeln gar nicht behandelt, sondern meist negiert. Eine Designgeschichte, die zu der postmodernen Vielfalt der Fahrzeugdesigns hinführen möchte, darf sich nicht nur auf serielle Stilphasen stützen, sondern muss zeitgleiche, aber zum Teil sehr kontroverse Designrichtungen berücksichtigen, was das Thema nicht einfacher, aber vollständiger und sicher interessanter macht.

Eine ähnliche Problematik stellt sich auch heute in der Kunst dar, mit ihrer Weiterentwicklung von „modern" zu „postmodern" zu „kontemporär", d. h. der globalen Gleichzeitigkeit von konträren Künsten.

Unabhängig von der Stilproblematik werden im Folgenden unter dem „Design" einer Fahrzeuggestalt deren durch den Menschen sinnlich wahrnehmbare Qualitäten verstanden. Fahrzeuge haben normalerweise eine Außengestalt und eine Innengestalt bzw. Innengestalten. Das Design eines Fahrzeugs umfasst danach sowohl das Exterior-Design wie das Interior-Design, wobei letzteres wieder in das Fahrerplatzdesign (Synonym: Steuerstand-/ Cockpitdesign) oder auch Interface-Design sowie in das Motorraumdesign u. a. unterteilt werden kann. Die primäre sinnliche Wahrnehmung des Menschen ist das Sehen, die Optik oder die visuelle Wahrnehmung. Nicht zuletzt bei Fahrzeugen treten aber weitere Wahr-

Tabelle 1-2: Das Universum der Designs

Ästhetikorientiertes Design	Fahrzeugarchitektur	Jugendstil
Ästhetisches Maß	Feminines Design	Juniordesign
Affektlose Gestaltung	Firmenstil	
Analoges Design	Formalismus	(unfunktionaler) Kitsch
Allround Design	Funktionsdesign	Komfortdesign
Anlagendesign	Funktionales Design	Konkretes Design
Anthropomorphes Design	Funktionalismus	Kriegscamouflage
Aufwandsästhetik	Future-Design	Kriegsdesign/-funktionalismus
Aura		Langzeitdesign
Avantgarde-Design	Gebrauchsformen	
	Gute Industrieform	Patrioten-Look
Biomorphes Design		Postmodernes Design
Brand-Design	Handwerkerdesign	Pluralistisches Design
	Herrschaftsdesign	Prestigedesign
Corporate Design	High-Tech-Design	Programmdesign
Customization-Design	Hybriddesign	Progressives Design
	Hyperdesign	Profi-Look
Dampferstil	Hypertrophes Design	Reißformen
Dekoration		Repräsentationsdesign
Design for all	Imitation	Retro-Look
Design Industrie	Industrielles Design	
Dessin Industriel	Industrial Design	Safari-Look
Designsemantik	Infantiles Design	Safety-Look
Disegno primo/secondo	Ingenieurdesign	Semaphorisches Design
	Innovatives Design	Seniorendesign
Einheitsstil/-produkte	Interface-Design	Serienlook
Emotionales Design	Internationaler Stil	Sicherheitsdesign
Ethno-Design	Interior-Design	Schiffsdesign
Exklusivdesign	Intuitives Design	Schmuck
Exportdesign		Schönheit
Exterior-Design		

nehmungsarten hinzu, wie z. B. die Haptik als das Fühlen von Druck und Rauheit eines Sitzes oder eines Stellteils. Dem Fahrzeugdesign liegt deshalb normalerweise eine multisensorische Wahrnehmung zugrunde, die eine multidimensionale Designqualität ergibt. Aus dieser Komplexität und aus diesem Wirkungszusammenhang des Designs ergeben sich die Fragen nach den diesbezüglichen Aufgaben, Anforderungen, auch Auffassungen, sowie deren Leitbildern und den diesbezüglichen Veränderungen im Laufe der Fahrzeuggeschichte.

Ergänzend zu der kunstgeschichtlichen Stilproblematik stellt sich heute generell die Frage, ob Design Kunst ist oder etwas anderes. Bei den Designern, ihren Schulen und Fachverbänden gibt es heute beide Auffassungen [1-3].

Diesem Vorlesungsmanuskript und Studienbuch liegt eine Auffassung von Design zugrunde, die am besten mit dem Titel der Biografie von H. Dreyfuss „Designing for people" [1-4] (1955) umschrieben werden kann, vielleicht auch – neudeutsch – als Industrial Design Engineering, d. h. als eine Wertschöpfung und konstruktive Gestaltung für den Menschen, die aber die Ästhetik nicht negiert, sondern voll und neu integriert.

2 Transportaufgabe und Transportprozess

2.1 Basisdaten der Transportaufgabe

Die logistische Aufgabe und die Basisdaten von Transportmitteln ergeben sich aus dem Transport von:
- Menschen,
- Gütern,
- Informationen.

Hinzu kommt der räumliche und zeitliche Transportprozess (Synonym: Reise, Fahrt, Flug, u. a.), definiert über seine
- Strecke,
- Phasen,
- Reichweite,
- Dauer,
- Geschwindigkeit,
- Betriebskosten,
- Umweltbelastung u. a. (**Bild 2-1**).

Oberziele des Transports sind, dass dieser Prozess schnell, sicher, ökonomisch, ökologisch, komfortabel u. a. abläuft.

Die obengenannte logistische Aufgabe der Transportmittel soll im Folgenden noch durch einige Beispiele erläutert werden.

Ein historisches Beispiel für ein Spezialfahrzeug zum Informationstransport ist der chinesische Südpolweiser, 260 vor unserer Zeitrechnung.

Eine Gliederung der Fahrzeuge kann designorientiert im einfachsten Fall nach der Anzahl der zu transportierenden Menschen erfolgen.

Der untere Grenzwert der „Bemannung" eines Fahrzeugs ist Eins, z. B. bei einem Rennwagen (ital. Monoposto, Einsitzer) oder auch bei einem Kinderwagen, aber auch bei einem (motorisierten) Rollstuhl oder einem modernen Motorrad. Hierzu zählt auch das Papamobil.

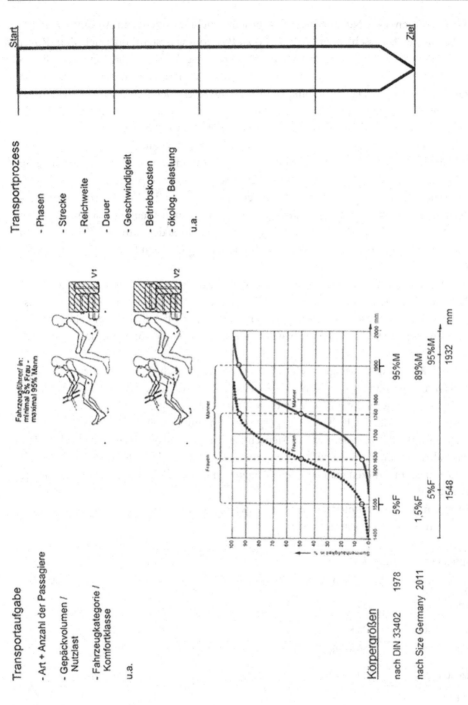

Bild 2-1: Basisdaten eines Personenkraftwagens

Wird der Grenzwert Null, dann ist das diesbezügliche Fahrzeug ein Automat, z. B. ein GPS-gesteuerter Ackerschlepper (GPS = Global Positioning System) oder der Mars-Rover Curiosity. Den alternativen Grenzwert repräsentieren megalomane Fahrzeuge oder Giganten der Meere, wie z. B. die Riesendschunken des chinesischen Admirals Zheng He im 15. Jahrhundert [2-1]. Das megalomanste Fahrzeugprojekt der Gegenwart ist neben den vielen großen Kreuzfahrtschiffsprojekten das „Freiheitsschiff" mit Wohnungen für 50.000 Menschen und den Maßen 1,3 km Länge, 220 m Breite und 110 m Höhe.

Dazwischen liegt die Mehrzahl der „normalen" Fahrzeugtypen.

Ein für die Nutzer und für das Fahrzeugdesign besonders interessanter Fahrzeugtyp sind die Zweisitzer oder die For Two für ein Paar (ital. Biposto, Zweisitzer).

Moderne Pkw werden heute für 5 Personen ausgelegt, für die Körpergrößengruppe – modern ausgedrückt für die Nutzerfamilie – von den kleinen Frauen (5 % F) bis zu den großen Männern (95 % M) (s. **Bild 2-1**). Damit werden 90 % der aktuellen Körpergrößen erfasst. Diese liegen heute in der neuesten Untersuchung German Size 2007/9 vor (leider unveröffentlicht, s. **Bild 2-1** unten).

Der Worst Case ist dabei durch den Transport von fünf 95-%-Männern gegeben.

Omnibusse, Schienenfahrzeuge und Schiffe vergrößern progressiv die Anzahl der Passagiere. Zu der 700-Personen-Klasse gehören heute das Schiff MS Graf Zeppelin und das Flugzeug A380; historisch auch der megalomane Triebwagen der Breitspurbahn (**Bild 10-15**).

Aus der Anzahl der Passagiere eines Fahrzeugs lassen sich z. B. über die Brocca'sche Formel Anhaltspunkte für den menschbezogenen Nutzlastanteil ermitteln. Dieser französische Anthropologe stellte im 19. Jahrhundert die Grobregel auf:

Menschliches Sollgewicht (kg) = Körpergröße (cm) minus 100

Nicht zuletzt bei Zweirädern ist der Mensch der Hauptanteil der Belastung (**Bild 10-41**).

Das Fahrzeug mit der idealen Relation von Nutzlast zu Totlast ist das Fahrrad, das als Leichtbauideal im Fahrzeugbau von dem Wagen von C. Benz bis in die Gegenwart immer wieder auftritt.

Zu vielen der sogenannten Transportkennwerte hat im Laufe der Fahrzeuggeschichte eine immense Zunahme stattgefunden.

Beispiel: Geschwindigkeit

$$\frac{\text{Auto 1905:}}{\text{Pkw heute:}} \quad \frac{15 \text{ km/h}}{250 \text{ km/h}} \approx \frac{1}{16}$$

$$\frac{\text{Eisenbahn 1850:}}{\text{ICE heute:}} \quad \frac{35 \text{ km/h}}{320 \text{ km/h}} \approx \frac{1}{10}$$

$$\frac{\text{Flugzeug 1930:}}{\text{Boeing 747:}} \quad \frac{450 \text{ km/h}}{980 \text{ km/h}} > \frac{1}{2}$$

Typische Kennwerte zwischen Pkw und Lkw zeigt der aktuelle Vergleich aus dem Hause MAN, einschließlich einer Prognose für zukünftige Lang-Lkw (**Bilder 2-2/3**).

	TGX	Ziele	VW GOLF
Leergewicht	7.060 kg	**Max. Zuladung** (geringes Leergewicht)	1.336 kg
Gesamtgewicht	40.000 kg		1.880 kg
Durchn. Laufleistung pro Jahr	150.000 km	**Hohe Laufleistung**	12.500 km
Verbrauch in l/100km pro t	0,7-0,8	**Min. Kraftstoffverbrauch**	2,7-3,2
Verbrauch in l pro Jahr	45.750		687,5
Lebensdauer	1,4 Mio. km	**Zuverlässigkeit**	200.000 km

Bild 2-2: Unterschiede Nutzfahrzeug – Pkw

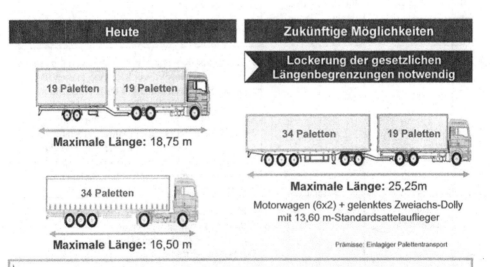

Bild 2-3: Laderaum-Volumenmaximierung durch Lang-Lkw

2.2 Der Transportprozess und seine Modellierungen

Die Darstellung dieses Transportprozesses kann im einfachsten Fall bildlich erfolgen, z. B.
die Phasen eines Fluges (**Bild 2-4**). Eine andere Darstellung ist die nautische Beschreibung
der Fahrstrecke eines Schiffes (Anlegepunkte, Fahrtdauer, Streckenlänge u. a. Diss. Traub
[2-2], **Bild 2-5**).

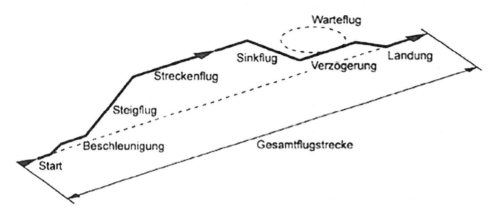

Bild 2-4: Flugphasen

lfd Nr	Teilstrecke	Fahrt-dauer [min]	Strecken-länge [km]	Nautische Beschreibung
1	Konstanz-Gottlieben	20	4,65	Ablegen von Konstanz, nach Hafenausfahrt Bb Kurve, Steuerbordkurve, Richtung Frauenpfahl, links an Rhomben entlang, Schiff vorbereiten für Brückendurchfahrt, Strömung in Richtung Brücke beachten, Brückenbogen anpeilen, Schallsignal, Brücke durchfahren, Abstand zum Ufer einhalten, Durchfahrt neue Rheinbrücke, Schwanenhals Winterweg, links an Rhomben entlang, Seerhein bis Gottlieben, Anlegen in Gottlieben.
2	Gottlieben-Ermatingen	10	4,25	Ablegen von Gottlieben, Talfahrtrinne benutzen, Fahrt links entlang von Tannenwifen, Abstand zum Rand der Fahrtrinne (Flachwasser) halten, Anlegen in Ermatingen.
3	Ermatingen-Reichenau	12	2,83	Ablegen von Ermatingen, Richtung Hohentwiel, Kurs 296° bis Schloß Eilandsfrieden und Hochwart sich decken, Kurs 316°, Anlegen an Reichenau.

Bild 2-5: Nautische Beschreibung einer Schiffsstrecke (Ausschnitt)

Abstraktere Prozessdarstellungen sind z. B. das seit ca. 1955 im Maschinenbau eingeführte Funktionsdiagramm, ein Weg-Zeit-Diagramm der einzelnen Funktionsbaugruppen.
Aus der Konstruktionssystematik der ehemaligen DDR ist diesbezüglich der „Nutzungs-
prozess" oder der „übergeordnete Gebrauchsprozess" nach Hückler [2-3] hervorgegangen.
Das jüngste Prozessmodell für die methodische Produktentwicklung stammt von der TU
Darmstadt (Birkhofer 2001, [2-4]). Den höchsten Abstraktionsgrad stellen diesbezüglich
die regelungstechnischen Sachverhalte der „Regelstrecke" und „Führungsgröße" dar sowie
informationstheoretisch die sogenannte Apobetik (nach Gitt [3-8]).

Gemeinsames Merkmal aller dieser Prozessdarstellungen ist, dass sie unterschiedliche
(Betriebs-)Zustände über Zeit und Raum enthalten. Der Prozess selbst wird durch die einzelnen Zustandsänderungen gebildet.

Entscheidend für die nachfolgenden Darstellungen ist, dass innerhalb der Systemgren-
zen des Transportprozesses der Mensch als Operator, d. h. als Fahrer, Führer, Steuermann,
Pilot, sowie als User, d. h. als Fahrgast, Passagier u. a., enthalten ist. In dem vorgenannten
Funktionsdiagramm wird dies durch die sogenannte Signallinie gewährleistet.

Für die nachfolgenden Darstellungen wird das in der Stuttgarter Konstruktionstechnik schon lange eingeführte Mensch-Produkt-Modell verwendet (**Bilder 5-11/12**). Es soll
aber zum Schluss nicht unerwähnt bleiben, dass heute die vollständigste, aber auch komplexeste Darstellung von Funktionsprozessen und Handlungsabläufen mit Petrinetzen
erfolgt [2-5].

Der Anforderungsumfang an moderne Fahrzeuge ist hochkomplex: 1000 Anforderungen
bei einem Fahrgastschiff (**Bild 2-7**), 2-3000 Anforderungen an einen modernen Pkw (ca.
180 Seiten in dem Konzeptheft aus der Strategiephase).

Zwei aktuelle Dissertationen ergaben folgenden Anforderungs- bzw. Bewertungsum-
fang: Zu einem Pkw-Fahrerplatz 1400 Prüffragen und daraus maximal 4500 Bewertungen
(Diss. Dangelmaier [2-6]).

Zu einem 1-Personen-Schiffssteuerstand mit 86 Stellteilen und 58 Anzeigen 1900 Anforderungen (Diss. Traub [2-2]).

Die Aufgabe von Fahrzeugen ist aber designorientiert mit den logistischen Basisdaten
nicht hinreichend definiert. Berücksichtigt werden muss deren übergeordnete Zwecksetzung, wie
– beruflicher oder privater Einsatz,
– Arbeitsfahrzeug oder Spaßfahrzeug,
– ziviler oder nicht-ziviler Einsatz u. a.

Unter die Entwicklung der modernen Mobilität fällt leider auch mobiles Kriegsgerät, z. B.
Panzer.

Über die meist numerisch zu definierenden Basisdaten hinaus begründen diese „unscharfen oder weichen" Alternativen der Zwecksetzung, wie z. B. die „Lust am Auto", bezüglich Freizeit, Spaß, Mobilität, aber auch Repräsentation, vielfach unterschiedliche und
häufig ambivalente Designs, teilweise am gleichen Fahrzeugtyp oder Verkehrsmittel. Diese
Bedeutung des Autos kann derzeit insbesondere in der Motorisierung Chinas beobachtet
werden. Fahrzeuge transportieren damit nicht nur Informationen, insbesondere in Form
von Post. Sondern sie sind selbst eine Information über ihren Zweck sowie ihren Besitzer

Bild 2-6: Fahrsituationen im Straßenverkehr

Vorläufer

Neues Schiff der DB (1989) MS Graf Zeppelin

Hauptanforderungen   Gehobene Gastronomie

                                                Küche auf Hauptdeck

                                                Steuermann sitzend und stehend

                                                Behindertenlift

                                                Zulässige Personenzahl   700

                                                Davon in gedeckten Räumen   500

                                                Preis   7 Mio. DM

Umfang der endgültigen Anforderungsliste   1000 Anforderungen

Bild 2-7: Anforderungen an ein modernes Fahrgastschiff

und Benutzer. Über diese Informationsfunktion des Designs hinaus sind aber Fahrzeuge zudem multisensorisch wahrnehmbare Erlebnismobile oder emotionale Technik.

Nach verschiedenen Untersuchungen sinkt bei jüngeren Menschen in den westlichen Ländern allerdings der emotionale Wert des Automobils.

Auch wenn die Lösung dieser emotionalen Ansprüche heute faszinierende Designaufgaben sind, steht nicht zuletzt beim funktionalen Design der Komfort von Arbeit, Reise, Leben und Transport in und mit Fahrzeugen im Mittelpunkt der folgenden Entwicklungslinien (Verweis: Abschnitt 8: Interior-Design).

Fahren ist mehr als ein Transport von A nach B durch die Bewegung eines Fahrzeugs in einem Verkehrsraum aus (**Bild 2-6**)
– ruhenden (stationären) Gestalten, z. B. Naturobjekten, Verkehrszeichen, Architektur
– und bewegten (instationären) Gestalten, z. B. anderen Verkehrsteilnehmern.

Alle Passagiere eines Fahrzeugs nehmen die unterschiedlichen Gestalten des Verkehrsraums wahr, und zwar im Sinne einer bewegten Wahrnehmung. Balzer hat in seiner Dissertation [12-6] die Entwicklungslinie dieses Phänomens bis auf Drobisch (1850) zurückverfolgt. Ein Bezug auf Fahrzeuge findet sich aber erst 1998 bei Schalle [2-7]. Eine geschlossene Behandlung der bewegten Wahrnehmung von und aus Fahrzeugen ist bis heute weder in der Wahrnehmungspsychologie noch in der Kognitionswissenschaft [2-8], noch in der industriellen Forschung zur Fahrzeugentwicklung bekannt.

Als Ansatz erklärt die Wahrnehmungspsychologie die bewegte Wahrnehmung aus realen Bewegungen (bewegter Gestalten) und Scheinbewegungen (ruhender Gestalten). Außerdem ist es im Fahrzeugdesign schon lange üblich, neue Modelle in Bewegung zu testen. Die Bilderfolge aus unterschiedlichen Ansichten der Verkehrsraumgestalten ergibt einen „Film" mit unterschiedlichen Erkennungsinhalten. Für die Mitfahrer und Passagiere dient dieser „Film" ihrer Unterhaltung, ihrem Entertainment oder ist Inhalt ihres Fahrerlebnisses.

Auf diese bewegte Wahrnehmung eines „Films" verweist auch Schefer in seiner Dissertation (s. 3.2) mit Bezug auf Virilio:

„Denn aus dem Fenster eines Fahrzeugs wie der Eisenbahn, des Flugzeugs oder Automobils heraus erscheint die Umwelt wie ein Kinostreifen und wird dadurch auf sonderbare Weise spannend… Das Autofahren als Massenphänomen wird zur Konkurrenz für das Kino." (Schefer, S. 34–35)

Von anderen Autoren, wie z. B. Pittino, werden Auto und Film „als zwei Emotionsmaschinen" mit dem gleichen Entstehungsdatum, nämlich Ende des 19. Jahrhunderts beschrieben (zit. nach T. Pittino, in [2-9]).

Die Formulierung von Sloterdijk „Autofahren ist kinematischer Luxus" soll in diesem Zusammenhang nicht unerwähnt bleiben (nach Schefer S. 100).

Gegenüber diesem Unterhaltungs- und Erlebnisansatz des Fahrers selektiert der Fahrer aus diesem „Film" diejenigen Gestalten, die für seine Entscheidungen und Handlungen zu einer erfolgreichen und sicheren Fahrt entscheidend sind. Vom „Verkehrsfilm" spricht auch Jenrich in seiner Dissertation (1966, [2-14]).

Eckstein verweist in seiner Dissertation [2-10] in diesem Zusammenhang auf das von Gordon 1966 beschriebene „visuelle Strömungsfeld" zwischen den Fahrbahnbegrenzungen.

Ein neuer wissenschaftlicher Ansatz ist in diesem Zusammenhang auch das Eye-Tracking.

Dass es sich hierbei um komplexe Wahrnehmungsphänomene handelt, zeigt auch der Tatbestand, dass der „Bildschirm" nicht nur die Frontscheibe ist, sondern zusätzlich die drei Rückspiegel (**Bild 2-5**).

Außerdem wird die Bilddetektionszeit umso kürzer, je schneller ein Fahrzeug fährt; ein Tatbestand, den man auch für die Signalwahrnehmung durch TGV-Führer kennt.

Neue filmische Ansätze zur bewegten Modellierung des Fahrens sind die in der Simulationstechnik eingesetzten Filme.

Beispiel: Der Stuttgarter Zyklus am FKFS-Simulator, ein Fahrzyklus im Stuttgarter Umland, der repräsentativ für die Fahrprofile in Deutschland ist.

Möglicherweise auch der sogenannte Utility-Film [2-11].

2.3 Grundlagen der Fahrzeugführung

Solange es Fahrzeuge gibt, mussten diese angetrieben, gelenkt, gebremst u. a. werden.

Diese historische Fahrzeugführung erfolgte über
- Ruder,
- Pinnen,
- Deichsel,
- Bremsschuhe u. v. a. m.

Fahrzeugantrieb und -lenkung erfolgten zuerst über die gleichen Elemente, z. B. die Ruder eines Ruderbootes oder die Deichsel eines Leiterwagens. Der erste Schritt einer funktionalen Diversifikation war die – nachfolgend behandelte – Trennung der Antriebs- und der Steuerelemente.

In der modernen Entwicklung kamen neue Elemente dazu, wie z. B. der Joystick [2-10]
- erstmals 1959 bei GM,
- 1991 bei Saab (s. Abschnitt 9).

Mit diesen (Bedien- bzw. Stell-)Elementen erfolgt die Steuerung und/oder Regelung der Bewegungen eines Fahrzeugs, d. h. die Dynamik einer Masse aus Nutzlast und Totlast über die vorgegebene Strecke mit beabsichtigten Zielen, wie z. B. kürzeste Fahr- oder Transportzeit. Jedes Fahrzeug hat aufgrund seiner realen oder virtuellen Masse und technischen Merkmalen dynamische Eigenschaften als Vorgaben der Fahrzeugführung.

Sie haben
- einen Schwerpunkt
- eine Massenverteilung
- Radstand und Spurweite
- Windangriffsfläche u. a.

Die Hauptbewegungen von Land- und Wasserfahrzeugen zeigt **Bild 2-8**. Die X-Achse oder Längsachse ist die Richtung der Längsbewegung oder -dynamik. Die Y-Achse oder Querachse ist die Richtung der Querbewegung oder -dynamik. Die Z-Achse oder Hochachse,

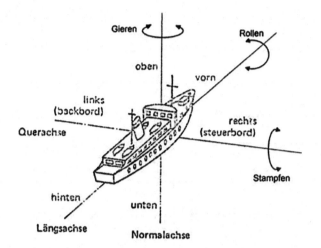

Gieren

Rollen

oben

vorn

links
(backbord)

rechts
(steuerbord)

Querachse

Stampfen

hinten

unten

Längsachse   Normalachse

Bild 2-8:
Richtungs- und Bewegungsorien-
tierung eines Schiffes

auch Normalachse, ist die Richtung der Hubbewegung oder -dynamik (auch Steigbewe-
gung oder -dynamik).

Von der praktischen Seite her haben Fahrzeuge Komponenten mit positiven und negativen
Führungseigenschaften in alle diese Richtungen, wie
– übersteuernde oder untersteuernde Lenkung,
– träger oder „spritziger" Motor,
– überdimensionierte oder unterdimensionierte Bremsen,
– leichtgängiges oder schwergängiges Getriebe,
– seitenwindempfindliche oder -unempfindliche Karosserie u. v. a. m.

Über die wissenschaftliche Auseinandersetzung mit der Führung von Fahrzeugen und
(Dampf-)Maschinen besteht eine eigene Fachgeschichte [2-12]:
1868 Maxwell, J. C.: On Governors
1946 MacCole: Fundamental Theory of Servomechanisms
1948 Wiener, N.: Cybernetics, MIT-Press
1963 Wiener, N.: Kybernetik, Econ-Verlag, Düsseldorf
1970 Oppelt-Vosius: Der Mensch als Regler
1981 Schmidtke, H.: Lehrbuch der Ergonomie, Hanser-Verlag, München,
      Teil 5 Systemergonomie (**Bild 2-9**)
1993 Johannson, G.: Mensch-Maschine-Systeme, Springer
      das. Optimaltheoretische Modelle (**Bild 2-10**)
2001 Jürgensohn, T.; Timpe, K.-P.: Kraftfahrzeugführung, Springer

Weiterführend viele Dissertationen:
2001 Eckstein, Lutz [2-10]: Entwicklung und Überprüfung eines Bedienkonzepts und
      von Algorithmen zum Fahren eines Kraftfahrzeugs mit aktivem Sidestick. Diss.
      Universität Stuttgart

u. a.

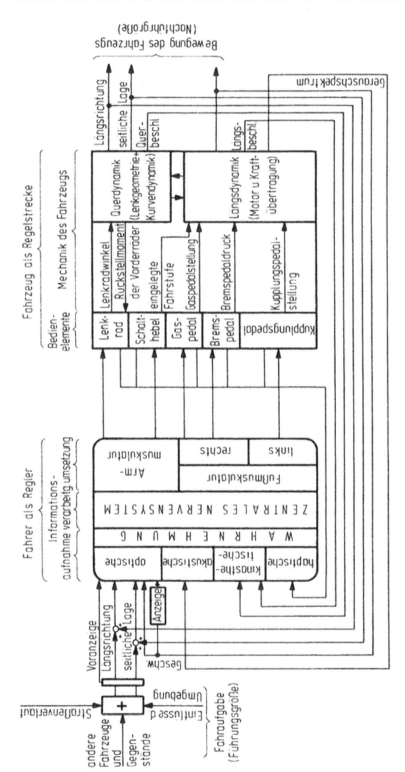

Bild 2-9: Strukturbild des Systems Fahrer – Fahrzeug

Die ausführlichste regelungstechnische Behandlung der Fahrzeugführung findet sich in der „Ergonomie" von Schmidtke, Teil 5 Systemergonomie, verfasst von H. Bubb, H. Schmidtke und H. Rühmann ([2-13], **Bild 2-9**).

Die wichtigsten regelungstechnischen Sachverhalte zum Fahrzeugdesign sollen an einem Basis-Blockschaltbild in Anlehnung an Oppelt behandelt werden (**Bilder 2-10/11**).

Ausgangspunkt ist das Fahrzeug als „Regelstrecke", das bei seiner Bewegung durch einen Verkehrsraum Zustandsänderungen unterliegt. Diese begründen sich aus den äußeren Störgrößen, z. B. Seitenwind. Die Regelstrecke hat auf ihrer Eingangsseite neben den Störgrößen die Stellgröße, z. B. den Lenkeinschlag. Ihre Ausgangsseite enthält die Regelgröße, z. B. den Kurs oder die Fahrtrichtung.

Der „Regler" ist der Fahrzeugführer.

In der modernen Automatisierungstheorie ist das Führen eines Fahrzeugs im Normalfall ein „Bedienter Betrieb" oder eine „Handregelung", d. h. die niederste Automatisierungsstufe mit dem höchsten Aufgabenanteil für den Menschen, wobei in der Fahrzeugforschung heute natürlich schon an dem Fahrzeug-Automatikbetrieb, d. h. der höchsten Automatisierungsstufe, gearbeitet wird. Zwischenzeitlich hat zum 125-jährigen Jubiläum der Fahrt von Bertha Benz von Mannheim nach Pforzheim auf dieser Route die erste Testfahrt eines selbstfahrenden Mercedes-Fahrzeugs stattgefunden.

In dem europäischen Forschungsprojekt Munin wird auch an der automatischen Überquerung des Atlantiks ohne Schiffsbesatzung gearbeitet.

Die Regelgröße wird zum Regler geführt bzw. diesem angezeigt und von diesem mit der Führungsgröße verglichen.

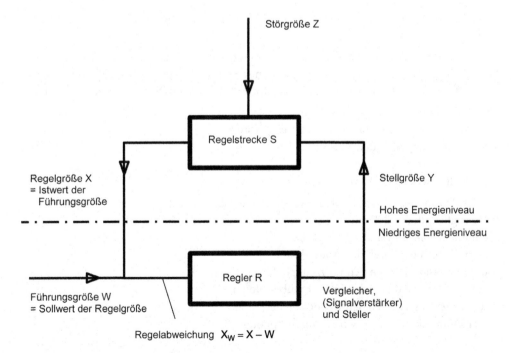

Bild 2-10: Allgemeines Blockschaltbild einer Regelung

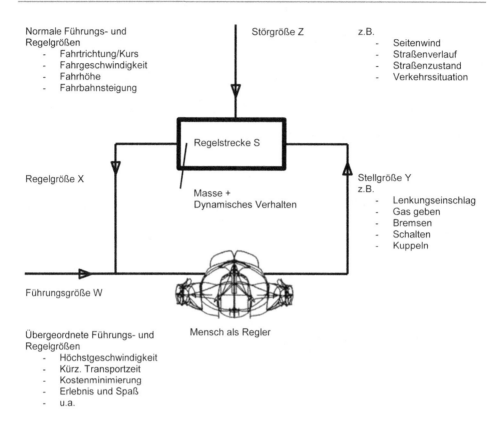

Bild 2-11: Blockschaltbild einer Fahrzeughandregelung durch den Menschen

Die Regelgröße ist der Ist-Wert der Führungsgröße. Die Führungsgröße ist der Soll-Wert der Regelgröße. Die Führungsgröße kann sowohl vom Regler selbst vorgegeben werden, z. B. schnellste Fahrtzeit, wie auch von dritter Seite, z. B. als Speditionsauftrag an den Fahrzeugführer.

Unterschiedliche Regelgrößen von Fahrzeugen sind:
– die Längsbewegung oder -dynamik,
– die Querbewegung oder -dynamik,
– die Höhen- oder Vertikalbewegung.

Zu der Anzahl dieser Regelgrößen definiert Schmidtke [2-13] eine Dimensionalität der Fahrzeugführung und damit eine zunehmende Belastung des Fahrzeugführers:
– eindimensional durch den Lokführer,
– zweidimensional durch den Autoführer,
– dreidimensional durch den Flugzeugpiloten,
– vierdimensional durch den Hubschrauberpiloten,
– fünfdimensional durch den U-Boot-Steuermann,
– sechsdimensional durch den Raumschiffpiloten.

Nicht zuletzt bei der Schiffsführung können durch Wind und Wellen mehrere Störbewegungen auftreten, wie das Gieren, das Rollen und das Stampfen (**Bild 2-8**), die die Regelgröße Kurs beeinflussen und durch die entsprechenden Stellgrößen kompensiert werden müssen.

Der Regler ermittelt durch den Vergleich von Soll- und Ist-Wert der Führungsgröße die „Regelabweichung". Ist der Regler ein Fahrzeugführer, dann erfolgt dieser Vergleich über dessen Expertenwissen oder dessen „Inneres Modell" [6-2]. Als Ergebnis dieses Vergleichs entsteht am Ausgang des Reglers das Stellsignal. Dieses führt zur Veränderung der Stellgröße über das Stellteil am Eingang der Regelstrecke. Damit ist der Regelkreis geschlossen.

Das Gebrauchen eines Produkts und damit auch das Führen eines Fahrzeugs ist auf dieser Grundlage eine Regelung oder ein Regelprozess mit acht Bestimmungsgrößen, nämlich:

– der Regelstrecke „Fahrzeug",
– dem Regler „Fahrer",
– der Führungsgröße,
– der Regelgröße,
– der Stellgröße,
– der Störgröße,
– der Anzeiger für die oben genannten Größen,
– der Stellteile oder Steller für die Stellgrößen.

Aus verschiedenen Untersuchungen (z. B. Klose 1984) ist bekannt, dass bei der Fahrzeugführung die Regelung von Fahrtrichtung/Kurs und Geschwindigkeit permanente Regelkreise darstellt, während andere Führungsaufgaben, wie z. B. das Blinken und das Hupen, sequentielle Regelkreise sind.

Eine weitere wichtige Bestimmungsgröße für die spätere Behandlung der Stellteile und Anzeigen sind die beiden unterschiedlichen Energieniveaus eines Regelkreises (**Bild 2-11**, strichpunktierte Linie):

– ein niedriges Energieniveau auf der Reglerseite, d. h. bei der Handregelung auf der Seite des Menschen,
– ein hohes Energieniveau auf der Seite der Regelstrecke, d. h. auf der Seite des Fahrzeugs.

Der Übergang zwischen diesen beiden Energieniveaus, d. h. auf der Seite der Stellgröße von niedrig zu hoch, und auf der Seite der Regelgröße von hoch nach niedrig, bestimmt die Positionierung von Stellteil(en) und von Anzeige(n).

Auf das Stellsignal für die Stellgröße wird im Abschnitt 6 Pragmatik eingegangen. Die Anzeiger und Stellteile werden im Abschnitt 9 Interface-Design behandelt.

Schon die Elemente und Relationen eines einfachen Regelkreises verdeutlichen die Komplexität der Fahrzeugführung. Diese wird noch erhöht, weil der Fahrprozess aus Fahrbewegungen über der Zeit- und Raumachse gebildet wird und der Fahrer dabei einen „Verkehrsfilm" verarbeiten muss. Jede Zustandsänderung der Fahrsituation bedeutet dann einen neuen und weiteren Regelungsprozess. Weiter kommt dazu, dass viele Fahrmanöver Folgeregelungen sind, wie z. B. das Kurvenfahren aus Lenken, Anbremsen, Zurückschalten und Beschleunigen.

Die Überlagerung mehrerer Regelungen führt zu einem hoch- und höchstkomplexen Regelungssystem mit einer Größenpluralität. Diese erweitert damit das SISO-Modell (Single Input, Single Output) zu einem MIMO-Modell (Multi Input, Multi Output) der modernen Regelungstechnik (nach Prof. Allgöwer, Uni Stuttgart). Erste Anwendungen in der Fahrzeugführung liegen vor [2-15].

Historische Ansätze zu einer Ästhetik und „Informatik" des Fahrzeugdesigns

3.1 Entwicklungslinien aus der Fahrzeuggeschichte

Solange es Fahrzeuge gibt, wurden diese auch gestaltet. Über die diesbezüglichen Motive kann ein bekanntes Zitat von W. Benjamin [3-1] über die Kunst sinngemäß übertragen werden:

„Seine Emanzipation erst aus der magischen, dann aus der kultischen Sphäre hat die soziale Funktion des Designs verändert. An die Stelle seiner Fundierung aufs Ritual trat die Fundierung auf Politik." (**Bilder 3-1/5**)

Das offizielle Design war über Jahrtausende das Repräsentationsdesign aus kultischen und politischen Gründen (**Bilder 3-1/5**). Hieran wirkte auch A. Dürer mit seinen Victorienwagen für Kaiser Maximilian I. mit. Hierzu wurden auch im Frankreich von Louis XIV. erstmals Dessinateure ausgebildet. Daneben existierte aber schon immer das funktionale Design der normalen Gebrauchsfahrzeuge und schon früh das extreme Funktionsdesign der Kriegs- und später der Sportfahrzeuge (**Bild 3-2**).

Das extreme Repräsentationsdesign führte häufig auch zu Produkten und Fahrzeugen, die gar nicht mehr funktionstüchtig waren. Ein diesbezügliches Paradebeispiel war die Vasa, das Staatsschiff des schwedischen Königs Gustav Adolf, das nicht zuletzt wegen seiner 500 bemalten und vergoldeten Skulpturen aus Eichenholz 1682 bei der Jungfernfahrt im Stockholmer Hafen unterging [3-2].

Ein extremes Anwendungsbeispiel des Historismus in Architektur, Design, Kunst, Musik u. a. in Deutschland war die Traumwelt von König Ludwig II. von Bayern (**Bild 13-5**).

Das historische Repräsentationsdesign mit seiner Extremform disfunktionaler Exzesse verlor seine Funktion mit dem Ende der Aristokratie in Europa, in Deutschland mit dem Ende des Ersten Weltkriegs. An seine Stelle trat in diesem grundlegenden Paradigmenwechsel der Funktionalismus, d. h. ein Design ohne Dekor oder die „forme pure, utile" (H. v. d. Velde) (**Bild 1-5**). Übergangsformen waren in Deutschland der Jugendstil und in Frankreich der Art déco.

Die Bezeichnung Funktionalismus wurde maßgeblich durch den Satz des amerikanischen Architekten Louis Sullivan (1899) „Form follows Function" geprägt.

Synonyme zu Funktionalismus wurden: Internationaler Stil, Minimalästhetik, Braun-Look, Ulmer Stil, Neue Sachlichkeit u. a.

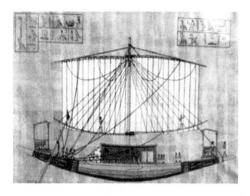

Bild 3-1: Ägyptisches Königsschiff

Bild 3-2: Wikingerschiff

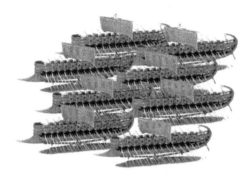

Bild 3-3: Phönizische Galeeren

Bild 3-4: Venezianische Galeeren

Bild 3-5: Staatskarosse, Transportwagen und Rennwagen als Beispiele für drei Entwicklungslinien des Designs

Seinen besonderen Nimbus erhielt das funktionale Design als Merkmal von Arbeitsgeräten und -fahrzeugen, die vom Volk, später von der arbeitenden Klasse, benutzt wurden (**Bild 3-5** Mitte).

In Deutschland war das Bauhaus (1919–1933) die besondere Pionierschule des Funktionalismus. Zum Bauhaus-Design von Fahrzeugen gehören insbesondere die Arbeiten von Walter Gropius (**Bilder 3-6/7**, **Bilder 10-12**), aber auch von dem jüngsten Bauhausstudenten Werner Graeff (1901–1978) [3-3] (**Bilder 3-8/9**).

Ein Nullpunkt der Produkt- und Fahrzeugästhetik war die von H. Meyer (1889–1954), dem Nachfolger von W. Gropius als Direktor des Bauhauses, propagierte „affektlose" Gestaltung. Dieser Begriff stammt aus der Kirchenmusik des Calvinismus.

Eine fundamentale Wurzel des Funktionalismus im Fahrzeugdesign war die strömungsgünstige Gestaltung, die Stromlinienform oder das Streamlining (s. Abschnitt 10.3).

Das Streamlining als neue Gestaltung beinhaltete seit seiner Entstehung Bedeutungen wie

– neu,
– modern,
– antibourgeois,
– demokratisch,
– fortschrittlich,
– jazzig („Streamlining is the jazz of the drawing board!"), u. a.

Bild 3-6: Exterior-Design von W. Gropius

Bild 3-7: Interior-Design von W. Gropius

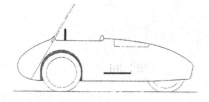

Bild 3-8: Kleinwagenentwurf von W. Graeff

Bild 3-9: Motorraddesign von W. Graeff

Zu dem Design des Dritten Reiches (1933–1945) in Deutschland gehörte neben anderen Gestaltungsarten im repräsentativen Interior-Design der sogenannte Dampferstil und bei der Fahrzeugkonzeption die sogenannte Megalomanie (**Bild 10-15**).

Die dargelegten parallelen Entwicklungslinien gelten auch für den Beginn des Fahrzeugdesigns in den USA. Der amerikanische Fahrzeug-Funktionalismus begann mit zwei bis heute bekannten Wagentypen:

– dem von Auswanderern aus der Pfalz entwickelten Conestoga-Planwagen, dem sogenannten Prärie-Schoner, auch covered wagon, dem ersten Serienfahrzeug der USA vor FORD,

– und dem Buggy, d. h. einer von Pferden gezogenen Kutsche der Sekte der Amish, die bis heute benutzt wird (**Bild 3-10**).

In diesen religiösen Kontext gehört auch der sogenannte Shaker Style.

Das später so genannte American Styling [3-4] begann nicht erst im Automobilbau, sondern schon früher bei Schiffen und Lokomotiven. Beispiele sind

– das Design der Mississippi-Schiffe als „Steamboat Gothic" (**Bild 3-11**),

– Lokomotiven im „Mogul-Style" u. a.

Bei der Neuorientierung des Fahrzeugdesigns in der Nachkriegszeit waren der amerikanische Straßenkreuzer (**Bild 3-12**, **Bild 8-21**) und das militärische Einheitsfahrzeug Jeep (**Bild 3-13**), publiziert in einer Ausstellung 1949 vom Max Bill über „Gute Form", die Antipoden.

Bild 3-10: Buggy in funktionalem Design

Bild 3-11: Steamboat „Gothic" eines Mississippi-Dampfers

Bild 3-12: Prototyp des „Gaylord" im amerikanischen Design 1956

Bild 3-13: Der amerikanische Jeep als Beispiel Guter Form

Die Neuorientierung am Menschen und seinen Bedürfnissen in einer pluralistischen Gesellschaft führte aber zu keinem Einheitsdesign, sondern zu einem unendlichen Design-Universum (s. Abschnitte 7 und 13).

Fachlich haben sich Fahrzeugentwicklung und Design seit der zweiten Hälfte des 20. Jahrhunderts eindeutig vom individuellen und manufakturellen Einzelprodukt der Frühzeit zur Individualität aus einem industriellen Serienprogramm weiterentwickelt.

3.2 Entwicklungslinien einer neuen Informationsästhetik des Designs

Die Auseinandersetzung mit der Ästhetik (griech. Aisthesis) geht bis auf die alten Griechen zurück [3-1].

Erinnert sei daran, dass in der deutschen Philosophie und Kunstgeschichte die Ästhetik im 18. Jahrhundert mit der 1756 erschienenen „Aesthetica" von A. Baumgarten (1714–1762) begann. Sie war als Vorstufe zu einer „Logik" von Wolf gedacht und damit eine erste Konzeption der späteren Wahrnehmungstheorie und Sensorik. Diese „Ästhetik" wurde aber von anderen Autoren zu einer zweckfreien „Theorie des Schönen" und zu einem normativen Wertungssystem von Kunst und Kultur verändert (Hegel und u. v. a. m.).

Die Ästhetik des deutschen Idealismus im 18. Jahrhundert sah die Aufgabe des Schönen in der Hinführung des Menschen zum Wahren und Guten (Schiller u. a.). Diesem Wahrnehmungsvorgang wurden eine zweckfreie Betrachtung, schwerpunktmäßig von Werken der bildenden Kunst, in einer Kontemplation darüber zu Grunde gelegt. Zitat Kant: „Schön ist, was ohne Vorstellung eines Zwecks gefällt". Im Fokus dieses Bewertungsvorganges standen insbesondere Kunstwerke, d. h. Objekte der Malerei, der Bildhauerei, auch der Architektur. Das architektonische Ideal dieser Kunsttheorie war die klassische griechische Tempelarchitektur.

Dieser Bezug zur Kunst gilt übrigens auch für die modernsten Ansätze zu einer wissenschaftlichen Ästhetik, z. B. durch das Institut für Empirische Ästhetik der Max-Planck-Gesellschaft.

Parallel zu dieser Metatheorie und zu der in 3.1 skizzierten Fachgeschichte gab es viele Ansätze, die für die folgenden Ausführungen wichtig und wertvoll erscheinen:
- die Anmutungen und Rangordnung der Säulen,
- die mittelalterliche Bauhüttengeometrie,
- die Baukörpertheorie der Renaissance bis zur Verkleidungstheorie von Semper,
- die Architecture parlante und die optische Telegraphie,
- die Auseinandersetzung mit dem Typischen, z. B. durch Le Corbusier 1926 in seinem programmatischen Werk „Kommende Baukunst",
- die Verkehrssignaltechnik von W. Graeff,
- die „Schönheit der Technik" von K. Kollmann,
- die Lehre an den russischen künstlerisch-technischen Werkstätten und Instituten, u. a.

Im Laufe des 20. Jahrhunderts erschienen weitere wichtige Grundlagen, die in Fortführung des neuen Begriffs des Technikschönen oder der Schönheit der Technik zu einer neuen „Ästhetik" führten:

– 1933 von L. W. Morris die „Foundations of the Theory of Signs"
– 1945 die Informationstheorie von Shannon und der dadurch begründete neue Informa
         tionsbegriff (**Bilder 3-16/17**)
– 1948 Einführung des Begriffs Kybernetik durch N. Wiener
– 1952 Polaritäten- oder Bedeutungsprofil von Osgood (Semantic Differential)
         1955 durch Hofstätter (**Bild 3-14**)
– 1958 Erste Version der „Informationsästhetik" von M. Bense
– 1961 Publikation „Non-verbal Communication" von Ruesch, F. u. Kees, W.,
         Berkeley (USA)
– 1966 Publikation „Die Informationsfunktion des Produktes" von T. Ellinger, u. a.

Wichtig war und ist für eine Designästhetik auch das von Bense thematisierte Phänomen der „ästhetischen Mitrealität", d. h. auch rein funktional gestaltete Objekte weisen ästhetische Qualitäten auf und unterliegen einem ästhetischen Urteil.

Ein häufiges Beispiel für diese Gleichzeitigkeit von funktionalen und formalen Aspekten im Fahrzeugdesign sind Verkleidungen, z. B. von Lokomotivkesseln (**Bild 1-5**), zuerst in Holz, später in Blech. Diese dienten primär der thermischen Dämmung, aber auch gleichzeitig der Reduktion der formalen Gestaltkomplexität.

Die mathematische Behandlung der (formalen) Ästhetik als Informationsverarbeitung wurde von Maser [3-6] und Nake [3-7] bisher am weitesten vorangetrieben. So behandelte Nake in Bezug auf H. Frank (1959) auch Überraschungs- und Auffälligkeitswerte. In Analogie zu der technischen Leistungsdichte definierte der Verfasser 1968 eine „Informationsdichte". Bei allen diesen Studien war die „Information" oder der „Informationsgehalt" eine statistische Kenngröße, wie sie von Shannon für komplexe Elementmengen mit unterschiedlichen Häufigkeiten eingeführt wurde. Danach ist der statistische „Informationsgehalt" umso größer, je seltener ein Element auftritt und umgekehrt.

Nach 2000 erschienen neue Versuche „Zur Ästhetik des Brauchbaren" (A. Dorschel [3-8], 2003) sowie eine „Philosophie des Automobils" (N. Schefer [3-9], 2006).

In der neuen Informationsästhetik von Bense u. a. wurde unter „Information" zeichentheoretisch ein Wissen verstanden, das in den drei Dimensionen Syntaktik, Semantik und Pragmatik vorliegt (**Bild 3-3**).

Die Klärung der Adjektive und Konzepte der formalen Ästhetik ist heute Gegenstand einer speziellen Semantik. Eine neue ästhetische Thematisierung, gleichfalls aus dem Beginn des 20. Jahrhunderts, war die „Schönheit der Geschwindigkeit" durch Marinetti im Futuristischen Manifest.

Alle diese Arbeiten und Versuche sind aus heutiger Sicht Vorstufen zu einer Designsemantik, d. h. nicht mehr zum Ausdrücken künstlerischer oder formaler Inhalte, sondern technischer Eigenschaften und Qualitäten. Im formal-ästhetischen Bereich muss auf die Arbeit von Georg David Birkhoff hingewiesen werden, dessen Vortrag „Einige mathematische Elemente der Kunst" von 1928 für die abstrakte Ästhetik der sogenannten „Stuttgarter Schule" unter Max Bense in den 60er Jahren fundamental war. Im Nachwort der

TESTOBJEKT "L"

Linkes Merkmal	3	2	1	0	1	2	3	Rechtes Merkmal
AUFFÄLLIG								UNAUFFÄLLIG
·BEZÜGL. UMGEBUNG								·
·BEI SCHLECHTER SICHT								·
·BEI NACHT								·
LAST-/FAHRSCHIFF								FAHRGASTSCHIFF
FUNKTIONELL								UNFUNKTIONELL
KEIN ZUGANG ERKENNBAR								EINGANG ERKENNBAR
BEQUEM. EIN-/AUSSTEIGEN								UNBEQUEM. EIN-/AUSSTEIG.
KEINE RICHTUNGSORIENT.								BUG U. HECK ERKENNBAR
GASTRONOMIE ERKENNBAR								GASTRONOMIE UNAUFFÄLLIG
SONNENDECK ERKENNBAR								SONNENDECK UNAUFFÄLLIG
SCHÖNWETTERSCHIFF								ALLWETTERSCHIFF
REINIGUNGSFREUNDLICH								AUFWENDIGE INSTANDHALT.
MOTORSCHIFF								ANDERES ENERGIEPRINZIP
ÜBERSICHTLICH U. SICHER								UNÜBERSICHTL./UNSICHER
KLEINES FASSUNGSVERMÖG.								GROSSES FASSUNGSVERMÖG.
EXKLUSIV								WEITVERBREITET
TRADITIONELL								MODERN
BEHINDERTENGERECHT								BEHINDERTENUNFREUNDLICH
KEINER FLOTTE ZUGEHÖR								BSB FLOTTENTYPISCH
DESIGNER-ENTWURF								INGENIEUR-ENTWURF
KLASSENLOSE BENUTZUNG								KLASSENUNTERSCHIED ERK
UNKOMFORTABEL								KOMFORTABEL
INSTABIL								STABIL
TEUER								BILLIG
STILLOS								STILVOLL
EINHEITL. LINIENFÜHR.								UNEINHEITL. LINIENFÜHR.
UNPROPORTIONIERT								PROPORTIONIERT
KOMPLIZIERT								KLAR
RUHIG								UNRUHIG

o———o IST-PROFIL
o – – – o SOLL-PROFIL

Bild 3-14:
Bedeutungsprofil eines
Schiffsdesigns

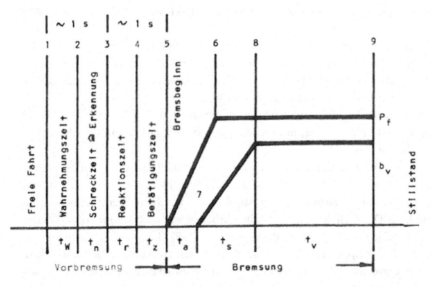

Bild 3-15: Die Zeiteinteilung des Fahrzeugbremsvorgangs

deutschen Übersetzung, erschienen in der „edition rot" 1968, schreiben die Herausgeber Max Bense und Elisabeth Walther über Birkhoff [3-15]:

„im jahre 1933 ließ der amerikanische mathematiker george d. birkhoff ein umfangreiches werk mit dem titel „aesthetic measure" erscheinen, in dem die grundlagen einer messenden und somit numerischen ästhetik entwickelt wurden.

schon 1928 hatte birkhoff auf dem mathematiker-kongress in bologna die ersten ideen unter dem Titel „quelques éléments mathématiques de l'art" vorgetragen. es ging ihm darum, eine allgemeine maßfunktion ästhetischer gebilde einzuführen, die heute als birkhoffsches „gestaltmaß" bekannt ist.

das „ästhetische maß" erscheint darin als verhältnis von „ordnung" und „komplexität" im aufbau des künstlerischen objektes. (…)":

$$M = \frac{O}{C}.$$

Birkhoff überführte damit den Satz des Gestaltpsychologen C. v. Ehrenfels von 1899 „Das Ganze ist mehr als die Summe seiner Teile" in diesen Quotienten. Danach ist eine Gestalt umso schöner, je einfacher sie ist und je höher geordnet sie ist. Birkhoff hat seinen formal-ästhetischen Ansatz an geometrischen Grundfiguren und an Vasen überprüft und dargelegt. Ein ähnliches ästhetisches Maß hatten auch nach einer Untersuchung des Verfassers die „schönen" alten Zeppeline (**Bild 5-9**). Die „Erfindung der Einfachheit" wird in der Kunstgeschichte aber schon dem Biedermeier zugeordnet.

Die Forschungen zu dieser neuen Ästhetik konzentrierten sich aber durch ihre weitere Orientierung an Kunstwerken an der Syntaktik und maßgeblich an der Semantik in einer kontemplativen Einstellung des Menschen.

Zum Abschluss dieser historischen Einleitung in eine Designästhetik soll nicht unerwähnt bleiben, dass der englische Architekturprofessor G. Broadbent schon 1974 in einer semiotischen Architekturtheorie von pragmatischem Design, analogem Design, typologischem Design u. a. gesprochen hat. „In einer neueren Arbeit (1994) hat er diese Typen modifiziert und auf die 3 semiotischen Hauptkategorien nach Peirce und Morris bezogen; er spricht von pragmatischem, semantischem und syntaktischem Design" (nach Dreyer [3-10]).

Eine inhaltliche Erweiterung und Präzisierung dieser Grundlagen auf Gebrauchsgegenstände erfolgte in der zweiten Hälfte des 20. Jahrhunderts sowie im ersten Jahrzehnt des 21. Jahrhunderts in allen zeichentheoretischen Dimensionen:

1. Die Syntaktik wurde um die sinnliche Wahrnehmbarkeit erweitert, als Voraussetzung der Erkennbarkeit einer Gestalt, insbesondere deren Sichtbarkeit mit dem konträren Fall der Unsichtbarkeit.

2. Die semantische Analyse des Erkennungsvorganges erfolgte sowohl induktiv mittels vorbekannter Systeme als auch deduktiv mittels der Sprachanalyse. Hierzu besteht eine Ulmer Semantik, d. h. Forschungen von Absolventen der ehemaligen Hochschule für Gestaltung Ulm. Diese umfasst über 45 Jahre Arbeiten von Krippendorf 1961, Bodack 1965, Seeger 1973, Fischer 1984, Butter 1986, Gros 1987, Lannoch 1987, Butter und Krippendorf 1994, Krippendorf 2006. Danach existieren zwei unterschiedliche Erkennungsvorgänge von Betrachtern unterschiedlicher demografischer und psychografischer Merkmale (Abschnitt 7):

- die analoge Gestalterkennung (**Bilder 5-1/2.1/2.2**)
- und die konkrete Produkterkennung aus dessen Gestalt (**Bild 5-1/3/4**) in Form eines Bedeutungsprofils oder semantischen Differentials (**Bild 3-14**).

3. Eine wesentliche Veränderung erfuhr auch die pragmatische Dimension von Peirce (1931) und Morris (1933) bis zu Bense (1975). Letzterer definierte die Pragmatik als „Gebrauchsrelation" zu einem „Interpretanten" oder Nutzer. In diese Entwicklungslinie gehört auch die „Philosophy of Act" von George Mead (1938) sowie die „Praxeologie" oder „Theorie des effektiven Handelns" von Kotarbinski (1955) u. a.

   Zu den Ergebnissen der fahrzeugorientierten Fachforschung gehört schon seit den 30er Jahren, dass alle diese Wahrnehmungs- und Erkennungsvorgänge und die nachfolgenden Handlungen Teilzeiten und eine nicht vernachlässigbare Gesamtzeit erfordern. Beispiel: Bremsvorgang (**Bild 3-2**).

4. Die letzte Erweiterung dieses zeichentheoretisch orientierten Informationsbegriffs erfolgte 1989 durch Gitt [3-19] um die sogenannte Apobetik oder den sogenannten Zielaspekt (**Bild 3-4**). Diese bildet nach Gitt die höchste Ebene über den wechselseitig abhängigen Dimensionen der Syntaktik, Semantik und Pragmatik und kann, wie in Abschnitt 2 dargelegt, bei Fahrzeugen als der Transportprozess verstanden werden.

Diese wissenschaftlichen Grundlagen führten zu neuen Ansätzen einer Designästhetik („Produktsprache" an der HfG Offenbach, „Kennzeichnungstechnik" an der Uni Stuttgart u. a.) die weit über das klassische Verständnis einer traditionellen und zweckfreien Ästhetik hinausgehen und weit stärker die praktischen Fragen der Informationsübermittlung für den Gebrauch von Produkten und Fahrzeugen abdecken.

Auf dieser informations- und zeichentheoretischen Grundlage wird unter dem „Design" eines Produkts oder Fahrzeugs ein Produkt- bzw. Handlungswissen verstanden, das
- in einer Gestalt non-verbal kodiert ist,
- daraus dekodierbar und sprachlich darstellbar ist
- und daraus handlungsanweisend wirkt
- zur Erreichung eines Zieles.

Eine geschlossene Designästhetik existiert aber bis heute nicht. Dies begründet sich maßgeblich aus der Anwendung unterschiedlicher Darstellungsmodelle und Gliederungssysteme durch die einzelnen Forscher und Autoren.

Den nachfolgenden Kapiteln liegt der in Abschnitt 2 beschriebene Transportprozess zugrunde, kombiniert mit dem konstruktionstechnischen Mensch-Produkt-Modell. Als primäre Mensch-Produkt-Relation wird das im historischen Kontext mehrfach erwähnte pauschale Gefallensurteil verstanden, allerdings nicht als Geschmacksurteil, sondern erweitert als „Werterlebnis" oder „unmittelbare Werterfahrung" (nach Geiger [3-12]). Der altbekannte Satz „De gustibus non est disputandum" (Über Geschmack lässt sich nicht streiten!) rückt damit an die unterschiedlichen Wertvorstellungen und Werthaltungen des Menschen wie auch an die Nutzwertbildung eines Produkts heran und begründet auch den Tatbestand, dass das Design ubiquitär (überall) und permanent (dauernd) wertbildend wirkt.

Das heute schon klassische Mensch-Produkt-Modell (**Bilder 5-2.1/4.1**) muss aber in seiner Anwendung auf Fahrzeuge in mehrfacher Weise erweitert werden.

Erstens erweitert sich die Produkt(außen)gestalt zu einer Fahrzeugaußen- und einer Fahrzeuginnengestalt (s. **Bilder 5-2.2/4.2**). W. Gotschke hat schon 1951 im Unterschied zu anderen Autoren darauf hingewiesen, dass ein Auto ein „fahrender Raum" ist [3-13] und keine fahrende Skulptur. In einer späteren Publikation bezeichnete er den Innenraum als den wichtigsten Erlebnisort des Fahrens [3-14]. Analog muss der externe Mensch um einen internen Menschen erweitert werden. Konsequenterweise muss dann auch ein internes Interface (Abschnitt 9) um ein externes Interface erweitert werden. (s. Abschnitt 11.4). Alle diese Parametererweiterungen treten vielfach auch im Plural auf. Ein Pkw besitzt nicht nur eine Innengestalt, sondern zwei oder drei, nämlich Kabine, Motorraum und Gepäckraum.

Beim Menschen muss zweitens als interner Mensch einmal der „Operator", d. h. der Fahrer, Führer, Steuermann, Pilot u. a., berücksichtigt werden und daneben der „User", d. h. der Fahrgast, Beifahrer, Passagier u. a. Externe Menschen sind einmal die am Transportprozess (Abschnitt 2.2) beteiligten anderen Verkehrsteilnehmer, d. h. Autofahrer, Zweiradfahrer, Fußgänger u. a., daneben aber auch dritte Personen wie Passanten, Flaneure, Interessenten, potentielle Kunden u. a.

Bezüglich der Einstellung dieser Menschen muss drittens im Sinne der traditionellen Ästhetik einmal eine zweckfrei-ästhetische Einstellung berücksichtigt werden, daneben aber auch, nicht zuletzt wegen der pragmatischen Dimension der neuen Ästhetik und Informatik, eine zweckorientiert-informative Einstellung.

In der syntaktischen Dimension erweitern sich viertens schon die Blickrichtungen und die Sichtweisen. Die Außengestalt unterliegt natürlich einer Außenansicht. Unter Berücksichtigung der Dreidimensionalität der Fahrzeuggestalt handelt es sich aber um Außenansichten. Hinzu kommt der Einblick von außen auf das Interior sowie der Durchblick (durch das Greenhouse) durch andere Verkehrsteilnehmer. Die Innengestalt unterliegt dementsprechend einer Innenansicht. Hinzu kommt aber der Ausblick von innen nach außen, z. B. als Panoramasicht oder Rundumsicht. Hieraus können auch Konsequenzen für das Interior-Design (Abschnitte 11.2 und 12.3) abgeleitet werden.

Die praktische Konsequenz aus dieser Erweiterung ist die fachliche Vergrößerung der Bedeutungsprofile sowohl für das Exterior-Design (**Bild 5-15**) wie für das Interior-Design (**Bild 11-17**). Auswirkung hat diese Erweiterung auf die designorientierte Nutzwertbildung eines Fahrzeugs (Abschnitt 14).

Die offenste Dimension dieser neuen Informationsästhetik des Fahrzeugdesigns ist zugegebenermaßen die Pragmatik.

Unter einer „Information" wird in Anlehnung an Gitt ein Wissen verstanden (**Bild 3-17**), das in einer Gestalt codiert vorliegt (syntaktischer Aspekt), das daraus in verbalen Bezeichnungen decodiert werden kann (semantischer Aspekt), die dem Menschen bestimmte Handlungen ermöglichen (pragmatischer Aspekt) zur Erreichung bestimmter Ziele (apobetischer Aspekt), wobei allerdings sowohl der Mensch wie auch das Produkt als Sender wie als Empfänger wirken können. Der statistische Aspekt (nach Gitt) kann dabei, wie noch dargelegt werden wird, jede der drei bzw. vier Dimensionen betreffen. Sowohl auf der Senderseite wie auf der Empfängerseite besteht zwischen diesen vier Dimensionen ein hierarchischer Funktionszusammenhang, wobei sowohl am Anfang wie auch am Ende

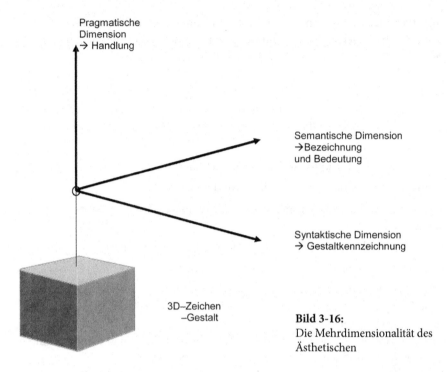

Bild 3-16:
Die Mehrdimensionalität des
Ästhetischen

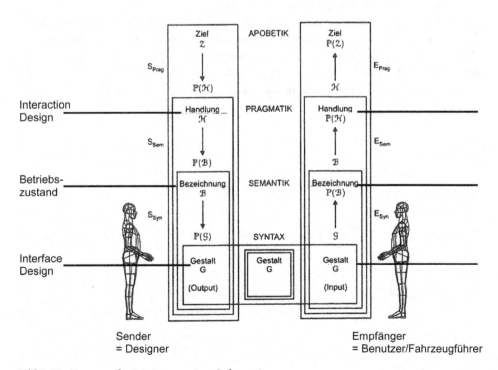

Bild 3-17: Kommunikationsprozess einer Information

die Erfüllung einer Zielsetzung (Apobetik) steht. Eine eindeutige Information liegt vor, wenn sich auf der Empfängerseite jeweils nur eine einzige und richtige Bezeichnung und Handlung zu einer Zielsetzung ergibt. Diese Informationsverarbeitung des Menschen benötigt Zeit, wie man schon seit den 30er Jahren aus der Analyse des Bremsvorgangs weiß (**Bild 3-15**).

Der hierarchische Funktionszusammenhang verhält sich auf der Empfängerseite reziprok zur Senderseite. Der Generierungsprozess auf der Senderseite besteht aus der Abfolge von

$$Ziel \rightarrow Handlungsfolge \rightarrow Bezeichnung \rightarrow Gestalt$$

d. h. die Pragmatik steht vor der Semantik, diese vor der Syntaktik.

Der Wahrnehmungs- und Erkennungsprozess auf der Empfängerseite besteht aus der reziproken Abfolge von

$$Gestalt \rightarrow Bezeichnung \rightarrow Handlungsfolge \rightarrow Ziel$$

d. h. die Syntaktik steht vor der Semantik, diese vor der Pragmatik.

In diesem drei- bzw. vierdimensionalen semiotischen System wird eine Designästhetik, – besser – eine Designinformatik gebildet aus dem Tripel bzw. Quadrupel (Syntaktik, Semantik, Pragmatik und Apobetik).

Demgegenüber wird eine reine Inhaltsästhetik nur aus dem Tupel von Syntaktik und Semantik gebildet, und eine formale Ästhetik allein aus der Syntaktik.

Dieser Umfang einer Designinformatik gilt insbesondere für das Interior-Design von Fahrzeugen unter Berücksichtigung des Fahrerplatzes.

Im Querbezug von Sender- und Empfängerseite bilden die beabsichtigten und erzielten Handlungen die Ebene der Interaction oder des Interaction-Designs. Die beabsichtigte Gestalt und ihre Zustände und die erzielte und wahrnehmbare Gestalt und ihre Zustände bilden die Ebene des Interface oder des Interface-Designs.

Diese kommunikative Matrix bestimmt damit die folgenden Abschnitte.

Syntaktische Dimension einer Designästhetik: Die Fahrzeuggestalt und ihre Wahrnehmbarkeiten 4

Unter der syntaktischen Dimension einer Designästhetik bzw. -informatik werden der griechischen Bedeutung sýntaxis = Anordnung folgend und diese erweiternd zwei Sachverhalte verstanden und behandelt:
– die Definition einer Produkt- bzw. Fahrzeuggestalt sowie
– die Wahrnehmbarkeiten einer Gestalt.

4.1 Syntaktische Dimension 1: Definition einer vollständigen Fahrzeuggestalt

Unter einer Gestalt wird im Folgenden ein dreidimensionales und materiales Gebilde verstanden, das beschriftet, farbig und geformt ist und einen Aufbau besitzt. In Fortsetzung von Abschnitt 2 entsteht eine Fahrzeuggestalt aus allen ihren Anforderungen (Form follows Function!, s. auch **Bild 15-1**).

In der Designpraxis beginnt die Entwicklung einer neuen und verbesserten Gestalt üblicherweise mit dem Skizzieren (**Bild 4-1**). Dieses Gestaltkonzept ist noch unvollständig, es ist ein „Torso", der aber meist schon die entscheidenden Lösungsideen enthält.

In der Sprache der Gestaltpsychologie ist eine Gestalt eine Ganzheit oder Entität im dreifachen Sinn:
– Eine Gestalt ist die Ganzheit oder Vereinigung der Teilgestalten Grafik, Farbe, Form und Aufbau (**Bilder 4-3 bis 4-8**).
– Die Ganzheitlichkeit zwischen diesen vier Teilgestalten ist dadurch gewährleistet, dass der Aufbau – wie nachstehend gezeigt wird – in allen Teilgestalten auftritt.
– Eine Gestalt bzw. eine Teilgestalt ist des Weiteren die Ganzheit oder Vereinigung von Gestaltelementen und Gestaltordnungen.

Die Leitteilgestalt ist der Aufbau (**Bilder 4-2** und **4-4**), bei Fahrzeugen auch Gestalttyp genannt, dergestalt, dass die Form den Aufbau voraussetzt, dass die Farbe Aufbau und Form voraussetzt, dass die Grafik Aufbau, Form und Farbe voraussetzt.

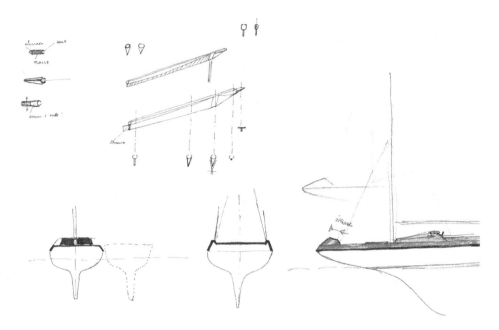

Bild 4-1: Ideen zur Gebrauchsverbesserung der Gestalt eines Regattabootes

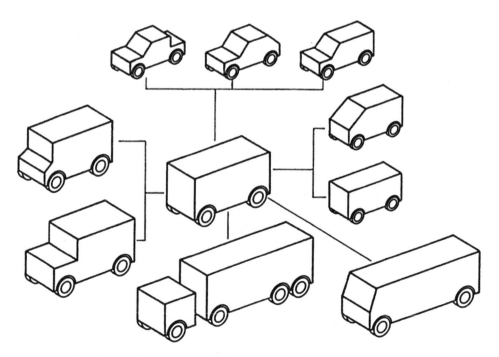

Bild 4-2: Quader oder Box als „Urahn" der Karosseriegrundtypen

Dreidimensionale Aufbauelemente einer Fahrzeuggestalt sind
– die Karosserie, bei Pkw z. B. der One-Box-, Two-Box- und Three-Box-Typ (**Bild 4-2**),
– der Antriebsstrang mit den sichtbaren Gestaltelementen Räder u. a. (**Bild 4-3**).

Die Gestaltung eines Fahrzeugs ist also immer ein 3-dimensionales oder räumliches Thema.

In der freien und in der angewandten Gestaltung hat man sich schon seit den alten Griechen mit der richtigen Gestaltkomplexität beschäftigt. Von Heraklit ist die Regel „Einheit in der Vielheit" überliefert. Die einfachste Regel ist das Reduzieren, das aber zu Gestalten führt, die in der Kunst Arte povera heißen. G. Birkhoff (s. 3.2) wird die Regel „Order in Complexity" (Ordnung in der Vielfalt) zugesprochen.

Alle diese Gestaltungsregeln führen zu den sogenannten Platonischen Körpern mit dem Extremfall der Kugel, die aber nur in Einzelfällen im Fahrzeugdesign (Ballone!) relevant sind. Das Gegenteil, nämlich Fahrzeuge mit sehr hoher Gestaltkomplexität, sind insbesondere Rennwagen (Formel-1-Design).

Bild 4-3: Sitzplan und Antriebsstrang (Package)

Bild 4-4: Gestaltaufbau oder -typ eines Fahrzeugs

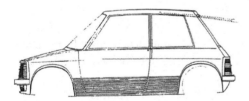

Bild 4-5: Formelemente der Außengestalt eines Fahrzeugs

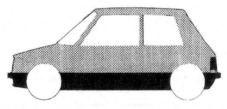

Bild 4-6: Farbhelligkeiten der Außengestalt eines Fahrzeugs

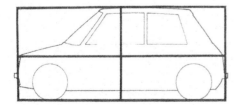

Bild 4-7: Beispiel für die Maßordnungen oder Proportionen einer Fahrzeugaußengestalt

Bild 4-8: Beispiel für die Grafik einer Fahrzeugaußengestalt

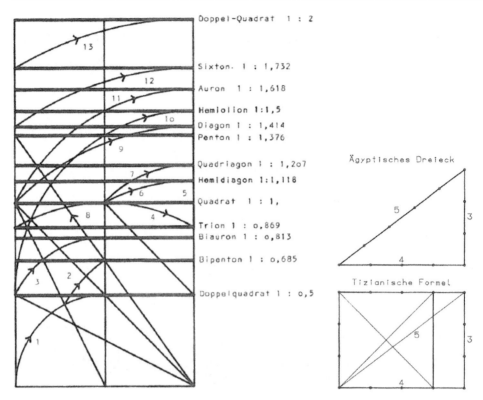

Bild 4-9: Der klassische Proportionenkanon

Bild 4-10: Geometrische Figuren mit ausgezeichneten Proportionen

Nach der obenstehenden Definition gehören zu einer Gestalt neben ihren Elementen fundamental ihre Ordnungen (**Bild 4-14**). Diese sind formale Relationen der Gestaltelemente bzw. der Gestaltmaße, wie (**Bilder 4-9/12**)

Teilgestalt	Ordnungen
Aufbau	Hauptsymmetrien
	Hauptproportionen
Form	Teilsymmetrien
	Teilproportionen
	Formzentrierungen
	Formkontraste
Farbe	Farb- und Oberflächenkontraste
Grafik	Grafische Symmetrien
	Grafische Proportionen

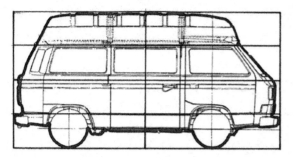
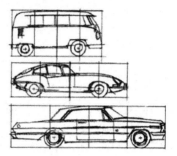

Bild 4-11: Beispiele für die Proportionierung von Fahrzeuggestalten

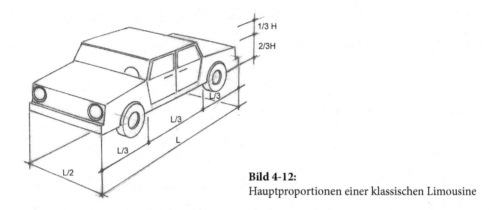

Bild 4-12:
Hauptproportionen einer klassischen Limousine

Symmetrien können auch funktional begründet sein, z. B. die Längs- und Quersymmetrie von Schiffen mit zwei gleichwertigen Längsfahrtrichtungen. Demgegenüber gibt es auch funktionale Asymmetrien, z. B. die venezianischen Gondeln mit einem asymmetrisch stehenden Gondoliere.

Ausgehend von den Hauptmaßen einer Gestalt ergeben sich deren Maßordnungen oder Proportionen aus den Relationen der Hauptmaße (**Bilder 4-9/12**). Das entsprechende Repertoire bildet der seit den Griechen bekannte Proportionskanon (**Bild 4-9**). Interessant ist, dass im Umfeld des goldenen Schnitts oder Aurons eine ganze Reihe weiterer prägnanter Maßordnungen bestehen. Außerdem ist überraschend, dass am Beginn und am Ende dieses Proportionskanons ganzzahlige Verhältnisse stehen (Wagen der Kelten 1:2), die in vielen historischen und modernen Fahrzeugen verwirklicht sind, bis hin zu den Großen Zahlen, z. B. 1:100 (ICE).

Zu den ganzzahligen Fahrzeugproportionen gehören auch tradierte und heute teilweise nicht mehr verständliche bzw. ergonomisch nicht mehr haltbare Maßregeln wie (**Bild 4-12**)
– Länge von Motorraum, Fahrgastzelle und Kofferraum einer klassischen Limousine je 1/3 Gesamtlänge,
– Unterwagenhöhe zu Greenhousehöhe 2:1 bzw. 2/3 zu 1/3 (s. Abschnitt 10.3),
– Wagenbreite 1/2 der Wagenlänge.

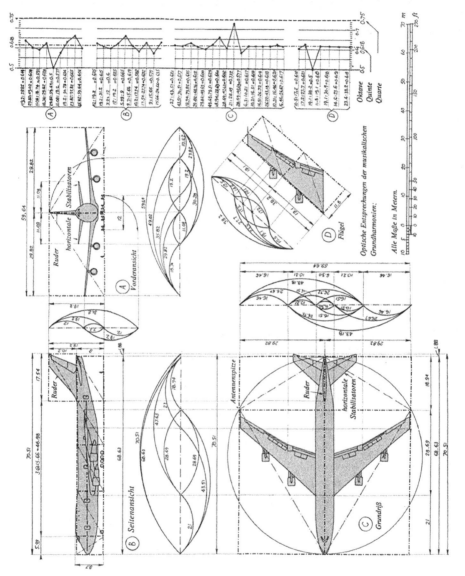

Bild 4-13: Proportionssystem eines Passagierflugzeugs

Mit diesen Proportionen entsteht eine – in der Terminologie der Musikästhetik – fugierte Gestalt dieses Fahrzeugtyps. Durch neuere Untersuchungen, z. B. an Bugatti-Fahrzeugen, ist zu vermuten, dass die frühen Fahrzeugbauer und -designer nach solchen – in der Architektur tradierten – Proportionssystemen und Zahlenreihen gearbeitet haben, auch Rolls-Royce.

Funktionale Proportionen sind z. B. die aus der Aerodynamik bekannten Maßverhältnisse (s. Zeppeline und Anwendungsbeispiel).

Größtes Beispiel für die Anwendung von harmonischen Proportionen ist in der Fachliteratur [4-1] das Flugzeug Boeing 747 (publ. 1981 **Bild 4-13**).

Insbesondere bei Fahrzeugen erweitert sich die Gestaltdefinition um die Innengestalt. Eine Fahrzeuggestalt ist damit eine Vereinigung der beiden Subgestalten Außen- oder Exterior-Gestalt und Innen- oder Interior-Gestalt. Beide Subgestalten besitzen jeweils die oben genannten Teilgestalten Aufbau, Form, Farbe und Grafik. Aufbauelemente der Interior-Gestalt sind maßgeblich die Innenraumgestalt, d. h. die Verkleidungen der Rohkarosserie und alle Einbauten, wie Sitze, Dashboard, Interface u. a. (**Bild 4-15**).

Der Umfang einer Fahrzeuggestalt repräsentiert eine der größten Gestaltkomplexitäten des industriellen Designs. Eine Fahrzeuggestalt ist aber nicht nur das Ergebnis des industriellen Designs, sondern der gesamten Fahrzeugentwicklung und -konstruktion in einem entsprechenden Entwicklungsablauf.

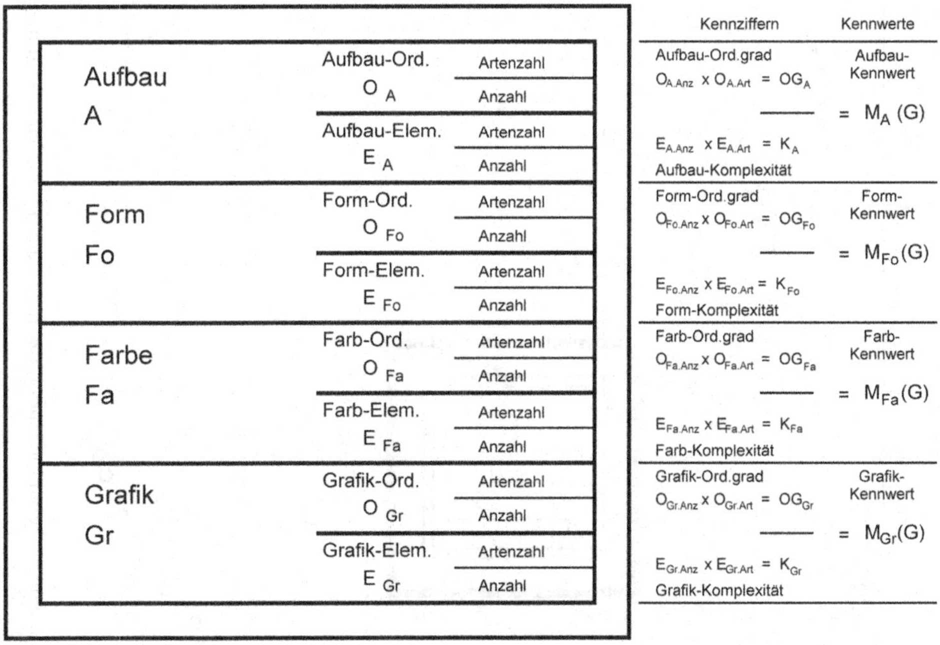

Bild 4-14: Allgemeine Gestaltdefinition und abgeleitete Kennziffern und -werte

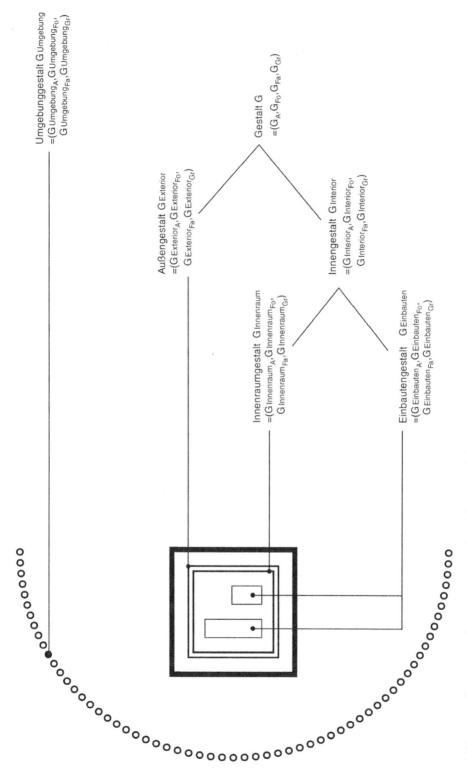

Bild 4-15: Allgemeine Definition eines Einzelproduktes mit Außen- und Innengestalt

4.2   Syntaktische Dimension 2: Die Wahrnehmbarkeiten einer Fahrzeuggestalt

Traditionsgemäß sind alle gestaltenden Disziplinen primär an der optischen – besser: visuellen – Wahrnehmung orientiert. Die Wahrnehmung erfolgt aber über mehrere Sinneskanäle und wird deshalb als multisensorisch, modern als multimodal bezeichnet. Nach dem aktuellen Stand der Sensorik betrifft dies folgende dargestellte Wahrnehmungsarten (**Bild 4-16**).

Insbesondere das Fahrzeugdesign mit seinem Interior- und Interface-Design erweitert den Wahrnehmungsumfang grundsätzlich und führt zu dem, was heute auch multisensorisches Design heißt.

Alle Wertfunktionen und Bewertungsdiagramme der einzelnen Wahrnehmungsarten weisen eine untere und eine obere Wahrnehmungsgrenze auf. Beide können disfunktional bis hin zu lebensgefährlich sein. Man kann konstatieren, dass das Schöne oder Ästhetische immer zwischen diesen Grenzwerten liegt. Allerdings operieren sowohl das industrielle wie auch das Fahrzeugdesign aus Funktions- und Sicherheitsgründen mit diesen Grenzwerten. Sie überschreiten damit schon auf dieser syntaktischen Ebene die Ästhetik hin zu einer Informatik.

Beispiele: Bei allen Wahrnehmungsarten sind Grenzentfernungen und -positionen zu beachten:
– die Sehgrenze,
– die Hörgrenze,
– die Greifgrenze u. a.

Die Wahrnehmungsvoraussetzung für das Sehen ist, dass der Wahrnehmungsgegenstand im Sichtfeld liegt und die optische Wahrnehmungsbedingung über die Leuchtdichte und den entsprechenden Kontrast zum Hintergrund oder den Kontext gegeben ist.

Der vorstehenden Gestaltdefinition entsprechend müssen für die wichtigsten Wahrnehmungen folgende Kontraste unterschieden werden:
– der Aufbaukontrast („Freistellen" oder „Exponieren"),
– der Formkontrast,
– der Oberflächen- und Farbkontrast (Komplementär-Kontrast, Hell-Dunkel-Kontrast, Bunt-Unbunt-Kontrast),
– der grafische Kontrast.

Wenn in einer Designästhetik wahrnehmungsbezogen das Angenehme, das Harmonische, das „Schickliche" (Goethe) u. a. der Maßstab des Schönen ist, dann kann dies in einer Designinformatik konträr das Multisensorische oder Multimediale, das Kontrastierende, das Pointierte, das Exponierte u. a. sein.

Eine entfernungsbezogene Wahrnehmungsbedingung ist in diesem Zusammenhang die sogenannte Wahrnehmungssicherheit

$$\text{Wahrnehmungssicherheit} = \frac{\text{Gefahrenabstand}}{\text{Anhalteweg}} \geq 1$$

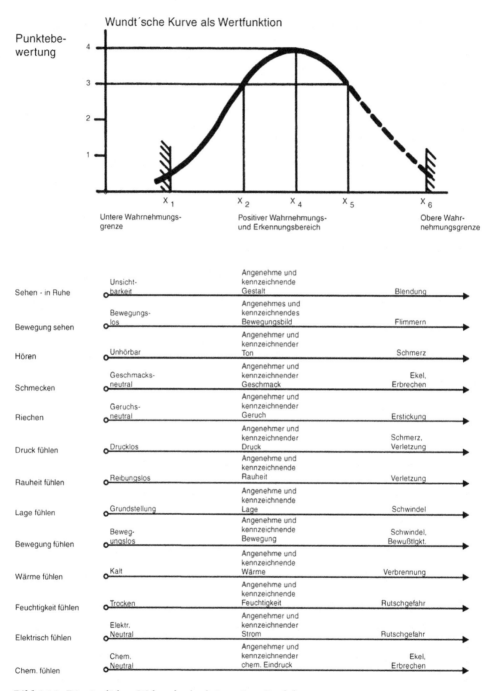

Bild 4-16: Die sinnlichen Wahrnehmbarkeiten eines Produktes

Die Wahrnehmung einer Gestalt oder – allgemein – eines Zeichens wie auch die nachfolgende Erkennung erfordern Zeit. Nach den neueren Erkenntnissen der Verkehrsrechtsprechung wird deshalb die frühere „Schrecksekunde" heute auf 2 Sekunden angesetzt.

Spezielle wahrnehmungsbezogene Designversionen: Unter der Designversion Tarnung (Synonym: Camouflage) wird das partielle oder totale Unsichtbarmachen einer Produktgestalt vor ihrem Hintergrund (Synonym: Umgebung, Kontext) verstanden.

Diese Designversion wird normalerweise mit Militärfahrzeugen in Verbindung gebracht. Sie tritt aber z. B. als Safari-Look auch im zivilen Bereich auf.

Unter der Designversion Visualisieren, Kontrastieren wird das extreme Sichtbarmachen einer Produktgestalt vor ihrem Hintergrund (Synonym: Umgebung, Kontext) bis zur Blendung verstanden.

Unter dem Nachtdesign wird die Sichtbarkeit und Erkennbarkeit einer Produktgestalt, wie z. B. eines Schiffes oder eines Autoradios, in einer dunklen Umgebung verstanden.

Aktuelle Beispiele des akustischen Designs, die gleichfalls zu der Designsemantik überleiten, sind
– das akustische Corporate und Programmdesign, Beispiel BMW (**Bild 4-17**),
– die Auseinandersetzung mit der Akustik (Hörbarkeit von Elektrofahrzeugen).

Ein modernes Beispiel des olfaktorischen Designs sind unterschiedliche Innenraumdüfte, z. B. in Mercedes-Fahrzeugen.

Die multisensorische Wahrnehmung kann auch als Ideenfindungsmethode eingesetzt werden, und zwar über die Beachtung der multisensorischen Grenzwerte und die darauf basierenden Missfallensurteile. Beispiele: Ein Stellteil oder ein Sitz drückt. Diese Ideenfindungsmethode für das Design ergibt bei einem bekannten deutschen Sportwagen (Audi TT) über 10 Verbesserungsideen, die von der Sitzverbesserung für den Gasfuß (s. Abschnitt 8) bis zur Idee einer Ampelkontrolle reichen. Diese Methode versagt natürlich bei

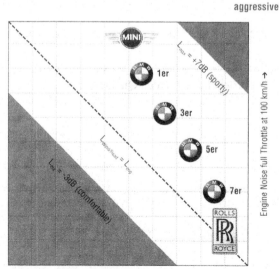

Bild 4-17:
Sound-Design der Fahrzeuge
eines deutschen Herstellers

sensorisch nicht wahrnehmbaren Produkten. Bei sensorisch wahrnehmbaren Produkten kann sie auch auf deren negative Erkennungsinhalte erweitert werden. Designideen können sich auch aus zu formalistischen oder hypertrophen Produktgestalten ergeben.

Ein hypertrophes, d. h. überzogenes Design [4-2] liegt dann vor, wenn eine Produktqualität oder ein Erkennungsinhalt alle anderen dominiert. Bezüglich der formalen Qualität heißt dieser Grenzfall auch Formalismus.

4.3   Syntaktische Dimension 3: Die Syntax von bewegten Gestalten

Fahrzeuggestalten verändern sich sowohl über ihren Lebenszyklus (von der Sitzkiste bis zum Schrottfahrzeug) wie auch über ihren Fahrprozess sowohl für Fahrer und Beifahrer wie auch für externe Verkehrsteilnehmer und dritte Personen. Ein einfaches Beispiel für eine bewegte Gestalt ist jede Uhr (**Bilder 6-8/10**). In der plastischen Kunst sind dies die Mobiles und die Gestaltmetamorphosen. Das gleiche Phänomen zeigen die unterschiedlichen Ansichten auf eine Fahrzeuggestalt (**Bilder 4-18/19**). Alle vorgenannten Gestaltkennwerte (**Bild 4-14**) sind damit zeitabhängig veränderlich. Eine Orientierung zur Beschreibung dieses „Films" kann die Parameterlehre der Kamera sein, wie sie in den 60er Jahren an der HfG Ulm entwickelt wurde [4-3]. Beschreibungsparameter für eine bewegte Gestalt sind danach deren unterschiedliche Ansichten, ihre Beleuchtung, ihre Entfernung u. a. Die Ansichten können weiter untergliedert werden, wie auch im Technischen Zeichnen, wie üblich in

– Seitenansicht(en),
– Vorderansicht,
– Heckansicht,
– Untersicht,
– Draufsicht.

Zur Erkennung jeder räumlichen Gestalt ist eine Perspektive aus drei dieser Ansichten notwendig.

Die weitere Parameterdefinition aller dieser Ansichten bzw. Ansichtenfolgen oder -sequenzen kann nach den vorstehend beschriebenen formalen Qualitäten, wie

– Komplexität,
– Ordnungsgrad,
– ästhetisches Maß,
– Auffälligkeitsgrad,
– Kontraste,
– Ähnlichkeit (s. a. Selbstähnlichkeit, Abschnitt 5.3) u. a.
weiter verfeinert werden.

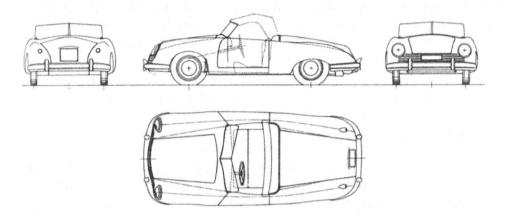

Bild 4-18: Gestaltmerkmale der unterschiedlichen Ansichten eines Sportwagens

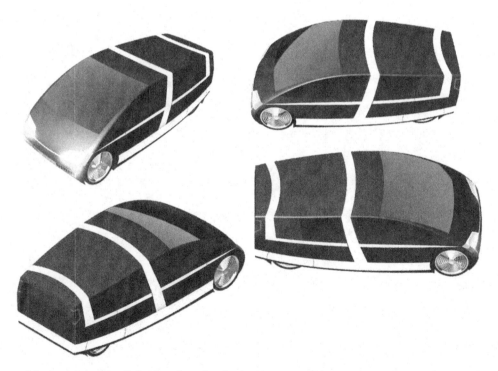

Bild 4-19: Unterschiedliche Gestaltmerkmale eines bewegten Fahrzeugs

Eine Anwendung dieser Kenngrößen auf die bewegten Bilder eines Films ist aber bis heute nicht bekannt. Ein historischer Ansatz hierzu sind die abstrakten Filmkompositionen des Bauhausschülers W. Graeff (1921/1922). Ein moderner wissenschaftlicher Ansatz ist das sogenannte Eye-Tracking.

Von verschiedenen Psychologen wird die Bewegungswahrnehmung der frühesten Entwicklungsphase des Menschen zugeordnet. So z. B. durch J. Piaget der „sensomotorischen Phase". Ein fundamentaler Sicherheitsparameter der einzelnen Bilder einer bewegten Gestalt ist deren Wahrnehmungszeit.

Aus den physiologischen Grundlagen des „Films" ist bekannt, dass eine Objektwahrnehmung von A nach B bei einem Zeitquant von $\leq 1/16$ Sekunde entsteht. Eine weitere Grundlage ist die Projektion von 48 Bildern pro Sekunde mit einer Projektionsdauer des Einzelbildes von $< 1/20$ Sekunde.

Semantische Dimension einer Designästhetik und 5
-informatik: Analoge und konkrete Erkennung

Unter der semantischen Dimension einer Designästhetik bzw. -informatik wird der griechischen Bedeutung semanticós = „bezeichnend, bedeutend" entsprechend die Erkennung einer wahrgenommenen Produkt- oder Fahrzeuggestalt verstanden.

Die heute sogenannte Designsemantik berücksichtigt und behandelt die (nonverbale) Erkennung einer Produkt- oder Fahrzeuggestalt. Sowohl aus den historischen Beobachtungen wie aus der praktischen Sprachanalyse müssen dabei zwei Erkennungsvorgänge unterschieden werden (**Bild 5-1**):

– die analoge Erkennung einer wahrgenommenen Gestalt (**Bilder 5-21./2.2**) (synonym: assoziativ, metaphorisch, emotional u. a.),

– und die konkrete Produkterkennung aus seiner wahrgenommenen Gestalt (**Bilder 5-3.1/3.2, 5-4.1/4.2**).

Diese Unterscheidung findet sich auch bei anderen Ulmer Semantikern (Krippendorf und Butter, 1986). Insbesondere die analoge Erkennung bzw. das analoge Design wurde

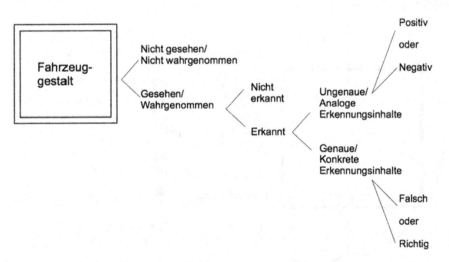

Bild 5-1: Alternativen der Wahrnehmung und Erkennung von Fahrzeuggestalten

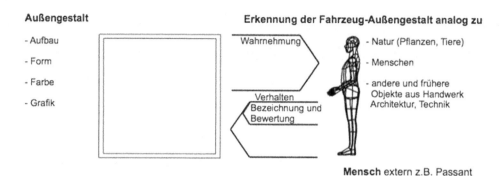

Bild 5-2.1: Analoge Erkennung einer Fahrzeugaußengestalt

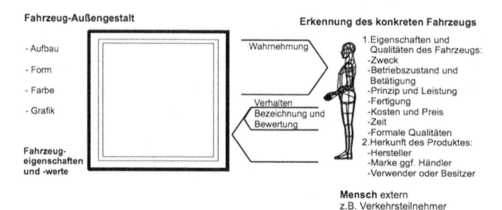

Bild 5-3.1: Konkrete Erkennung eines Fahrzeugs aus seiner Außengestalt

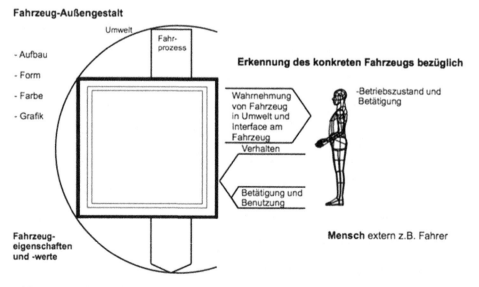

Bild 5-4.1: Konkrete Erkennung der Betätigung eines Fahrzeugs aus seiner Außengestalt

Innengestalt

- Aufbau

- Form

- Farbe

- Grafik

Erkennung der Fahrzeug-Innengestalt analog zu

- Natur (Pflanzen, Tiere)

- Menschen

- andere und frühere
  Objekte aus Handwerk
  Architektur, Technik

Mensch intern z.B. Passagier

Bild 5-2.2: Analoge Erkennung einer Fahrzeuginnengestalt

Fahrzeug-Innengestalt

- Aufbau

- Form

- Farbe

- Grafik

**Fahrzeug-
eigenschaften
und -werte**

Erkennung des konkreten Fahrzeugs

1. Eigenschaften und
   Qualitäten des Fahrzeugs:
   - Zweck
   - Betriebszustand und Betätigung
   - Prinzip und Leistung
   - Fertigung
   - Kosten und Preis
   - Zeit
   - Formale Qualitäten
2. Herkunft des Produktes:
   - Hersteller
   - Marke ggf. Händler
   - Verwender oder Besitzer

Mensch intern
z.B. Fahrzeugbesitzer

Bild 5-3.2: Konkrete Erkennung eines Fahrzeugs aus seiner Innengestalt

Fahrzeug-Innengestalt

- Aufbau

- Form

- Farbe

- Grafik

**Fahrzeug-
eigenschaften
und -werte**

Erkennung des konkreten Fahrzeugs bezüglich

-Betriebszustand und
Betätigung

Mensch intern z.B. Fahrer

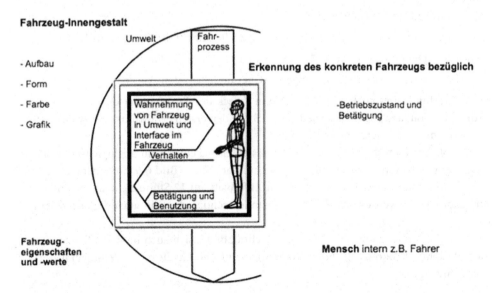

Bild 5-4.2: Konkrete Erkennung der Betätigung eines Fahrzeugs aus seiner Innengestalt

aber bisher nicht systematisch gewürdigt, sondern meist als zwitterhaft (androgyn), befremdlich, als Tarnung (Camouflage), zweckfremd, als Trugform, Styling u. a. bezeichnet. Aktuelle Anlässe zur Auseinandersetzung mit dieser Designrichtung ist im allgemeinen Industriedesign das Roboterdesign und im Fahrzeugdesign die Forderung nach einem „emotionalen" Design. Im kundenorientierten Design ist es für naive Menschen und Laien einschließlich Kindern nicht zu vernachlässigen. Die beiden unterschiedlichen Erkennungsarten ergeben sich auch aus den inhaltlichen Erkennungsalternativen und ihren unterschiedlichen Wertungen (**Bild 5-1**). Alle Gestalten sind demnach mehrdeutig, vieldeutig, meistdeutig, semantisch polyvalent.

5.1 Semantische Dimension 1: Analoge Erkennung einer Fahrzeuggestalt

Die historischen und aktuellen Beispiele reichen von den Produkten des Fürsten von Hochdorf (Mitte 6. Jahrhundert v. Chr.) bis zu einem Binnenschiff in der Gegenwart:
- eine Radstütze wurde als stützender Mensch gestaltet. (Die Kline des Fürsten von Hochdorf wurde von sechs Frauengestalten gestützt!)
- Der Fuß eines Lagerbockes wurde als Löwenfuß gestaltet.
- Ein Schiff wurde zum schwimmenden Walfisch usw.

Verallgemeinert bezieht sich die Erkennungsanalogie auf
- den Menschen (humanoid, android, anthropomorph),
- Objekte der Natur (biomorph, floral, kristallin),
- insbesondere auch Lebewesen (animaloid, theriomorph),
- auf die Architektur
- sowie auf Objekte des Handwerks.

Eine Analogie, die im Karosseriedesign immer wieder auftritt, ist die zur Musik.

Beispiel 1:   „Design ist wie Musik." (C. Lobo, der Designer des Ford Ka)

Beispiel 2:   „Eine Karosserie muss singen!" (Chefmodelleur von Porsche)

Die Anwendung eines analogen Designs zum Zweck der Tarnung war dort nicht falsch, wo diese Camouflage positiv zu sehen war, z. B. bei den ersten Straßenlokomotiven, damit entgegenkommende Pferde nicht scheuten.

Das wohl bekannteste und bis heute aktuellste Beispiel einer Naturanalogie ist die Analoganzeige von Uhren in der Analogie zum Lauf der Sonne (**Bild 6-9**). In einem späteren Entwicklungsstadium der Uhr wurde deren Zifferblatt auf 12 Stunden reduziert und der Durchlauf pro Tag verdoppelt. Zudem entstanden schon sehr früh auch digitale Zeitanzeigen.

Dieser Zusammenhang von Natur und Technik bildet sich auch in vielen Spitznamen (Käfer, Delphin, Krokodil, Ei) oder Produktnamen (Wal, Libelle, Greif, Panther) historischer Fahrzeuge ab.

Ein Beispiel analoger Erkennung und Bezeichnung ist auch der Werksjargon oder -slang in Automobilfirmen, z. B. bei Porsche. Dort heißt z. B. ein Heckspoiler „Bürzel" und ein anderer „Frühstücksbrett".

Markante Beispiele analoger Designs finden sich auch in der japanischen Designentwicklung.

Eines der wichtigsten und stärksten Motive des analogen Designs dürfte das „Gesicht" von Produkten oder Fahrzeugen sein [5-1] (**Bilder 5-5/7**), ein Thema, das auch der bekannte Philosoph und Rektor der Hochschule für Gestaltung Karlsruhe Prof. Peter Sloterdijk vor einiger Zeit in einem öffentlichen Vortrag in Ulm ansprach.

Zur Geschichte der Produkt- und Fahrzeuggesichter gehört auch die Bemalung von Kampfflugzeugen schon im Ersten Weltkrieg durch die Piloten.

Interessanterweise stützte sich auch Paul Klee in seinen „Linientheorien" [5-2] am Bauhaus auf die Physiognomie von Lavater.

Den jüngsten Versuch, die Vermenschlichungsanalogie von Fahrzeugkarosserien zu erfassen, stellt die Dissertation von Rosenthal dar [5-3] (TU Darmstadt, 1999). Danach wird die Symbolsprache eines Automobils von 71 formalen Details (von Scheinwerferverlauf

Bild 5-5: Aktuelle Tieranalogie

Bild 5-6: Historische Tieranalogie

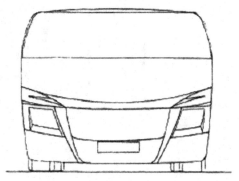

Bild 5-7: Studie zum „Gesicht" eines Fahrzeugentwurfs

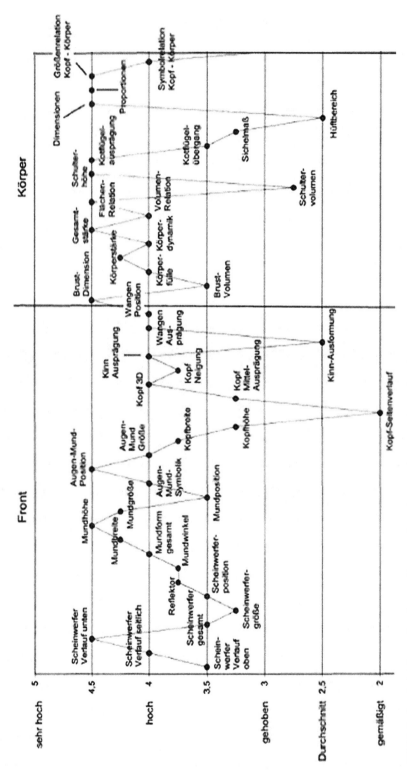

Bild 5-8: Attraktivitätsmerkmale zum Exterior-Design von Fahrzeugen (Ausschnitt)

bis Augen-Mund-Größe, **Bild 5-8**) auf ihre Design-Markterfolgsqualität untersucht und bewertet.

Beispiele für das analoge Design finden sich auch in Europa und Deutschland bis in die Gegenwart:
- die Pneus (Frei Otto und Mitarbeiter, Institut für leichte Flächentragwerke, Uni Stuttgart),
- die Airtecture und Sicionic [5-4] (Axel Thallemer),
- sowie auch viele „biomorphe" Arbeiten von Luigi Colani oder des spanischen Architekten Santiago Calatrava.

Ein aktuelles analoges Fahrzeugdesign ist das Bionic Car von Daimler-Chrysler nach dem Vorbild eines Kofferfisches (**Bild 11-6**).

Alle diesbezüglichen Prädikate aus der analogen Erkennung sind in der Terminologie der Semantik dizentisch, d. h. offen, ungenau, mehrdeutig, meistdeutig. Nicht zuletzt im funktionalen Design wurden diese Anforderungen negiert und häufig abgelehnt, da sie auch sehr schnell zu Kitsch und Styling führen können. Diese Auffassung hat sich aber in den letzten Jahren verändert. Unter Berücksichtigung des Ausbildungsgrades und der Werthaltung des Menschen kann dieser Erkennungsvorgang Laien, einschließlich Kindern, sowie den Ästhetiktypen und Sensitivitätstypen zugeordnet werden. Nichtsdestotrotz bleibt diese Erkennung wohl real aber problematisch.

Entscheidend für die analoge Schönheit ist, dass die diesbezüglichen Prädikate oder Substantive im Normalfall positiv wirken. Ein Gesicht soll ein lachendes Gesicht sein (Smiley).

In dem neusten Werk über Anmutungen sind diese folgendermaßen definiert [5-5]:

„Der Ausdruck *Anmutung* ist mit Bedacht gewählt. Das Phantastische, um das es hier geht, ist nicht nach Ursache und Wirkung zu denken. Zwar weht oder spricht einen etwas an, zwar macht es einen betroffen, aber was das ist und wie man sich dabei befindet, hängt immer auch von einem selbst ab. Anmutungen sind etwas Leichtes und Flüchtiges, sie sind Quasi-Subjekte, doch keine Personen, sie sind unbestimmt und werden doch in charakteristischer Weise erfahren." (a. a. O., Seite 8). „Für eine systematische Darstellung des Atmosphärischen, d. h. des Phänomenbereichs der Atmosphären, ist es trotz dieser Vorarbeiten noch zu früh." (a. a. O., Seite 9).

Die Anmutungen äußern sich meist in einem realen Bedeutungsfeld oder gar in Bedeutungskaskaden. Das Faszinierende an den Anmutungen ist, dass diese eine „unendliche Geschichte" bilden können, aber ohne zu Gebrauch und Benutzung zu führen.

In der Berücksichtigung aktueller Entwicklungen kann die anmutungshafte Gestaltung auch esoterische Bedeutungen betreffen, wie z. B. solche aus dem Feng Shui [5-6]. Die Kreation solch eines analogen Designs wird heute in Japan auch als „Engineering of Impression" bezeichnet. Von den Vertretern der „Stuttgarter Informationsästhetik" wurde diese Richtung abwertend auch als „Interpretationsästhetik" bezeichnet.

Ein neues Schlagwort im Industrial Design ist in diesem Zusammenhang das „emotionale" Design. Die Behandlung der diesbezüglichen Emotionen erfolgt in der Psychologie über die unterschiedlichen Gefühlsreaktionen auf Personen, Gegenstände und Ereignisse mit den alternativen oder reziproken Stufen eines zuständlichen oder eines gegenständlichen Bewusstseins.

Beispiele solcher Gefühle sind Freude, Furcht, Angst, Liebe, Trauer, Hass, Ekel, Lust u. a. Die klassifikatorische Ordnung der Gefühle gilt aber in der Psychologie als eines der umstrittensten Kapitel!

Durch die Verbindung mit subjektiven Leitbildern ergibt sich die Frage, ob ein positives analoges Design überhaupt gezielt generiert werden kann, oder eine diesbezügliche Designstrategie nur heißen kann, negative analoge Bedeutungen zu vermeiden.

Beispiel: Erkennung eines Lieferwagens nicht als Leichenwagen.

Diese Thematik wird noch problematischer, wenn heute die Emotionalisierung der gesamten Mensch-Produkt-Relation propagiert wird.

Diese Notizen sollen darauf hinweisen, dass innerhalb der internationalen Designentwicklung und -geschichte ein analoges Design existiert.

Diese „Produktsprache" ist die ältere, die redundantere, die vertrautere. Ihr Code funktioniert in 3-D-Gestalten und -Teilgestalten.

Zielgruppenorientiert ist es die „Sprache" oder das Kennzeichnungssystem für Anfänger, Laien, Dilettanten, Naive u. a. und nicht zuletzt auch für Kinder!

Das konkrete Design ist demgegenüber jünger, abstrakter, auch unbekannter, allerdings auch die exaktere Kodierung von handlungsbezogenen Informationen. Zielgruppenorientiert ist es die „Sprache" der Fachleute, Profis, Experten.

Beide Designs finden sich bis heute in Anzeigen bzw. Ziffernblättern von Uhren. Die Analoganzeige ist qualitativ, ungenauer, aber umfassender oder vieldeutiger – in der Sprache der Semiotik rhematisch. Die Digitalanzeige ist exakter, quantitativ, eindeutig – in der Sprache der Semiotik argumentatorisch. Dass beide Designs ihre Berechtigung haben, zeigt auch die Tatsache, dass die neuere Digitalanzeige bis heute die ältere Analoganzeige nicht verdrängen konnte. Die „Story" ist in der Analoganzeige größer und die Information kleiner. Bei der Digitalanzeige ist dieses Verhältnis reziprok.

Das moderne Design muss aber beide Auffassungen berücksichtigen, und zwar durch die unterschiedliche Einstellung und Ausbildung der Benutzer/User, z. B. im Fahrzeugdesign das konkrete Interface für Fahrer oder Pilot und das analoge Interior-Design für Beifahrer oder Fahrgäste. Für einen Fahrer ist die Anzeige einer optimalen Drehzahl von 6500 U/min als „8 Strich vor Mittag" natürlich skurril und missdeutig.

Anderseits hat das analoge Design in dem Lernprozess technischer Produkte, nicht zuletzt auch bei Kindern, seine Berechtigung und ist vielfach die pädagogische Vorstufe zu dem konkreten Design der nachfolgenden Produkte aus Lebens- und Berufswelt.

In einer modernen Designmethodik darf es für ein kundenorientiertes Design als Zielgruppe nicht nur den Experten oder gar Intellektuellen geben, sondern auch den naiven Menschen und das Kind. Ergebnis dieser Methodik kann deshalb auch nicht nur ein konkretes Design sein, sondern auch ein analoges – d. h. beides gehört zu der modernen Produktkultur.

Eine Fortsetzung dieses analogen Erkennungsvorgangs findet in Abschnitt 8.3 mit den Raumanalogien des Interior-Designs statt.

5.2 Semantische Dimension 2: Konkrete Erkennung einer Fahrzeuggestalt

Wie schon oben erwähnt, ist die analoge Formgebung die ältere und die konkrete, maßgeblich auch in ihrem Zusammenhang mit dem Funktionalismus und der konkreten Kunst, die jüngere. Der maßgebliche Unterschied liegt in den Inhalten und Bedeutungen, die durch die Formen übermittelt werden sollen und damit ein analoges bzw. konkretes Design ergeben (Seeger 2009).

Auf den ersten Blick sind das Gegenteil von analogen oder assoziativen Formen neutrale, bedeutungslose, affektlose Formen. Diese repräsentieren aber nur den Grenzfall der Erkennbarkeit. Den gegenteiligen Normalfall bildet das konkrete Design. In Anlehnung an die konkrete Kunst in der Definition von Max Bill [5-7] kann die gegenteilige Auffassung zum analogen Design als konkretes Design bezeichnet werden.

Ein konkretes Design liegt dann vor, wenn durch eine funktionale und konstruktive Gestalt die Eigenschaften und Herkunft des betreffenden Produkts einschließlich ihrer formalen Qualitäten sichtbar und erkennbar gemacht werden.

Eine allgemeine Thematik der Zweckkennzeichnung (Synonym: Typisierung, funktionaler Code) von Landfahrzeugen ist die totale oder partielle Sichtbarkeit der Räder. Historisches Beispiel der Herkunftskennzeichnung von Fahrzeugen war das Flottendesign von Schiffen oder die Eisenbahn-„Heraldik" zu Beginn des Eisenbahnwesens.

5.3 Formale Gestaltqualitäten einer Fahrzeuggestalt

Dieser Erkennungs- und Kognitionsvorgang beginnt schon in der syntaktischen Dimension und beinhaltet diejenigen Eigenschaften, die in Ästhetik, Kunst und Design als die formalen Qualitäten einer Gestalt oder eines Gestaltensystems bezeichnet werden.

Ein diesbezüglicher Ansatz sind Bezeichnungen wie
– strenge Lösung,
– stilvolle Gestalt,
– Bauhaus-Look,
– Schweizer Militär-Typografie,
– Kalte Kunst,
oder Prädikatisierungen wie
– rein oder unrein,
– geordnet oder ungeordnet,
– einfach oder kompliziert u. v. a. m.

Für die weiteren Kennzeichnungen hat es sich als sinnvoll erwiesen, sowohl bei den Gestaltelementen wie bei den Gestaltordnungen jeweils Art(enzahl) und Anzahl zu unterscheiden (**Bild 4-14**). Die Einfachheit oder niedere Gestaltkomplexität ergibt sich danach nicht nur aus einer niederen Anzahl, sondern auch aus einer niederen Artenzahl. Die gleiche Anzahl an Gestaltelementen ergibt bei unterschiedlicher Artenzahl auch eine unterschiedliche Gestalthöhe.

Beispiel:

10 x 1 = 10

10 x 10 = 100

Mit diesen Kennziffern ergibt sich eine erste Gegenüberstellung einer schönen, d. h. formal guten Gestalt und einer hässlichen, d. h. formal chaotischen Gestalt:

„Gute" Gestalt	„Chaotische" Gestalt
„einfach" niedere Komplexität = niedere Artenzahl x niedere Anzahl an Gestaltelementen	„kompliziert" hohe Komplexität = hohe Artenzahl x hohe Anzahl an Gestaltelementen
„rein" (synonym: „stilvoll", „selbstähnlich") „Einheit in der Vielheit" niedere Artenzahl >1	„unrein" (synonym: „stillos", „nicht selbstähnlich") hohe Artenzahl $\triangleq$ hohe Anzahl an Gestaltelementen
„geordnet" hoher Ordnungsgrad bzw. hohe Anzahl an Gestaltordnungen i. S. v. Symmetrien, Proportionen, Kontrasten u. a.	„ungeordnet" niederer Ordnungsgrad > 0 bzw. niedere Anzahl an Gestaltordnungen
Ästhetisches Maß hoch durch hohen Ordnungsgrad und niedere Gestalthöhe	Ästhetisches Maß klein bzw. null durch niederen Ordnungsgrad und hohe Gestalthöhe

Weiterführend können aus den Produkten von Artenzahl und Anzahl elementbezogen eine Komplexität oder Gestalthöhe und ordnungsbezogen ein Ordnungsgrad von Gestaltaufbau, -form, -farbe und -grafik gebildet werden. Fortführend lassen sich diese Kennziffern nach den Birkhoff'schen Quotienten zu einem Kennwert der formalen Qualität zusammenfassen. Danach ist eine formal gute Gestalt nicht nur durch eine niedere Komplexität oder Gestalthöhe gekennzeichnet, sondern gleichzeitig durch einen hohen Ordnungsgrad (s. **Bilder 5-9/10**).

Ein zweiter formaler Ansatz ist der der Selbstähnlichkeit einer Gestalt. Die Ähnlichkeit (auch Similarität) ist ein sehr altes Konstruktionskriterium und wird bis heute als Grundlage der Baureihenentwicklung von Beitz-Pahl, Gerhard u. a. behandelt. Allerdings ist damit die Anwendung der Ähnlichkeit in der Gestaltung und im Design nicht erschöpfend behandelt, wenn man eine „stilvolle" Gestaltung von Einzelprodukten, Produktprogrammen und -systemen als ein Ähnlichkeitsproblem versteht. Der einfachste Ansatz zur Ermittlung des Ähnlichkeitsgrades ist der Quotient

$$\ddot{A}g\left(G_1, G_2\right) = \frac{\text{Anzahl gleicher Gestaltmerkmale}}{\text{Anzahl aller Gestaltmerkmale}}$$

„Gestaltmerkmale" wird dabei als Oberbegriff von Gestaltelementen und Gestaltordnungen verstanden. Die Ähnlichkeit liegt danach auf einer Skala, die von den Grenzwerten totale Unähnlichkeit oder Ähnlichkeitsgrad 0 und totale Ähnlichkeit oder Ähnlichkeitsgrad 1 begrenzt ist.

FORM			Ästhetische Maß	
Zeppelin-Rumpf	Lanzett-Formen		1,475	I
	Segment-Formen		0,742	II
Zeppelin	Lanzett-Formen	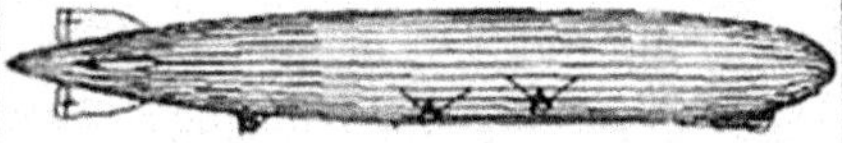	0,00540	III
	Segment-Formen		0,0004	IV

Bild 5-9: Formale Analyse von Aufbau und Form der typischen Zeppelin-Gestalt

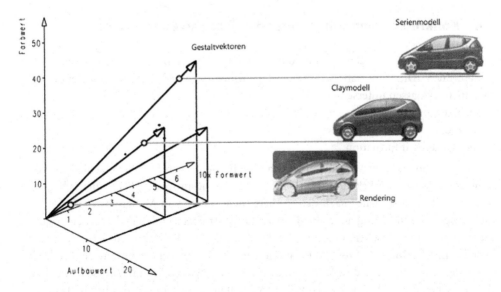

Bild 5-10: Formale Kennwerte unterschiedlicher Darstellungen des Exterior-Designs eines Pkws

Nach der bisher verwendeten Definition einer Fahrzeuggestalt kann die Selbstähnlichkeit sowohl die Außengestalt (oder Exterior-Gestalt) wie auch die Innengestalt (oder Interior-Gestalt) betreffen und dabei jeweils wieder auf deren Aufbau, Form, Farbe oder Grafik bezogen werden.

Beispiele für Aufbaugleichteile sind:
– im Exterior-Design die Räder,
– im Interior-Design die Sitze.

Die Ähnlichkeitsthematik des Fahrzeugdesigns ist aber damit nicht erschöpfend behandelt. Eine fundamentale Ähnlichkeit ist die von Außengestalt zu Innengestalt, wie auch die der Außengestalt und Innengestalt eines Vorgängerfahrzeugs zu seinem Nachfolgefahrzeug (B. Sacco: Vertikale Homogenität); in gleicher Weise auch die Ähnlichkeit der Außengestalten und Innengestalten eines Fahrzeugprogramms (B. Sacco: Horizontale Homogenität). Insgesamt lassen sich zu dieser Thematik 21 Ähnlichkeitsarten ableiten. Alle diese Aspekte werden in den nachfolgenden Kapiteln behandelt.

Ein bis heute ungelöstes Problem ist der Abgleich zwischen der Ähnlichkeit der einzelnen Teilgestalten, z. B. Aufbau und Form (Diss. Maier [5-8] und Hess [5-9]). Ein neuer fachlicher – und auch pädagogischer – Ansatz ist es, die Gleich- und Ungleichmerkmale über entsprechende Teilgestaltvektoren darzustellen und zu behandeln.

5.4 Konkreter Erkennungsumfang einer Fahrzeuggestalt

Ein wichtiger Pionier dieser Informationsauffassung im Design war Theodor Ellinger mit seinem Buch „Die Informationsfunktion der Produkte" (1966), in dem er folgende drei Informationsklassen unterschied:
– die Existenzinformation,
– die Qualitätsinformation,
– die Herkunftsinformation.

Aus dieser und anderen Vorarbeiten entstanden im deutschen Design verschiedene Systeme dieser konkreten Erkennungs- und Kennzeichnungsprozesse. Nicht zuletzt die „Offenbacher Produktsprache" nach dem ästhetischen System von Mukarovsky (1970). Die diesbezügliche Auffassung an der Universität Stuttgart lässt sich folgendermaßen zusammenfassen: Das Basisschema (**Bilder 5-2/4**) wird aus dem Produkt und dem Menschen gebildet, mit den Mensch-Produkt-Relationen der sinnlichen Wahrnehmung des Produkts durch den Menschen und des Verhaltens des Menschen zu dem Produkt. Entscheidend ist, dass zwischen der Wahrnehmung und dem Verhalten die Erkennung des Produkts durch den Menschen zentral berücksichtigt werden muss. Diese Kognition oder Dekodierung ist ein bis heute weitgehend unbekannter Prozess. Er lässt sich aber mittelbar feststellen, entweder durch die Sprachanalyse der Bezeichnungen und Bewertungen sowie durch die Verhaltensanalyse, maßgeblich der Betätigung und Benutzung des Produkts durch den Menschen. Unter einem Produkt wird primär eine Produktgestalt verstanden, mit einem Aufbau, mit Formen, mit Oberflächen und Farben sowie meist mit einer Grafik. Diese Produktgestalt verwirklicht konstruktiv die vorgegebenen, lösungsunabhängig definierten Produktanforderungen einer Aufgabenstellung oder Anforderungsliste. Der Mensch wird in diesem erweiterten Basisschema über demografische und psychografische Merkmale differenziert berücksichtigt.

Im Unterschied zu einer unvollständigen Erkennung enthält dieser Prozess alle Bestimmungsgrößen insbesondere auch auf der Verhaltensseite mit der Betätigung und Benutzung und repräsentiert damit einen „Pragmatic Turn"! Er behandelt damit das, was heute als Gebrauch oder als Use eines Produkts bezeichnet wird. Der Mensch ist dabei der Benutzer, der Fahrer, der Pilot des Produkts mit dem Ausbildungsgrad des Fachmanns, des Profis und mit der Werthaltung des Leistungstypen oder des Optimierers.

Es ist ein Erfahrungswissen oder eine Erfahrungstatsache aus der Analyse der Bezeichnungen und Bewertungen, dass in diesem konkreten Erkennungsprozess eines Produkts nicht dessen abstrakte und lösungsunabhängige Anforderungen erkannt werden, sondern dieser beinhaltet aus der konstruktiven und gefertigten Produktgestalt das Produkt mit seinen Eigenschaften und Qualitäten sowie dessen Herkunft und auch seine formale Qualität.

Ein konkretes Design liegt dann vor, wenn durch eine funktionale und konstruktive Gestalt deren Eigenschaften und Herkunft einschließlich der formalen Qualitäten sichtbar und erkennbar gemacht werden.

Dieses „Stuttgarter Modell" beinhaltet damit folgende konkrete Erkennungsinhalte:
Die Erkennung der Eigenschaften oder Qualitäten eines Produkts wird präzisiert auf:

die Zweckerkennung	Bsp.: Personenwagen oder Lieferwagen
die Prinzip- und Leistungserkennung	Bsp.: Elektroantrieb oder Verbrennungsmotor Bsp.: High-Speed-Fahrzeug oder Low-Speed-Fahrzeug
die Fertigungserkennung	Bsp.: Einzelstück oder Serienerzeugnis
die Kosten- und Preiserkennung	Bsp.: billig oder teuer
die Zeiterkennung	Bsp.: neues Modell oder Vorgängermodell

Insbesondere die Eigenschaftserkennung eines Produkts aus seiner Gestalt ist nicht unabhängig, sondern relativ zu dessen Anforderungen und Eigenschaften, wie auch auf den Gebrauchskontext bezogen.

Dieser Übergang lässt sich als semantische Zustandsänderung oder Transformation von objektiv, exakt, zu weich, verbal, rhematisch u. a. beschreiben.

Beispiel: Die Geschwindigkeit eines Fahrzeugs von 150 km/h wird als „schnell" oder „langsam" erklärt und bezeichnet.

Inhaltlich repräsentieren alle diese Kategorien an Erkennungsinhalten vielschichtige Phänomene. So kann z. B. die Zeiterkennung eines technischen Produkts dessen

- Erfindungsdatum
- Entwicklungsdatum
- Fertigungsdatum
- Einbaudatum
- Gebrauchsdatum
- Ausmusterungsdatum

beinhalten.

Die Erkennung der Herkunft eines Produkts wird präzisiert auf:

die Herstellererkennung	Bsp.: typisches Fahrzeug eines bestimmten Herstellers oder Konkurrenzprodukt
die Marken- und Händlererkennung	Bsp.: VW oder Audi
die Verwendererkennung	Bsp.: Kommunalfahrzeug oder Hobbyfahrzeug
die Zustandserkennung und Handlungsanweisung	Bsp.: s. Abschnitt 6

In der Marketingtheorie gilt heute das Hersteller- bzw. Markenimage als ein wichtiger Kaufgrund oder eine maßgebliche Kaufentscheidung [5-10]. Der „Link" zwischen einem neuen Fahrzeug und dem Hersteller- oder Markenimage ist die Hersteller- oder Markenerkennung. Zum Image eines Herstellers gehört nicht nur das Produktdesign, sondern weitere positive Qualitäten, im Fahrzeugbau auch Rennerfolge; dazu auch eine herstellertypische Architektur [5-11].

Die konkreten Erkennungsinhalte der Produkteigenschaften und -herkunft bilden die dritte Begriffsstufe der Semantik aus exakten, speziellen, differenzierten oder argumentatorischen Begriffen. Diese repräsentieren die besondere Erkennung von Fachleuten, Experten oder Profis. Dieser Zusammenhang gilt auch für die Erkennung von formalen Gestaltqualitäten durch Ästheten, Culturati, u. a.

Der konkrete Erkennungsumfang einer Produktgestalt ist normalerweise vieldeutig (d. h. groß) oder meistdeutig (d. h. extrem hoch), z. B. in einem Hyperdesign. Dies ist das Gegenteil einer semantischen Neutralisierung (Synonym: affektloses Design, anonymes Design, auch „to ulm-up"). Ein Allround-Design ergibt sich, wenn alle Gestaltelemente zur Kennzeichnung herangezogen werden, bei Fahrzeugen auch die Wagenunterseite (s. Anwendungsbeispiel). Seine bewertungsgerechte Darstellung erfolgt sinnvollerweise in einem Bedeutungsprofil oder semantischen Differential mit der entsprechenden Erkennungsskala (**Bild 5-13**).

Über unterschiedliche Gewichtungen oder Rangfolgen lassen sich damit Designs für unterschiedliche Kundentypen definieren, z. B. ein Design für einen Leistungstypen oder ein sogenanntes High-Tech-Design.

In einem Bedeutungsprofil kann die Latenz oder Evidenz der Erkennung über unterschiedliche Punkteskalen Berücksichtigung finden.

In der Fahrzeugindustrie wird die Semantik eines neuen Fahrzeugdesigns durch spezielle Entwurfsbeschreibungen für Journalisten geliefert (s. 5.7).

Die industrielle Fahrzeugdesign-Praxis „spielt" heute virtuos auf diesem „semantischen Klavier" der Bedeutungen und Informationen für ihre pluralistische und globale Kundschaft (s. Braess „Automobildesign ..." [1-2]).

Für die jeweilige Marktposition und Kundenbindung ist das Corporate Design eine generelle semantische Invariante.

Für die praktische Designarbeit erweitert sich der alte Satz „Form follows Function" in: Die Gestalt (Syntax) folgt aus ihrem Inhalt (Semantik) bzw. aus der Handlungsorientierung (Pragmatik); denn Wahrnehmung und Erkennung auf der Nutzerseite verhalten sich reziprok zur Gestaltung auf der Designerseite (s. **Bild 3-17**).

5.5   Semantische Dimension 2:   Erkennung von Betriebszustand und Führungsaufgaben

Der Ansatz für die nachfolgende Designpragmatik sind die Erkennung des Betriebszustandes eines Transportprozesses und die daraus folgenden Führungsaufgaben. Dieser Ansatz einer zweck- oder gebrauchsorientierten Erkennung ist das Gegenteil einer zweckfreien Erkennung:

Zu dieser unterschiedlichen Erkennung wird von den zwei amerikanischen Wahrnehmungspsychologen Evodale und Milner 1992 [5-12] die „two-streams hypothesis" vertreten: der „ventral stream" bezüglich der Objektidentifikation und der „dorsal stream" für die räumliche (Handlungs-)Orientierung.

Fiala gliederte diese zweck- und handlungsorientierte Erkennung schon 1966 [5-13] in

– Scheinwerferorientierung / Voraussicht auf die Straße,
– Fahrzeugrichtungsorientierung,
– Nebelorientierung / seitlicher Abstand zur Straßenbegrenzung.

Der Extremfall dieses zweckorientierten Erkennungsvorgangs ist der Worst Case oder der Panikfall, z. B. bei der Flugzeugführung. Nicht das Schöne im Sinne einer formalen oder analogen Qualität ist entscheidend, sondern die Erkennung des Richtigen (s. **Bild 5-1**). Hingewiesen werden soll in diesem Zusammenhang auf die „Ästhetik des Richtigen", die O. Aicher mit Bezug auf Wittgenstein vertreten hat [5-14]. Musterbeispiele für diese Informationsübermittlung sind seit Beginn des Verkehrswesens die vielfältigen Signale. Hierzu reicht aber das bisher verwendete Darstellungsmodell des Technischen Designs nicht aus.

Aus den vorgenannten neuen Grundlagen, wie der Kybernetik und der Steuerungs- und Regelungstheorie, entwickelten sich in den zurückliegenden 50 Jahren neue, erweiterte Grundlagen und Modelle über die Fahrzeugführung [5-15] und – verallgemeinert – über die Mensch-Maschine-Systeme [5-16]. Aus dem erstgenannten Bereich wird die folgende Modellierung einer Fahrzeugführung durch einen Fahrer übernommen (**Bilder 5-11/12**). Diese wird auf 3 Regelkreise bzw. 3 Erkennungsbereiche abgebildet (**Bilder 5-13/14**):

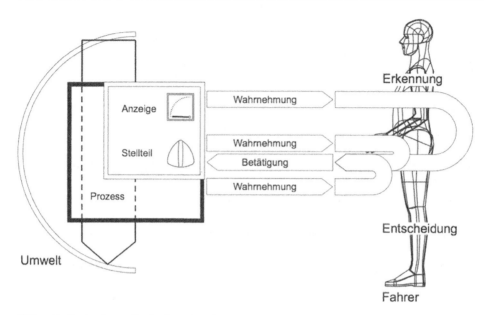

Bild 5-11: Basisschema für das Interface-Design

– auf Umwelt-Fahrer-Stellteil, die Fahrzeugführung auf Sicht oder der Sichtflug,
– auf Anzeige-Fahrer-Stellteil, die Instrumentenfahrt oder der Instrumentenflug,
– auf Stellteil-Fahrer-Stellteil, zur Berücksichtigung der Tatsache, dass Stellteile nicht nur Kraft- und Bewegungswandler sind, sondern gleichzeitig auch Anzeiger.

Beispiele für unterschiedliche Wahrnehmungen und Erkennungen:

Wahrnehmung	Erkennung
Fahrzeug-Heckansicht	Vorausfahrendes Fahrzeug/Fahrzeugkolonne
Fahrzeug-Vorderansicht	Entgegenkommendes Fahrzeug
Gleiche Spur	Worst Case: Geisterfahrer
Nebenspur	Gegenverkehr
Fahrzeug-Seitenansicht	Kreuzendes Fahrzeug
Fahrzeug-Größe zunehmend	Fahrzeug kommt näher Abstand wird kleiner/gefährlicher
Fahrzeug-Größe abnehmend	Fahrzeug entfernt sich Abstand wird größer/ungefährlicher

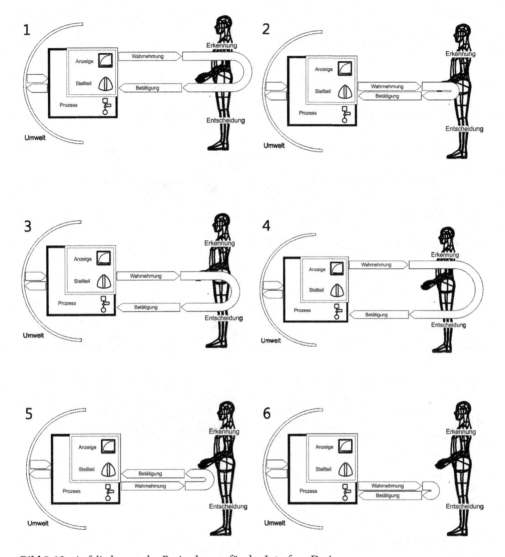

Bild 5-12: Aufgliederung des Basisschemas für das Interface-Design

Das Lernen von kritischen oder gefährlichen Verkehrssituationen ist Gegenstand der sogenannten Gefahrenlehre in der Ausbildung zu den verschiedenen Führerscheinprüfungen (**Bild 5-16**). Die Ermittlung der diesbezüglichen Komplexität ist heute auch Thema wissenschaftlicher Untersuchungen [5-18]. Der komplexe Entscheidungsprozess zu der richtigen Handlungsanweisung und Handlung wird vielfach auch als Dialog zwischen Fahrer und Fahrsituation beschrieben.

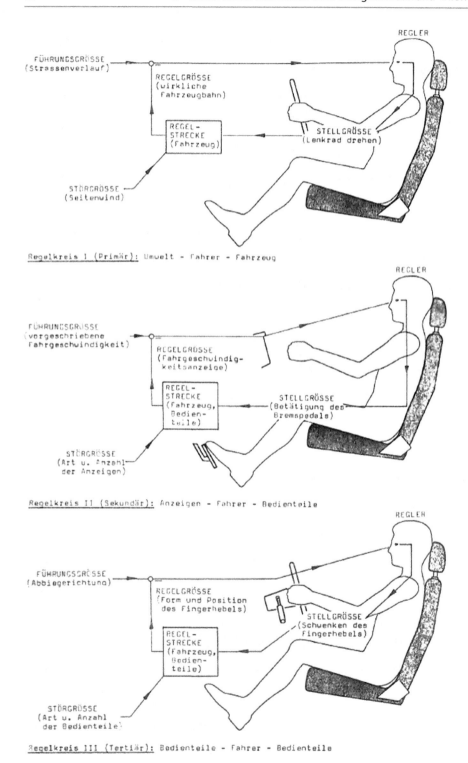

Bild 5-13: Die drei wichtigsten Regelkreise der Fahrzeugführung

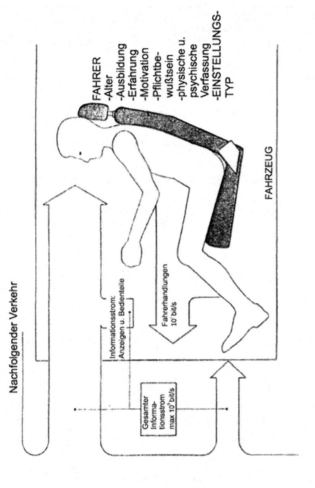

Bild 5-14: Informationsströme bei der Fahrzeugführung

Erkennungsdimensionen	Allgemeine Erkennungsinhalte	Analoge u. konkrete Erkennungsinhalte des Bedeutungsprofils	
		3 2 1 0 1 2 3	
Syntaktische Dimension zweckfrei/ ästhetisch neutraler Beobachter	Sichtbarkeit Außenansicht total	z.B. sichtbar	z.B. unsichtbar
zweckorient. / informativ Fußgänger Verkehrsteilnehmer Fahrer Mitfahrer	total partiell Einblick von außen	z.B. Hohe Wahr- nehmungssicherheit z.B. übersichtlich z.B. auffällig (Stellteil)	z.B. Niedere Wahr- nehmungssicherheit z.B. unübersichtlich u.B. unauffällig
zweckfrei/ ästhetisch	total	z.B. Guter Einblick (aus Neugier)	z.B. begrenter Einblick
zweckorient. / informativ Verkehrsteilnehmer	total	z.B. Gute Durchsicht (aus Sicherheit)	z.B. begrenzte Durchsicht
Erweiterung: Multisensorische Wahrnehmbarkeiten			
Semantische Dimension zweckfrei/ ästhetisch	Analogien	z.B. freundliches Gesicht z.B. dynamisch	z.B. angsteinflößendes Gesicht z.B. statisch
zweckorient./ infomativ	konkrete Erkennungs- inhalte		
	Zweckerkennung	z.B. Personenwagen	z.B. Lieferwagen
	Prinziperkennung	z.B. Elektroantrieb	z.B. Verbrennungs- motor
	Leistungserkennung	z.B. High-Tech-Produkt z.B. High-Speed- Fahrzeug	z.B. Low-Tech-Produkt z.B. Low-Speed- Fahrzeug
	Material u. Fertigungs- Erkennung Preis und Kosten-Erk.	z.B. Blech z.B. Einzelfertigung z.B. billig	z.B. CFK z.B. Serienfertigung z.B. wertvoll
	Zeit-Erkennung	z.B. neues Modell	z.B. Vorgänger-Modell
	Hersteller-Erkennung	z.B. typisches Fahrzeug aus...	z.B. Konkurrenzprodukt
	Formale Qualitäten	z.B. geordnet z.B. einfach z.B. rein	z.B. ungeordnet z.B. kompliziert z.B. unrein
Pragmatische Dimension zweckfrei/ ästhetisch Mitfahrer	Analogien	z.B. Berührungs- auffordernd	z.B. Berührungs- abweisend
zweckorient. / informativ Fahrer Mitfahrer	Zustandserkennung Handlungsanweisung (Äussere Stellteile)	z.B. verschlossen z.B. in Bertrieb z.B. Drücken	z.B. offen z.B. außer Bertrieb z.B. Ziehen
		deutlich erkennbar erkennbar undeutlich erkennbar unkenntlich	deutlich erkennbar erkennbar undeutlich erkennbar

Bild 5-15: Bedeutungsprofil einer Fahrzeugaußengestalt

Bild 5-16: Beispiele für unterschiedliche Vorfahrtsituationen im Straßenverkehr

Eine irrationale Verkehrssituation ist:

Fahrzeug-Vorderansicht auf gleicher Spur wird kleiner

Entgegenkommendes Fahrzeug entfernt sich im Rückwärtsgang!

Diese drei Modellierungen beinhalten nicht nur die Regelkreise, die ein Fahrer permanent und vielfach parallel bewerkstelligen muss, sondern gleichzeitig den damit verbundenen immensen Erkennungsumfang.

Die mathematische Vereinigung dieser drei einschleifigen Regelkreise (SISO, Single Input – Single Output), ist heute in der Regelungstheorie als Mehrgrößenregelung (MIMO, Multi-Input – Multi-Output) möglich (nach Prof. Allgöwer, Uni Stuttgart).

Über den Erkennungsvorgang bestehen heute noch zwei „Theorien":

– Erkennung über die Konstanz / Invarianz des Gestalttyps (nach Hückler, s. **Bild 12-5**)
– Erkennung aufgrund von Erkennungsgestaltelementen, sogenannten Geons (Geometric Icons), (nach Biedermann 1937). Beispiel: Flugzeug (in Goldstein [2-8]).

In einem neuen Fachbuch über „Kraftfahrzeugführung" (Jürgensohn und Timpe [5-15]) werden von Jürgensohn Primäraufgaben (z. B. Manövrieren) und Sekundäraufgaben (z. B. Richtungsänderung anzeigen) unterschieden. Bubb unterscheidet in dem gleichen Fachbuch primäre Fahraufgaben (z. B. Navigation) sowie Sekundärfahraufgaben (z. B. Blinkerbetätigung) und tertiäre Fahraufgaben (z. B. Betätigung des Radios). Beide Autoren quantifizieren diese Aufgabenbereiche leider nicht, weisen aber darauf hin, dass es bis heute nicht gelungen ist, ein normatives Fahrermodell oder Bedienermodell zu schaffen.

Ein anderer Fachautor (K. Luik, 1983, [5-17], heute bei Porsche AG) gibt mit Bezug auf weitere Grundlagen für die Zustandserkennung umfangreiche Listen an, z .B. für den Regelkreis Umwelt-Fahrer-Stellteile (**Bilder 5-13/14**):

– Witterungseinflüsse: Regen, Schnee, Nebel, Windböen
– Lichtverhältnisse: Tag, Dämmerung, Dunkelheit, Kunstlicht, Blendung
– Vorausfahrender/entgegenkommender Verkehr
– Fußgänger: Erwachsene, Kinder
– Verkehrsführung, Straßenbebauung
– Verkehrszeichen
– Stadt-/Orts-/Landstraßen-/Autobahnverkehr
– Verkehrslärm
– Bekannte/fremde Umgebung
– Fahrverhalten des Fahrzeugs: Übersteuern/Untersteuern/neutrales Lenkverhalten, Lenkradmoment, Gierwinkel, Querbeschleunigung und Kippwinkel bei Kurvenfahrt
– Antriebsgeräusche
– Fahrbahnzustand: Aufbauschwingungen, Fahrersitzschwingungen, Lenkradvibrationen.

Bezüglich der Zustandserkennung über die Stellteile der Anzeigen geht er von einem Minimalumfang von 23 Stellteilen und 8 Anzeigen nach der StVZO aus, in Bezug auf eine Maximalausstattung (1983) allerdings von 40 Stellteilen und 40 Anzeigern. Diese Werte haben sich jedoch bis heute mehr als verdoppelt.

Von einzelnen Autoren wird das Ende des Bauraums für Bedienelemente in Pkw thematisiert sowie die Bedienbarkeit durch Laien in Frage gestellt. Die Automobildesigner scheinen bei diesen Aufgaben dem Leitbild eines Flugzeugcockpits zu folgen.

Auch wenn hier keine exakte Quantifizierung angegeben werden kann, erscheint der Begriff der „informatorischen Belastung" (Luscak) des Fahrers mehr als berechtigt.

Zu der Wahrnehmungs- und Erkennungsleistung des Fahrers gehört aber nicht nur die Bewältigung dieses Erkennungsumfangs, sondern auch dessen Dekodierung aus unterschiedlichen Bildern und Darstellungen. Zeichentheoretisch oder semiotisch handelt es sich hierbei um

– Ikone, d. h. reale Abbilder,
– Indexe, d. h. Hinweiszeichen,
– Symbole, d. h. abstrakte Zeichen, insbesondere Buchstaben und Ziffern.

Hinzu kommt, wie einleitend schon dargestellt, dass viele Erkennungsinhalte multisensorisch oder multimodal und gleichzeitig oder simultan dekodiert werden müssen. Diese komplexe Dekodierung und Vereinigung der unterschiedlichen Erkennungsinhalte ist Gegenstand der jeweiligen Fahrzeugführerausbildung; heute natürlich auch in den Ausbildungssimulatoren, z. B. für Zugführer im öffentlichen Nahverkehr.

Das Kriterium der Eindeutigkeit in der Zustandserkennung unterscheidet diese konträr zu einer semantischen Vieldeutigkeit. Bezüglich dieser Zustandserkennung wird heute schon von einer „Neuro-Ergonomie" (Bubb) gesprochen.

Grundsätzlich handelt es sich aber immer um die Feststellung eines Ist-Zustandes und seinen Einfluss auf den Soll-Zustand.

Diese Dekodierung beinhaltet die beiden Erkennungsalternativen:
- normal/ungefährlich/keine Gefahr,
- anormal/gefährlich/Gefahr (in der Seglersprache „Wahrschau!", z. B. nach der Position der Signallampen eines entgegenkommenden Schiffes).

Die daraus folgenden Handlungen bilden dann das „innere Modell" des Fahrzeugführers, das er gelernt hat und dem er in der Praxis meist unbewusst folgt.

Insbesondere der Regelkreis Anzeige-Mensch-Stellteil gilt heute vielfach auch für Beifahrer und Mitfahrer oder Passagier, z. B. für die Bedienung eines Bildschirms oder Bordrechners.

Für eine vollständige Systematik der Mensch-Fahrzeug-Relationen reichen die drei behandelten Regelkreise nicht aus; sondern es kommen drei weitere hinzu, die insbesondere die Aspekte der Fahrzeugwartung und der Reparatur durch den Fahrer selbst und durch andere Fachleute beinhalten (**Bild 5-12**).

Mithilfe der Informationstheorie wurde verschiedentlich versucht, über Erkennungsinhalte einen statistischen Informationsgehalt zu bestimmen. Danach bilden gleiche und häufig wiederkehrende Ereignisse einen niederen Informationsgehalt. Demgegenüber entsteht ein hoher Informationsgehalt durch seltene und singuläre Ereignisse. Danach entsteht ein guter Betriebszustand nach dem Algorithmus für den niederen (statistischen) Informationsgehalt. Der Worst-Case-Betriebszustand ergibt demgegenüber einen hohen (statistischen) Informationsgehalt.

5.6   Zusammenfassung: Schönheit und Bedeutungsprofil einer Fahrzeuggestalt

Diese beiden Begriffe behandeln zwei unterschiedliche Wertungen des gleichen Sachverhaltes, im ersten Fall der „Schönheit" eine pauschale Wertung einer Fahrzeuggestalt, wie sie meist von Laien, von naiven Menschen, manchmal auch von Arroganten geäußert wird. Demgegenüber repräsentiert das Bedeutungsprofil eine differenzierte Wertung, wie sie Experten, Fachleuten, Profis zugeordnet werden kann.

Nach den Abschnitten 4 und 5 sowie im Vorgriff im Abschnitt 6 sollte klar geworden sein, dass „Schönheit" ein Singularplural ist, der die drei behandelten Schönheitsdimensionen enthält, die zudem nach unterschiedlichen Werthaltungen, nämlich zweckfrei-ästhetisch und zweckorientiert-informativ, zu differenzieren sind.

Die „Schönheit" einer Fahrzeuggestalt ist danach zweckfrei die Erkennbarkeit positiver Analogien und zweck- oder gebrauchsorientiert die richtige Erkennbarkeit der Eigenschaften und der Herkunft eines Fahrzeugs.

Diese Definition und Bedingung gilt auch für das Bedeutungsprofil. Bezüglich der konkreten Erkennungsinhalte stellt sich die Frage aus ihrer Wichtigkeit für Nutzer und Hersteller, ob diese überhaupt als Schönheit verstanden werden können.

Diese Wichtigkeit stellt sich heute in ihrer Schutzfähigkeit als Gebrauchsmuster, Geschmacksmuster und Markenschutz dar, wobei das Geschmacksmuster noch an der ästhetischen Wertschätzung des 19. Jahrhunderts orientiert ist. Nicht zuletzt der Markenschutz gilt dem industriellen Corporate Design.

Die neuen Bedingungen für diese Schutzmöglichkeiten wurden zum 1. Juli 1988 eingeführt. Eine neue Schutzfähigkeit im Rahmen der EU ist das Gemeinschaftsgeschmacksmuster für 3D-Marken (entspricht Produktgestalten) durch das Harmonisierungsamt für den Binnenmarkt / Marken, Muster und Modelle (HABM) mit Sitz in Alicante, Spanien. Ein diesbezügliches Schutzbeispiel ist der Porsche Boxster.

Wie schon vorne erwähnt, ist das Bedeutungsprofil (auch semantisches Differential) die geeignete Darstellungsform und Überprüfungsmöglichkeit für die unterschiedlichen Bedeutungsbereiche und Inhaltsklassen eines Designs.

Das semantische Differential wurde 1952 von dem amerikanischen Psychologen Osgood zum Test des Erscheinungsbildes von Politikern entwickelt und publiziert. Hofstätter machte dies 1955 in Deutschland publik und führte damit, wie auch Simmat 1969, Kunstanalysen durch.

Der Pionier für die Anwendung des semantischen Differentials in Architektur und Design war 1971 M. Krampen [5-19]. Im gleichen Jahr wies auch schon Bürdek in seiner Design-Theorie darauf hin.

Erste Studien mit dem semantischen Differential wurden am Forschungs- und Lehrgebiet Technisches Design der Universität Stuttgart ab 1970/71 durchgeführt und waren ab 1973 in allen Fachpublikationen enthalten (s. Literaturverzeichnis).

Erste Anwendungen in Fahrzeugdesign lassen sich auf das Jahr 1981 datieren und im Schiffsdesign auf das Jahr 1987. Andere Untersuchungen und Anwendungen folgten:

1990 DA Birnbaum, Universität Mannheim, [5-20]
1997 DA Neuendorf, TU Berlin, [5-2]
         mit Betreuung durch Dr. Gottlieb, Daimler-Benz
2001 Fachbuch Kraftfahrzeugführung [5-15]
         von Jürgensohn und Timpe, Berlin
2003 Interior-Design-Bewertung von Volvo [5-22]
         mit Bezug auf R. Küller (1975 bis 1991)

Nach den Abschnitten 4 bis 6 müssen in einem Bedeutungsprofil berücksichtigt werden (**Bild 5-15**):
– die verschiedenen Sichtbarkeiten,
– analoge Erkennungsinhalte,
– konkrete Erkennungsinhalte, einschließlich
– formaler Qualitäten,
– Zustands- und Handlungserkennung,
– Produkt- oder Fahrzeug-Provenienz.

Dieser Bedeutungsumfang erweitert sich noch wesentlich für Fahrzeuge dadurch, dass sowohl die Außengestalt (**Bild 5-15**) wie die Innengestalt (**Bild 11-17**) ein eigenes Bedeutungsprofil haben. Eine Erweiterung entsteht auch dadurch, dass nicht nur Fahrer und Beifahrer die diesbezüglichen Bedeutungen wahrnehmen und bewerten, sondern auch dritte, außenstehende Personen.

Die Formulierung der Inhalte und Prädikate wird bewertungsorientiert positiv und negativ formuliert. Zur Bewertung empfiehlt sich eine wechselseitige Anordnung. Auf einer Erkennungsskala mit drei positiven und drei negativen Stufen plus einer Nulllinie für die anonyme Erkennung können die unterschiedlichen Erkennungsgrade eingetragen werden. Es ist ein Erfahrungswert, dass ein hinreichendes Bedeutungsprofil aus 10 bis 20 Inhalts- und Prädikatenpaaren besteht. Das Ergebnis ist ein Bedeutungsprofil (Synonym auch Zackenkurve, Profillinie u. a.) über den unterschiedlichen Erkennungsumfang einer vieldeutigen Gestalt.

Es ist ein Erfahrungswert, dass sich der Erkennungsgrad einer Gestalt durch Farben und Oberflächen, im Fahrzeugdesign auch Color und Trim genannt, in der Größe von 50 % erhöht.

Auf der Grundlage eines Bedeutungsprofils lässt sich als Kenngröße eines Designs auch ein Erkennungsgrad oder eine Erkennungssicherheit bilden.

Ein vereinfachtes Bewertungsverfahren, das heute in der Automobilindustrie angewandt wird, ist die Repertory-Grid-Methode des US-Psychologen George A. Kelley. Aus 100 Attributen wurden folgende drei Satzpaare gefiltert:
- progressiv / konservativ
- hochwertig / minderwertig
- luxuriös / zweckmäßig

Damit kann z. B. ein Interior-Design in einem mehrdimensionalen Wahrnehmungsraum dargestellt werden, allerdings nicht der gesamte Umfang der Designsemantik wie dargestellt.

5.7   Ergänzung: Designpublizistik

Zum modernen industriellen Design gehört heute auch eine gezielte Designpublizistik. Die Zielgruppe sind die Fachjournalisten und über diese die Öffentlichkeit, d. h. die Kunden im weitesten Sinne.

Die diesbezüglichen Unterlagen enthalten Bild-Text-Vorgaben über Qualitäten eines neuen Fahrzeugs, damit diese schon vor Kaufentscheid und Gebrauch bei den potenziellen Kunden zum Gesprächsthema werden.

Zu diesen Informationen gehört heute auch die – früher streng geheime – Designarbeit in Skizzen, Zeichnungen und Modellen, auch die Nennung und Abbildung der Designerinnen und Designer als Element der Publizität und des Images eines Fahrzeugherstellers.

Beispiel: BMW Concept CS [5-23] (**Bilder 9-57/59**).

Eine weitere Quelle von Prädikaten über das Selbstverständnis von Unternehmungen über ihre Fahrzeuge und deren Design ist deren publizierte Werbung (s. auch Abschnitt 7).

6 Pragmatische Dimension einer Designinformatik

Unter der pragmatischen Dimension einer Designinformatik werden nach der griechischen Bedeutung von pragmatike = Kunst, richtig zu handeln, diejenigen Handlungen verstanden, die zu der apobetisch beabsichtigten Zustandsänderung des Funktionsablaufs führen.

In allen zeichen- und informationstheoretischen Werken folgt die Pragmatik auf die Syntaktik und die Semantik. Dies gilt auch für die Modelle der MMS. Nach der Informationsaufnahme (Syntaktik) und der Informationsverarbeitung (Semantik) folgt nach Johannson als Pragmatik die „Umsetzung in Aktion" (**Bilder 6-1/2**). Die Aktion selbst wird interessanterweise wieder als ein selbstständiges Regelkreiselement behandelt. Im Folgenden werden aber Handlungsanweisung und -entscheidung und die daraus resultierende Handlung bzw. Handlungsfolge, auch Interaktionen genannt, in einem Abschnitt zusammengefasst (**Bild 6-2**).

6.1 Handlungsanweisung und -entscheidung

Wie schon in Abschnitt 3 angedeutet, wurde die Handlungsanweisung und -entscheidung als Gegenstand der Pragmatik – oder moderner – des Pragmatic Turn beschrieben:
– Morris sprach, mit Verweis auf Mead, von Befehlen, wie „Hierher!".
– Bense, der auch die erste Vorlesung über Kybernetik an der TH Stuttgart hielt, schrieb von „imperativistischen Momenten".
– H. Frank bezeichnete die Pragmatik als „Träger eines Imperativs".

Alle diese nicht weiter ausgeführten Ansätze zu einer Pragmatik verweisen auf die Befehlsstruktur zum Führen historischer Schiffe und später auch Luftschiffe. Wie die Entwicklung der Bodensee-Dampfschiffe zeigt (Bild 1-7), war der Steuermann zuerst traditionsgemäß im Schiffsheck positioniert, ohne direkte Sicht auf Bug und Fahrwasser. Ein Lotse im Bugbereich signalisierte ihm den Kurs. Aus dem Lotsen entwickelte sich der Schiffsführer oder Kapitän, der von der Brücke aus den Steuermann und den Maschinisten befehligte.

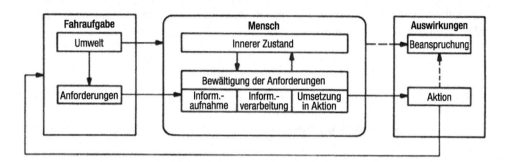

Bild 6-1: Allgemeiner Zusammenhang zwischen Belastung und Beanspruchung des Menschen als Fahrzeugführer

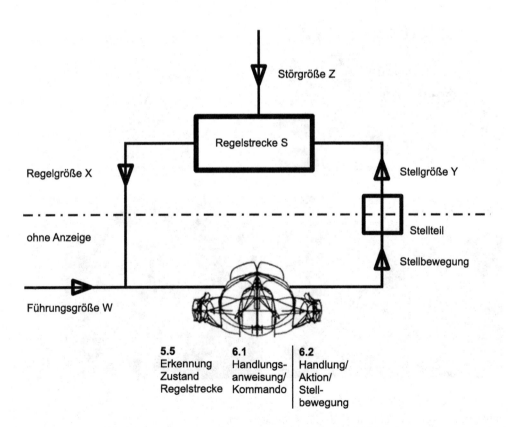

Bild 6-2: Eingliederung der Informationsverarbeitung des Fahrzeugführers in das Blockschaltbild 2-11

Ein interessantes und wichtiges Kombiinstrument für die Steuerung von Schiffen, später von Luftschiffen, war und ist der um 1880 in England entwickelte Maschinentelegraph (**Bild 6-3**) mit den Stellteilen und Fahrstufen:

Voll	4	
Halb	3	
Langsam	2	
Ganz langsam	1	
Klar		Richtung: Voraus
Halt		
Achtung		Richtung: Zurück
Ganz langsam	1	
Langsam	2	
Halb	3	
Voll	4	

Ursprünglich waren es nur 7 Fahrstufen.

a

b

c

d

Bild 6-3: Zwei Entwicklungsstufen der Zeppelin-Steuerung
a Steuereinrichtung LZ 1 (1900)   **b** Steuereinrichtung LZ 129/130 (1936/38)
c Maschinentelegraph LZ 1 (1900)   **d** Maschinentelegraph LZ 129/130 (1936/38)

Ein weiteres interessantes Beispiel dafür war die Trajekt-Fähre von 1869 zwischen Friedrichshafen und Romanshorn [6-1]. Diese war von dem englischen Ingenieur John Scott Russel konstruiert und gebaut worden. Die zwei Schaufelräder hatten Einzelantrieb mit je einer Dampfmaschine nach dem Vorbild der Great Eastern (1860). Mit diesem frühen Einzelantrieb war eine Kurssteuerung möglich.

Der Signalcode des Kapitäns war dreistellig:
- Maschine   „Steuerbord" oder „Backbord"
- Fahrtrichtung „Voraus" oder „Zurück"
- Antriebsstufe   „1", „2", „3", „4"
z. B. „Backbord", „Vorwärts", „3"

Es bestand eine Querverbindung über 2 Maschinentelegraphen zwischen den beiden Maschinenräumen. Der Kapitän hatte zwei Rückmelde-Anzeigen über die Maschinenbetriebszustände, d. h. Kapitän und Maschinisten waren immer auf dem gleichen Informationsstand.

Ein ähnliches System bestand auf den Zeppelinen für die Kommunikation zwischen Steuergondel und den Maschinengondeln. Ein alleinfahrender Fahrzeugführer in der Gegenwart vereinigt in sich Kapitän, Maschinist und Steuermann und bewerkstelligt in sich den notwendigen Entscheidungs- und Kommunikationsprozess. Eine Darstellung solcher Prozesse waren und sind auch die Ablaufdiagramme (**Bild 6-4**).

Johannson [5-16] gibt hierzu 1993 (nach Kramer) [5-17] ein Beispiel an, das interessanterweise aus einer „semantischen Verknüpfung" besteht und zu einem „unscharfen Lenkkommando" führt (**Bild 6-5**), d. h. für den Übergang von der Semantik zur Pragmatik besonders typisch ist. Nach diesem Schema sind weitere „Kommandos" für Start, Beschleunigung, Schaltung, Bremsen usw. denkbar, als Imperativ, d. h. der primären Sprachform, formuliert:

Start! Gib Gas! Kupple! Schalt! Gas weg! Brems! Kontrollier! Tank!...

Das „unscharfe" Kommando hängt möglicherweise mit dem Ergebnis der vorgenannten unterschiedlichen Darstellung und Dekodierung zusammen.

In Fortsetzung von 5.5:

Erkennung	Betriebszustand und Handlungsanweisung
Fahrzeug-Heckansicht, konstante Größe	vorausfahrendes Fahrzeug konstante Geschwindigkeit keine Gefahr
Fahrzeug-Heckansicht, zunehmende Größe	vorausfahrendes Fahrzeug kleinere Geschwindigkeit gefährlich / Auffahrunfall Bremsung oder Überholmanöver einleiten
Fahrzeug-Seitenansicht von rechts	kreuzendes Fahrzeug mit Vorfahrt Geschwindigkeit verringern Bremsung einleiten

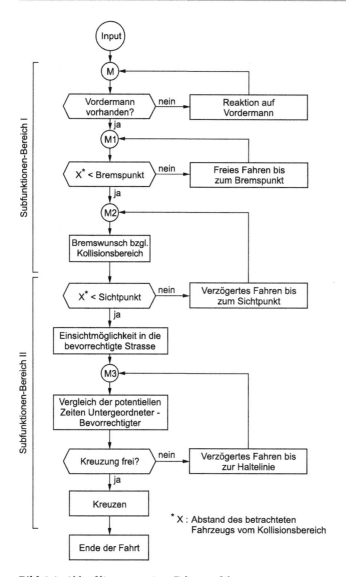

Bild 6-4: Ablaufdiagramm einer Fahrzeugführung

Der Fahrprozess besteht danach – pragmatisch – aus einer Folge unterschiedlicher Betriebszustände, wie z. B. ungefährlich / kritisch / gefährlich und den zugeordneten Handlungsanweisungen.

Entscheidend ist dabei, dass diese Anweisung – intern oder extern – nicht nur zielorientiert, sondern handlungsorientiert formuliert wird.

Beispiel: Gaspedal drücken im Unterschied zu Gas geben!

Die funktionale Abhängigkeit der Handlungen (h) von vorausgehenden Erkennungen (e) zeigt das Beispiel Flugzeug – Starten (Bild 6-7) mit der notwendigen Handlungsfolge eindeutig.

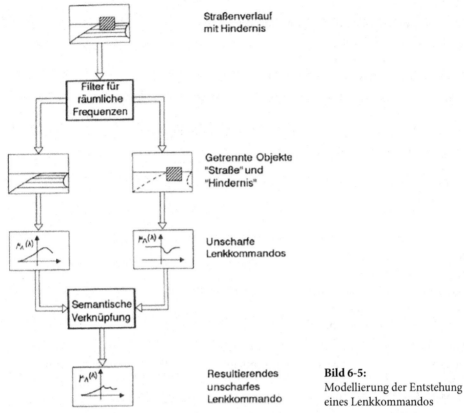

Straßenverlauf
mit Hindernis

Getrennte Objekte
"Straße" und
"Hindernis"

Unscharfe
Lenkkommandos

Resultierendes
unscharfes
Lenkkommando

Bild 6-5:
Modellierung der Entstehung
eines Lenkkommandos

6.2   Handlung und Handlungsfolgen

Die sich aus dieser Handlungsentscheidung oder Handlungsanweisung ergebende (Einzel-)Handlung und Handlungsfolge wird häufig – modern ausgedrückt – auch als Procedure oder Interaction bezeichnet. Diese sind damit Voraussetzung für das nachfolgende Interface-Design (s. Abschnitt 9).

Handlung
Eine (Einzel-)Handlung dient, per definitionem, der Erzielung einer Zustandsänderung bzw. eines veränderten Zustands eines Funktionsprozesses. Technisch-ergonomisch betrachtet ist eine Handlung im Sinne einer Betätigung oder Bedienung eine Kraft-Bewegung im Sinne von

Bewegungen
– die aufgrund bestimmter Wahrnehmungsarten und Erkennungsarten,
– von einer bestimmten Person,
– in einer bestimmten Haltung,
– in einer bestimmten Raumlage ausgeübt werden,

um Kräfte

– mittels bestimmter Gliedmaßen oder Körperteile,
– in einer bestimmten Kopplungsart,
– in einem bestimmten Ablauf
– auf eines oder mehrere Stellteile aufzubringen.

Den Übergang oder besser den Input vom Menschen zu den Stellteilen bilden die Bewegungsarten. In der ergonomischen Normung ist es in Anlehnung an Richter-Voss [9-3] üblich geworden, die Betätigungs- und Benutzungsbewegungen des Menschen über 5 Bewegungsarten zu beschreiben:

– Drehen
– Drücken
– Schieben
– Schwenken
– Ziehen

Stellteile sind danach

– Drehsteller oder Dreher
– Drücksteller oder Drücker
– Schiebesteller oder Schieber
– Schwensteller oder Schwenker
– Ziehsteller oder Zieher

Leider existiert bis heute keine allgemein anerkannte, eindeutige Definition und Abgrenzung der Stellteilbewegungen.

Die Mehrdeutigkeit der Stellteile wird zudem durch ihre wechselnden Stellgrößen nach Größe und Richtung erhöht: Links- und Rechtsbewegung (reversibel), Zunahme und Abnahme der Stellgröße u. a.

Diese Bewegungen sind grundsätzlich zweckorientiert im Sinne von Arbeiten, Bedienen, Steuern und nicht zweckfrei, spielerisch oder künstlerisch. Dieses Verständnis verlässt damit den Rahmen einer Ästhetik. Handlungen erfordern Zeit. Eine Einzelhandlung besteht also aus der oben genannten Kraftbewegung und einer Zeitdauer. Handlungsfolgen entstehen aus einer Folge solcher (Einzel-)Handlungen und ihrer Zeitdauern über der Zeitachse. Die Gesamtdauer eines Handlungsablaufs ergibt sich aus der Summe der Zeitdauer der Einzelhandlungen (s. Bild 3-15).

Es darf aber nicht übersehen werden, dass jede Einzelhandlung im Sinne der oben genannten Definition am Ende überprüft wird, d. h. einer speziellen Wahrnehmung und Erkennung unterliegt.

Beispiel (aus Abschnitt 9, Getriebeschalten, **Bild 6-6**):
Das sogenannte Schaltgefühl (Kriterium Nr. 11) ist das haptische Wahrnehmen und Erkennen des Schaltzustandes, der durch den Schaltknauf an die Hand übermittelt wird. Beim Schalten in einem H-Schaltbild ergeben sich folgende Wahrnehmungen und Erkennungen:

1. Erkennen, wann ausgerastet wurde,

2. Erkennen, wann die Neutralposition erreicht wurde (altes Getriebe) bzw. wann die Wählgasse überfahren wird (neues Getriebe),

3. Erkennen, wann angewählt werden kann (altes Getriebe) bzw. wann die Synchronisierung stattfindet (neues Getriebe),

4. Erkennen, wann „eingefädelt" werden kann (altes Getriebe) bzw. wann durchgeschaltet werden kann (neues Getriebe),

5. Erkennen, wann die Endposition erreicht wurde und der Gang eingerastet ist.

Handlungsfolgen

Handlungsfolgen müssen vom Menschen zum Führen von Fahrzeugen gelernt werden und bilden damit sein „inneres Modell" (Norman [6-2]) (auch Routine und anderes) (**Bild 6-7**). Diese Handlungsfolgen laufen bei Anfängern seriell, bewusst, kontrolliert und langsam ab. Bei Experten oder Routiniers erfolgt dies meist parallel unbewusst (intuitiv) und schnell durch die sogenannte Habituation.

Neue Handlungsfolgen beim Führen von Pkw sind
– der Stop-and-go-Modus,
– das automatische Einparken.

Handlungsfolgen können zudem unterschiedliche Freiheitsgrade besitzen. Gitt unterscheidet folgende:

– Handlungsweisen ohne jeglichen Freiheitsgrad (flach, unabdingbar, eindeutig, programmgesteuert),

– Handlungsweisen mit eingeschränktem Freiheitsgrad,

– Handlungsweisen mit maximalem Freiheitsgrad (flexibel, kreativ, originell, nur beim Menschen, intuitives Handeln und intelligentes Handeln nach freiem Willen).

1. Gang einlegen
Schalthebel aus Grundstellung 3/4 gegen eine leichte Federkraft in Gasse 1/2 bringen, 1. Gang einlegen.

Schalten 1– 2
Beim Schalten von 1 nach 2 muß seitlicher, nach links gerichteter Druck beibehalten werden, da Schalthebel sonst in Gasse 3/4 springt.

Schalten 2 – 3
Schalthebel aus 2. Gang-Position ausrücken und loslassen, da Schalthebel allein in Gasse 3/4 (Neutralstellung) einfedert. 3. Gang einlegen.

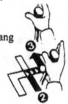

Schalten 3 – 4
Schalthebel normal von 3 nach 4 führen.

Bild 6-6: Ablauf einer manuellen Getriebeschaltung

Start einer Chesna 152
Gemischter Sicht- und
Instrumentenflug von Flugplatz
Hahnweide auf Graspiste.

Das Flugzeug ist
– abgecheckt
– aufgetankt
– Motor ist gestartet
– Propeller läuft um/dreht
– Flugzeug steht am Anfang der
  Startbahn = Rollhalt
– Flugzeug ist gebremst
– Startklappen stehen auf 10°

Die Phasengliederung entspricht
den Flugphasen in Bild 3.2.

Bild 6-7: Cockpit der Cessna 152

Phase	Handlungen des Piloten	Anzeigen und Stellteile	Handlungsfolge in Abhängigkeit von den Erkennungen
1. Anrollen	Meldung an Tower „D-…Startbereit"	Mikrophon	h_1
	Rückmeldung an Tower „D-…Flugzeugkennung"	Headset/Kopfhörer	e_1
	Bremse öffnen	Bremspedal mit Fußspitze loslassen	h_2 (e_1)
	Vollgas geben (2500 U/min)	Gashebel bis Anschlag von Hand schieben	h_3 (e_1)
	Rollbewegung kontrollieren		e_2
	Rollrichtung kontrollieren		e_3
	u. ggfs. korrigieren	(Pedal mit Ferse drücken)	h_4 (e_3)
2. Erster Steigflug	Bugrad entlasten	Steuerhorn ziehen	h_5 (e_2)
	Abheben		e_4
	Steigflug	Steuerhorn weiterziehen	h_6 (e_4)
	Flughöhe kontrollieren/nach ca. 10 m		e_5
3. Horizontalflug mit Bodeneffekt	Horizontalflug einleiten	Steuerhorn drücken	h_7 (e_5)
	Fluggeschwindigkeit erhöhen auf ≤ 65 Knoten		
		Geschwindigkeitsmesser kontrollieren	e_6
4. Zweiter Steigflug	Steigflug einleiten	Steuerhorn ziehen	h_8 (e_6)
	Flughöhe kontrollieren / 1800 Fuß	Höhenmesser kontrollieren	e_7
	Steigfluggeschwindigkeit kontrollieren / 60–65 Knoten	Geschwindigkeitsmesser kontrollieren	e_8
	Klappen einfahren	Hebel nach oben drücken	h_9 (e_7,e_8)
	Steigflug fortsetzen mit 70 Knoten	Geschwindigkeitsmesser kontrollieren	e_9
5. Horizontalflug auf Flughöhe	Horizontalflug einleiten	Steuerhorn drücken	h_10 (e_9),e_10
	Drehzahl zurückstellen	Gashebel zurückziehen	h_11 (e_10)
	auf 2200 U/min (ca. 90 Knoten)		e_11

Nicht zuletzt das Steuern von Fahrzeugen ist ein Musterbeispiel für solche Handlungsfolgevarianten. Beispiel: Bremsen mit der Motorbremse oder mit der Räderbremse.

Die Ermittlung der diesbezüglichen Varianten ist – mathematisch betrachtet – ein Problem der Kombinatorik: Die Handlungen werden entweder mit oder ohne Berücksichtigung ihrer Anordnung in eine Handlungsfolge gebracht. Es ergeben sich dann entweder Kombinationen oder Permutationen, die aber beide sehr schnell zu unübersehbaren Anzahlen führen.

Die Optimierung solcher Handlungsfolgevariationen wurde schon mithilfe der Spieltheorie versucht. Ein weiterer Ansatz der Variantenreduzierung kann die Orientierung an unterschiedlichen Kundentypen sein, z. B. dem Schaltfreak oder dem Schaltfaulen beim Getriebeschalten. Firmeninterne Entscheidungen in diesem Variantenfeld der Handlungsfolgen wurden früher auch gerne als Bedienungs-„Philosophie" deklariert.

Die Kopplungsarten werden üblicherweise in die Greifart (oder das Manipulieren) und die Tretart (oder das Pedalieren) unterschieden. Beide können wieder seriell oder parallel, sowohl einhändig oder beidhändig und/oder einfüßig oder beidfüßig durchgeführt werden. Nicht zuletzt das Führen von Motorkraftwagen ist ein Anwendungsfall für solche parallelen Bewegungen, die wieder in permanent oder temporär gegliedert werden können.

Ergonomische Grundlagen für die Optimierung solcher Betätigungs- und Handlungsfolgen sind einmal die Angaben von zulässigen Stellkräften und -bewegungen des Menschen sowie Angaben über seinen optimalen Bewegungsraum (DIN).

Zur Optimierung dieses „Pragmatic Turn" gehört auch die Eleganz der Betätigung, z. B. durch eine flüssige Bewegung im Unterschied zu einer unterbrochenen oder eine Einfinger-Betätigung im Unterschied zu einem Handumfassungsgriff (Faustschluss).

Ein anderes, wesentlich wichtigeres Optimierungskriterium darf nicht vergessen werden: das der fehlerfreien Betätigung oder Handlung. Hückler [6-3] definiert: „Fehler sind unzulässige Abweichungen von Zielen" (Apobetik!). Versteht man das Ziel der Bedienungstechnik sicherheitsorientiert in einer eindeutigen Handlungsanweisung, so kann diese als Paarbildung zwischen einem und nur einem Bedienungselement mit einer und nur einer Bedienungsbewegung definiert werden. Demgegenüber kann das zweckfreie oder spielerische Verhalten des Menschen in der Erzeugung mehrdeutiger Verhaltensweisen gegenüber einer Produktgestalt definiert werden. Diese Bedingung gilt auch für Fehlbedienung!

Fehlbedienungen oder -handlungen führen im Worst Case zu
- Unfall,
- Havarie,
- Absturz,
- GAU,
- Untergang u. a.

Nach Hückler können dabei alle der drei behandelten Dimensionen beteiligt sein, und zwar über
- Wahrnehmungsfehler,
- Erkennungs- und Entscheidungsfehler,
- Reaktions- und Handlungsfehler.
Diese sind über ein entsprechendes Test- oder Simulationsprogramm auszuschließen.

In dem skizzierten Umfang sind die Handlungsfolgen einer Fahrzeugführung hoch-komplex. Ihre modernste Darstellung kann, wie schon vorne erwähnt, mit Petrinetzen sowie durch Filme und Animationen erfolgen. Grundbedingung einer vollständigen Dar-stellung ist immer, dass der „Akkord" von Zwecken (Apobetik), Handlungen (Pragma-tik), Erkennungen, (Semantik) und Wahrnehmungen (Syntaktik) gewährleistet ist, mit der Leit-„Melodie" der Apobetik. Zur Darstellung paralleler Handlungsfolgen oder Interakti-onen bietet möglicherweise die Partitur für einen Orchesterdirigenten als Analogie aus der Musik einen neuen Ansatz.

6.3 Handlungsbewertung

Ein allgemeines und fundamentales Bewertungskriterium zu Handlungsfolgen ist deren Fehlerfreiheit, wozu verschiedene Ansätze und Anwendungsbeispiele bestehen [6-4]. Wenn man die Fehlerfreiheit – konstruktionstechnisch – als Festforderung oder Ja-Nein-Forderung versteht, dann ergibt jeder Fehler in jeder Dimension einen Nullwert und ist damit ein K.O.-Kriterium.

Wie schon im Abschnitt über die Zustands- und Bedienungserkennung angedeutet, wurde von verschiedenen Autoren versucht, einen statistischen Informationsgehalt zu ermitteln. Dies gilt nun aber, per definitionem einer Information, nicht nur für Erken-nungsinhalte, sondern auch für Handlungen. In beiden Fällen führt die „normale", d. h. häufige und gleiche Statuserkennung und Handlungsanweisung, nach der Informations-theorie von Shannon u. a., zu einem niederen (statistischen) Informationsgehalt mit dem Grenzwert 0. Das Gegenteil, eine Störung, Warnung oder gar ein Alarm, d. h. eine seltene oder singuläre Statuserkennung und Handlungsanweisung, führt zu einem hohen (statis-tischen) Informationsgehalt mit dem Grenzwert unendlich.

Es wäre zu prüfen, ob damit eine Quantifizierung einer positiven und negativen, prag-matischen Bewegung möglich ist. In der Ergonomie werden diese beiden Grenzwerte auch als Unterforderung und als Überforderung des Fahrers diskutiert.

Grundsätzlich können die drei Dimensionen einer Designästhetik bzw. -informatik auch als Checkliste für die Bewertung neuer Fahrzeugdesigns oder neuer Fahrzeugmo-delle in Form des Bedeutungsprofils (Bilder 5-15 und 11-17) herangezogen werden. Das einleitend beschriebene pauschale Gefallensurteil gilt für alle drei Dimensionen. Der tra-ditionelle Schönheitsbegriff ist aber nur für Syntaktik und Semantik gültig. Die Pragma-tik benötigt andere fachliche Wertungen, z. B. einen Nutzwert oder eine Usability, nicht zuletzt, weil Kriterien, wie eindeutige Handlungsanweisung, fehlerfreie Fahrzeugführung und informative Unterforderung oder Überforderung, fundamentale Sicherheitsanforde-rungen sind, die relevant für Leben und Tod von Fahrzeugpassagieren sein können.

Eine Erweiterung eines solchen Designnutzwertes erfolgt in Abschnitt 8 um den Sitz- und Raumkomfort. Eine Fortsetzung der Pragmatik findet in Abschnitt 9 über Interface-Design statt.

Es soll zum Schluss nicht unerwähnt bleiben, dass es neben den angegebenen Quellen und Grundlagen noch neuere gibt, zur Weiterentwicklung der Informationstheorie, zu Se-mantik und Pragmatik (Kornwachs [6-5]), die hier noch keinen Eingang fanden.

6.4 Schluss: Handlungstheorie und -ästhetik

In der hier verwendeten Fachliteratur, z. B. Johannson, wird auf eine Handlungstheorie verwiesen. Darüber wird in der Enzyklopädie Psychologie von Rexilius und Grubitzsch (Rowohlt, 1986) von zwei Autoren referiert, allerdings in dem Sinne, dass es diese Theorie bis heute noch nicht gibt, sondern nur Ansätze dazu. Begründet wird dies u. a. mit der unterschiedlichen Auffassung über Handeln und Verhalten. Letzteres kann auch zweckfrei-spielerisch sein, wie z. B. das Verhalten von Kindern gegenüber Spielzeug (DIN 7026 Teil 1), während das Handeln immer zweckorientiert-informativ ist.

Die bisherigen Ansätze zu einer Handlungstheorie bestätigen die hier aufgeführten Merkmale und Abläufe, allerdings nicht so konkret wie diese. Das gleiche gilt auch für den Anspruch einer „Handlungsästhetik" (Ebert [6-6]). Ansätze zur Erweiterung und Vertiefung der pragmatischen Dimension des Designs bieten die unterschiedlichen Spielarten von Musik, z. B. calmo/ruhig, sowie die Bewegungslehre der Sportwissenschaften.

Nach den Darlegungen in den Abschnitten 4 bis 6 ist die „Schönheit" des Designs (**Bilder 6-8/10**)

- zweckfrei ein einstelliger Vektor bezüglich der Syntaktik oder eine eindimensionale Formalästhetik (**Bilder 6-8/9**),
- ein zweistelliger Vektor aus Syntaktik und Semantik oder eine zweidimensionale Inhalts- oder Bedeutungsästhetik (**Bilder 6-10/11**),
- zweckorientiert ein dreistelliger Vektor aus Syntaktik, Semantik und Pragmatik oder eine dreidimensionale Informations- und Handlungsästhetik (**Bilder 6-12/13**).

Die Designästhetik im Sinne der traditionellen, zweckfreien Ästhetik ist damit kleiner, einfacher, reduzierter. Die zweckorientierte Designästhetik ist demgegenüber umfangreicher und schwieriger. Da beide Wertungen an Fahrzeugen auftreten, ist ihre gleichzeitige Lösung eine echte Profi-Aufgabenstellung. Die altbekannte Wertung, dass das Einfache schön sei, kann auch zweckorientiert folgendermaßen definiert werden:

Syntaktik:	im Unterschied zu:
niedere Komplexität aus geometrischen Grundkörpern/Platonischen Körpern	hohe Komplexität aus undefinierten Körpern und Formen
Bsp.: Kugel	Bsp.: Designflächen
Semantik:	im Unterschied zu:
Eindeutigkeit einer Handlungsanweisung	Mehrdeutigkeit
	Vieldeutigkeit
	Meistdeutigkeit von Bedeutungen
Pragmatik:	im Unterschied zu:
eine einzige richtige Handlung/Bewegung	viele, beliebige Handlungen/Bewegungen
z. B. Not-Aus	z. B. „Spielen" auf einem Interface
z. B. Not-Bremse	z. B. In einem Getriebe „rühren"/ „quirlen"
z. B. Fallschirm ziehen	z. B. „Kuhschwanz" segeln

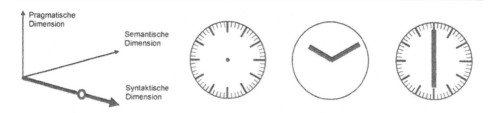

Bild 6-8: Eindimensionale Formalästhetik

Bild 6-9: Variable Komplexität und Ordnung des Zifferblatts

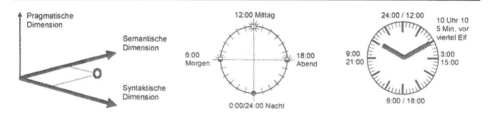

Bild 6-10: Zweidimensionale Inhalts- und Bedeutungsästhetik

Bild 6-11: Unterschiedliche Zeitangaben

Bild 6-12: Dreidimensionale Informations- und Handlungsästhetik

Bild 6-13: Handlungsanweisende Zeiten

Informationsästhetisch interpretiert heißt dieser Sachverhalt (s. auch Bild 3-17): Eine eindeutige Information entsteht auf der Empfängerseite, wenn sich auf den vier Ebenen des Dekodierungspfades jeweils zu einer wahrgenommenen (Stellteil-)Gestalt nur eine einzige und richtige Bezeichnung und Handlung zu dem jeweiligen Ziel ergibt.

Eine neue Alternative zu den hier verwendeten Modellierungen kann das UASW User-Anzeiger-Stellteil-Wirkteil-System von M. Schmid [6-7] werden.

Der Mensch als „Maß" der Fahrzeuge: Demografische und psychografische Merkmale

Das erste deutsche Fachbuch für Kutschenbauer publizierte 1728 der Architekt Schübler. „Er schlug in seiner Konstruktionslehre unter anderem vor, dass die Abmessungen des Wagenkastens auf die Körpergröße des Kutschenbesitzers ausgerichtet werden sollten" (nach Ginzrot [7-1]).

Eine direkte Anwendung dieser Gestaltungsregel ist aber nicht bekannt. Trotzdem war und ist dieser Gestaltungsansatz richtig.

Die Wagenbauer arbeiteten allerdings nicht „blind", sondern hatten, z. B. für Sitzmaße, Erfahrungswerte. Außerdem konnten persönlich bekannte Kunden vermessen werden (Sitzprobe!).

In der vorwissenschaftlichen Zeit hat man vielfach versucht, die Vielfalt der menschlichen Gesellschaft und ihrer Produkte bzw. Fahrzeuge über Gliederungen zu beschreiben, wie:

- Temperamente
- Charaktere (**Bild 7-5**)
- Konstitutionen
- Geschmäcker
- Sternbilder

- Religionen
- Klassen
- Rassen
- Geschlechter
- Altersstufen u. v. a. m.

Ein typisches Abbild des Mehrklassensystems der aristokratischen Gesellschaft waren die Wagenklassen der frühen Eisenbahnen. Die Königlich Württembergische Staatsbahn (KWStB) hatte 3 Klassen, mit einer vierten für alte Wagen und mit dem Hofzug als Exklusivklasse.

Diese 4 Klassen waren auch durch ihr Farbdesign erkennbar:
- Hofzug   Dunkelblau (Königsblau!)
- I. Klasse   Grün
- II. Klasse   Gelb
- III. Klasse   Rotbraun

Die III. Klasse war in ihrem Interior-Design auch die Holzklasse.

Es gab auch Äußerungen, die z. B. den Funktionalismus als protestantische Gestaltungsauffassung thematisierten.

Die Frage nach Zielgruppendefinition und Kundentypologie ist ein typisches Indiz für die gesellschaftlichen und wirtschaftlichen Veränderungen im 2. Drittel des letzten Jahrhunderts:
– vom persönlich orientierten Markt zum anonymen Markt,
– von der Mangelwirtschaft zur Überflusswirtschaft,
– von der autoritär geführten Gesellschaft zur demokratischen und emanzipierten Gesellschaft.

Diese und weitere Entwicklungen mit der Folge von differenzierten Produkt- und Fahrzeugprogrammen provozieren die oben genannte Fragestellung nach Zielgruppen und Kundentypen. Implizit ist darin die Frage enthalten nach einem kundenorientierten Design auch für Auslandskunden im Unterschied zu einem „Universal Design".

7.1 Demografische Merkmale des Menschen

Eine sehr praktikable Checkliste zur Kundenbeschreibung veröffentlichte der Marketingfachmann S. Kotler 1974, [7-8] mit den beiden Hauptgruppen (**Bild 7-3**)
– demografische und geografische Merkmale
– sowie psychografische Merkmale
der Benutzer (User) eines Produkts oder Fahrzeugs. Zu dem erstgenannten Merkmalbereich gehören insbesondere die Anzahl, Alter und Geschlecht der Benutzer, die die Körpergrößengruppen für die Maßkonzeption bestimmen (s. Abschnitt 3).

Die internationale Entwicklung der Anthropometrie, d. h. der Erforschung der Maße der menschlichen Gestalt, gibt das Werk „Der vermessene Mensch" (1973) wieder, mit den Wurzeln dieses Wissenschaftszweiges in Ägypten, China, Indien sowie in der Anatomie und Medizin (**Bild 7-1**).

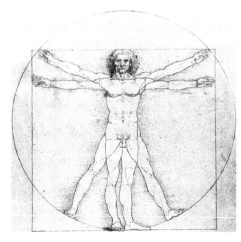

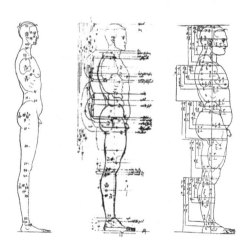

Bild 7-1: Beispiel für den Beginn der Anthropometrie

Bild 7-2: Studie von A. Dürer über die menschlichen Körpertypen

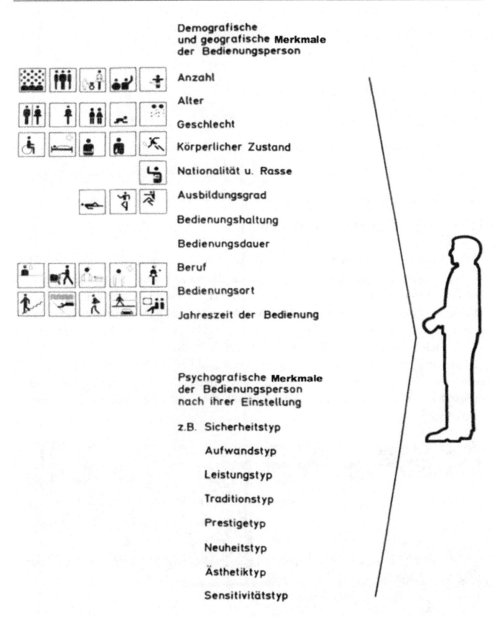

Bild 7-3: Merkmale zur Beschreibung des Menschen als Käufer und Benutzer

In diesen Zusammenhang gehört auch die Auseinandersetzung von A. Dürer mit den menschlichen Körpertypen (**Bild 7-2**). Seine 5 Frauen- und 5 Männertypen können als Vorläufer der heutigen Somatotypen (**Bild 7-4**) verstanden werden. Es ist erwähnenswert, dass der bekannte deutsche Industriedesigner W. Wagenfeld in der Nachkriegszeit eine „Soziologie der Produkte" konzipieren wollte [7-2], die diesen differenzierten Bezug zum User behandeln sollte.

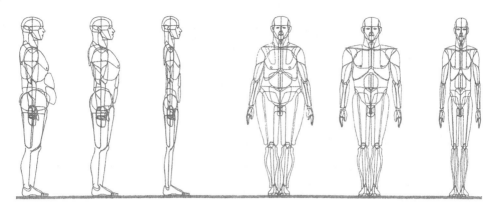

Bild 7-4: Beispiele für die sogenannten Somatotypen

Autofahrerinnen traten 1888 mit Bertha Benz und ihrer Fernfahrt von Mannheim nach Pforzheim erstmals öffentlich in Erscheinung. Als Zielgruppe entdecken die Automobilhersteller sie in den 20er Jahren. Es wurden z. B. bei Maybach Getriebe entwickelt, die von Frauen leicht zu schalten waren. 1926 wurde der Deutsche Damen Automobil Club gegründet, der bis heute besteht (**Bild 7-5**). Frauen sind heute nicht nur Autofahrerinnen, sondern auch Pilotinnen der größten Flugzeuge der Welt (**Bild 7-6**).

Die besonderen Anforderungen an die Fahrertätigkeit waren Inhalt der sogenannten Berufsbilder (Diss. Jenrich [2-14]) seit 1929 (Poppelreuter). Mithilfe einer sogenannten Arbeitsschauuhr wurden schon damals die verkehrsbedingten Einflüsse auf den Fahrer ermittelt.

Bild 7-5: Eine Dame als frühe Autofahrerin

Bild 7-6:
Die erste Pilotin des A 380

Nach dieser Fachgeschichte ist es heute Standard, dass in der Maßkonzeption von Fahrzeugen eine Benutzergruppe von den kleinen Frauen bis zu den großen Männern (Big – Little) Berücksichtigung findet (neueste Untersuchung: Körpergrößen Size Germany 2007/9, allerdings nicht veröffentlicht). Soweit bekannt, haben sich die Körpergrößen geringfügig erhöht (s. **Bild 2-1**). In speziellen Fällen muss diese Benutzergruppe detailliert erhoben werden. Eine neuere Untersuchung der Reisebusfahrer [7-3] ergab gegenüber der Norm in Körpergröße, Körpergewicht und Körpertyp überraschende Abweichungen. Es soll hier nicht unerwähnt bleiben, dass sich der Designer L. Colani schon immer mit den Fahrern seiner Fahrzeugentwürfe beschäftigte und diese in seinen Designzeichnungen darstellte.

Zu den Maßen des Menschen für ein Fahrzeugdesign gehören im modernen Sinne auch die sogenannten Komfortwinkel (**Bild 8-26**), die die komfortable Sitz- oder Liegehaltung definieren.

Praktische Konsequenzen aus den demografischen Merkmalen des Menschen können für das Fahrzeugdesign sein:

– die Berücksichtigung der Akzeleration, d. h. der Zunahme der Körpergrößen, über der Zeitachse,
– die Auswahl von besonders kleinen Fahrerinnen bei Rennwagen, z. B. bei Formula Student,
– Konzeption eines Spezialfahrzeugs für Rollstuhlfahrer (Kenguru!),
– Drehsitz für einen bequemen Ein- und Ausstieg der Fahrergruppe 50+,
– Konzeption eines Universaldesigns gleichzeitig für Junioren und Senioren.

7.2 Psychografische Merkmale des Menschen

Bezüglich der psychografischen Merkmale des Menschen ist die wohl wichtigste Entwicklung, dass der diktatorische Begriff des „guten Geschmacks" durch ein differenziertes Verständnis von Einstellung, Werthaltung oder Lifestyle ersetzt wurde, das den Menschen der modernen, pluralistischen und internationalen, globalen Gesellschaft viel gerechter wird (Gottes bunter Haufen, Patchwork Society).

In die Entwicklungsreihe der Kundentypologien gehört auch Lavater mit seinen vier Temperamenten. Breuer nennt als seinen Vorläufer H. Eysenck (1916–1997), der sich wieder auf Wundt, Kant (Temperamente!), Galen und Hippokrates beruft!

Die Unterscheidung von „Moderni" und „Antiqui" hat es übrigens schon im Mittelalter gegeben.

Ein interessanter Ansatz aus der Kunst (Jugendstil!) des beginnenden 20. Jahrhunderts ist die Beschäftigung mit den „vernachlässigten Gruppen im Kunstgewerbe (Produktdesign!)", nämlich

– Kind und Kunst,
– Studentenkunst,
– Arbeiterkunst,
– Kasernenkunst.

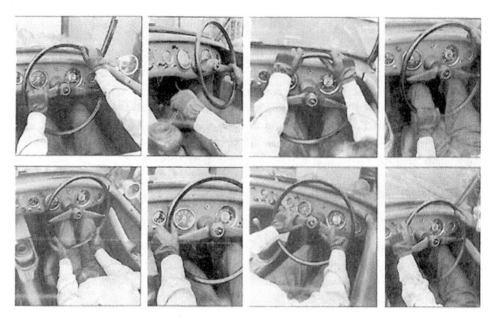

Bild 7-7: Kleine Charakterkunde des Autofahrers

Psychografisch, d. h. an Werthaltungen und Einstellungen orientierte Kundentypologien sind seit Anfang der 70er bekannt. 1980 wurde eine erste japanische Kundentypologie für den Pkw-Markt bekannt. Zudem erschien im gleichen Jahr die Kundentypologie von N. Breuer als Dissertation an der Universität zu Köln.

Eine frühe Auseinandersetzung an dieser Universität mit dem pluralistischen Design war die Studie des Kultursoziologen Alphons Silbermann 1963 „Vom Wohnen der Deutschen", wie auch erste Ansätze einer „Charakterkunde des Autofahrers" (**Bild 7-7**).

Breuer definierte die 8 geschlechtsneutralen Einstellungstypen [7-4]:
– Prestigeorientierung
– Neuheitenorientierung
– Ästhetikorientierung
– Leistungsorientierung
– Sensitivitätsorientierung
– Minimalaufwandsorientierung
– Traditionsorientierung
und bildete daraus Kombinationsgruppen (**Bild 7-3** unten).

Sein wissenschaftlicher Betreuer, Prof. U. Koppelmann, fügte zu dieser Kundentypologie später noch den Ökotyp hinzu. In der Marketingliteratur wurden in der Folge noch weitere, zum Teil sehr national orientierte Kundentypologien bekannt: 1980 Japan, 1983 Schweiz, 1985 Großbritannien, 1986 Europa.

Eine neue Kundentypologie sind auch die sogenannten Limbic Types [7-5].

7.3   Anwendungen im Fahrzeugdesign

1983 und 1986 wurde von zwei Vertretern (Hein und Hirschle) der Marketingabteilung der Porsche AG über die Marktsegmentierung nach der Milieutheorie von Sinus, Heidelberg, berichtet (**Bild 7-8**). Danach wird diese von vielen deutschen Automobilherstellern eingesetzt (**Bilder 7-9/12**).

Eine erste Studie zur Umsetzung der Kölner Kundentypologie in Exterior-Designs eines Mittelklasse-Pkws zeigt **Bild 13-21**. Die drei parallelen Designlinien im Abschnitt 1 erweitern sich damit kundentyporientiert auf 8 unterschiedliche Designs, im erweiterten Sinne auf diesbezügliche Ästhetiken und Kulturen. Wichtig erscheint der Hinweis, dass der Kundentyp auch Einfluss auf die Fahrerhaltung (**Bild 7-13**) und auf die Instrumentierung hat. Eine Erfahrungstatsache ist, dass öffentliche Fahrzeuge mit einer heterogenen Fahrgastgruppe und langer Lebensdauer, wie z. B. Eisenbahnfahrzeuge, konservativer designt werden müssen [7-6].

Ein ganz spezieller Fahrertyp sind auch die Trucker. Das Fahrerhaus ist für diese nicht nur Arbeitsplatz, sondern auch Wohnung und Lebenswelt (**Bild 7-14**).

Von Daimler-Chrysler wurde 1993 die neue C-Klasse in der Nachfolge des 1982 eingeführten Typ 190 vorgestellt. Diese sollte ein „Fahrzeug für den Weltmarkt" (Hubbert) werden und auch jüngere Käufer einschließlich Frauen ansprechen. Hierzu wurden in der Designabteilung vier Design Lines konzipiert.

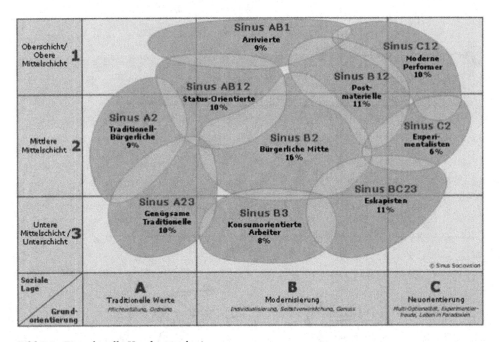

Bild 7-8: Eine aktuelle Kundentypologie

Bild 7-9/12: Fahrzeugprogramm orientiert an der Kundentypologie **Bild 7-8**
9: Porsche 928. **10:** Porsche 944, **11:** Porsche 911, **12:** Porsche 924

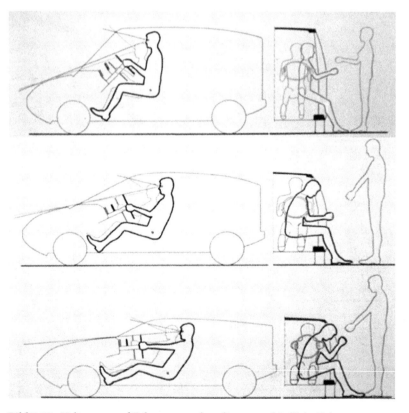

Bild 7-13: Haltungen und Fahrzeuggestalten für unterschiedliche Fahrertypen

Bild 7-14:
Trucker in seiner Lkw-Kabine

Diese Designstrategie führte im ersten Jahr zu folgendem Ergebnis:

Design Line	Kennzeichnung	Planungsdaten	Verkaufsanteile 1993
Classic	klassisch-zurückhaltend	40 %	45 %
Esprit	jugendlich-frech	10 %	30 %
Elegance	vornehm-elegant	40 %	15 %
Sport	dynamisch-technisch	10 %	10 %

Hinzu kam später noch eine Sportversion AMG C36. Mit dieser neuen Programm- und Designstrukturierung sollte das negative Klischee vom „Metzger-Diesel-Auto" korrigiert werden. Begonnen hatte diese neue Programm- und Designpolitik mit einem Modell Avantgarde des 190er. Diese Designversion wurde auch später wieder aktiviert. Zudem eine Version Disegno. Diese Designevolution begründet bis heute den Erfolg der Marke Mercedes, die 1953 mit 5 verschiedenen Pkw-Lackierungen begann. Nicht unerwähnt soll bleiben, dass in der gleichen Zeit auch im Marketing neue Methoden der Marktsegmentierung in der Automobilindustrie veröffentlicht wurden.

Kundentyporientierte Designs sind auch bei Schiffen bekannt, wie z. B. Yacht-Steuerräder (**Bild 7-15**, s. auch **Bild 9-13**).

Zusammenfassend sind Fahrzeuge gerade dadurch gekennzeichnet, dass durch den Fahrer und durch den Beifahrer bzw. die Fahrgäste unterschiedliche Ausbildungsgrade und Einstellungen im Design zu berücksichtigen sind, wobei vom Fahrer als Profi, Leistungstyp, Optimierer u. a. der höchste Anforderungsgrad ausgeht.

Aus dem demografischen Wandel hat sich eine neue Thematik des Fahrzeugdesigns ergeben, nämlich die Frage, ob es einen aktuellen Bedarf an Seniorenfahrzeugen gibt, oder ob solche durch die damit verbundene Stigmatisierung ihre Ablehnung nicht geradezu

Bild 7-15: Kundentyporientierte Designs von Yacht-Steuerrädern

provozieren würden. Eine Konsequenz daraus kann sein, die diesbezüglichen Designqualitäten unsichtbar zu designen.

Eine Hinführung zur Gerontotechnik ist die neue VDI-Richtlinie 2236 von 2013. Ein echtes Seniorendesign ist allerdings das neue Tri-Glide-Modell, d. h. ein stabil stehendes und fahrendes Dreirad, von Harley-Davidson für alt (und schwächer) gewordene Zweiradfans. Ein beheizter Sattel und eine gewärmte Lenkstange gehören gleichfalls zu diesem Senioren-Dreirad.

In Marketing und Sozialpsychologie wird heute auch die Frage diskutiert, ob die Kundentypen nicht zwischenzeitlich durch eine totale Individualisierung abgelöst wurden [7-7]. Von einem früheren Designchef wurde in einem Vortrag darauf hingewiesen, dass bei einer Jahresproduktion von 300.000 Mercedes-E-Klasse-Wagen nur 3 identisch sind (s. Abschnitt 13 Baukästen).

Eine Werbeaussage „Ideallinie der Alphatiere" verweist gleichfalls auf eine soziale Rangordnung bei der Produktplanung (des CLS 6.3 AMG Shooting Brake).

Zudem drängt sich die Vermutung auf, dass heute die Kundenorientierung durch zustandsorientierte Fahrmodi, wie z. B. öko oder sportlich, erweitert oder gar ersetzt ist. Bei aktuellen Fahrzeugen gehört in diesen Zusammenhang auch die Fahrwerksabstimmung, z. B. normal und Sport, oder die Fahrmodi „normal" und „Eco".

Eine Erweiterung der bisherigen Kundentypen zeichnet sich auch in weiteren sinnlichen Wahrnehmungen und Verhaltensarten ab:
– Riechtypen,
– Hörtypen,
– Fühltypen bezüglich der Klimatisierung („Elefantenhaut" / „Seidenhaut"),
– Schalttypen („Schaltfaule" / „Schaltfreaks") u. a.

Die jungen Mitarbeiter in der Industrie werden heute auch als Generation Y oder als Digital Natives bezeichnet.

Designgrundlage Ergonomie 1: Interior-Design Maßkonzept und Raumtyp 8

8.1 Entwicklungslinie vom Komfort zur Ergonomie

Über die jahrhundertelange Entwicklung technischer Geräte, Maschinen und Fahrzeuge wurde der Mensch als Antrieb eingesetzt; auf brutalste Art auf den Galeeren. Im Rahmen der Veränderungen seit der französischen Revolution stellte sich deshalb auch die Frage nach seiner Leistungsfähigkeit.

Die wesentliche fachliche Erweiterung des modernen Designs auf der Grundlage der „Ergonomie" ergab sich zudem aus der historischen Entwicklung des Komforts, bei Fahrzeugen des Fahrkomforts, des Bedienungskomforts u. a. Diese Entwicklung geht bis zu den Römern zurück. Dieses Fachwissen ging allerdings mit dem Niedergang des römischen Reiches wieder verloren.

Eine revolutionäre Komfortentwicklung stellte seit dem 16. Jahrhundert der Einbau von Blattfedern in Kutschen dar. Aus dieser Bauart soll auch die Bezeichnung Karosse entstanden sein, die zuerst das Fahrzeug für adelige Frauen war und später für repräsentative Zwecke eingesetzt wurde. Das Schwanken und Auslagern des Wagenkastens wurde durch Kreuz-, Schlag- und Notriemen verhindert. Diese Komfortentwicklung setzte sich im Kutschenbau bis ins 19. Jahrhundert fort bzw. bis zu der modernen Komforttheorie, z. B. von Bubb. Leitbild der praktischen Komfortausstattung von Fahrzeugen war in vielen Fällen die Innenarchitektur, z. B. von Hotels, Schlössern u. a.

In der modernen Fahrzeugwerbung werden Formulierungen wie „Rollendes Wohnzimmer", „Willkommen zu Hause" oder „Wohnliche Atmosphäre" weiter publiziert. Eine neue Zielsetzung für das Interior-Design ist der „Digital Lifestyle" im Auto.

Schon vor der Institutionalisierung der Arbeitsphysiologie prägte 1857 der polnische Wissenschaftler W. Jastrzebowski (1799–1882) den Begriff der Ergonomie, der sich aus dem griechischen „ergon" (= Arbeit, Leistung, Werte) und „nomos" (= Recht, Regel, Gesetz) ableitet, als „Lehre von der Arbeit, gestützt auf die aus der Naturgeschichte geschöpfte Wahrheit". Der moderne Ergonomie-Begriff setzte sich aber erst Mitte des 20.Jahrhunderts durch die Werke des Engländers Murell (1965) [8-1] u. a. durch. Neben der Arbeitsmedizin handelt es sich bei der Ergonomie als dem naturwissenschaftlichen (und praktischeren) Teil der Arbeitswissenschaft um eine Disziplin, die sich die Gestaltung menschlicher Arbeit zur Aufgabe gemacht hat. Dabei geht es insbesondere um die Anpassung der Arbeit an die Eigenschaften, Fähigkeiten und Bedürfnisse des Menschen. Hilfsmittel hierzu sind die sogenannten Körperumrissschablonen, deren erste sich beim Zeppelin-Luftschiffbau auf das Jahr 1928 datieren lässt.

Nach neuesten Erkenntnissen hatte Prof. W. Kamm bei seinem letzten Fahrzeugentwurf 1945 auch eine eigene Körperumrissschablone verwendet (s. Abschnitt 10.3, **Bild 10-14**).

Arbeit in dem hier verstandenen Sinn, nämlich Montieren, Bearbeiten, Steuern u. a., ist immer ein Bewegungsprozess oder ein Kraft-Weg-Ablauf der Arbeits- oder Bedienungsperson. Neben den Prozessmodellierungen der Arbeitswissenschaft können hier als historische Ansätze auch die Verhaltensforschung und künstlerische Bewegungslehren, wie z. B. die Kinetografie, d. h. Tanzschrift von Laban, (modern: Choreologie) genannt werden (s. Abschnitt 9).

Es wäre eigentlich logisch gewesen, dass der Mensch und die ergonomischen Aspekte in der neuen Konstruktionslehre des Maschinenbaus Berücksichtigung gefunden hätten. Dem war aber nicht so!

Der führende deutsche Konstruktionslehrer Franz Reuleaux (1829–1905) hat sogar Ende des 19. Jahrhunderts offiziell die Behandlung dieser neuen Aufgaben durch die Ingenieure abgelehnt!

Diese Lehrmeinung gibt insbesondere auch deshalb zu denken, weil sich der gleiche Autor sehr ausführlich über den „Maschinenbaustil" ausgelassen hat. Die „Ausklammerung" des Menschen aus der Maschinenkonstruktionslehre ist der Grund, warum dessen Erforschung und Behandlung in zwei neuen Disziplinen erfolgte, nämlich in der Arbeitsphysiologie und in der „neuen Gestaltung", d. h. im Design. Zwei wichtige Ansätze hierzu waren im frühen 20. Jahrhundert in Deutschland:

1914 Beginn der Arbeitsphysiologie mit der Gründung des Kaiser-Wilhelm-lnstituts in Berlin,

1928 der Unterricht von Oskar Schlemmer am Bauhaus über den Menschen als „Kosmisches Wesen" [8-2].

Ein künstlerischer Ansatz zur Anthropometrie ist auch das Aktzeichnen bis hin zum „Modulor" von Le Corbusier.

Die neue Hierarchie der Gestaltungskriterien wurde insbesondere von dem jungen Ingenieur und späteren Professor Franz Kollmann (1906–1987) in dem Aufsatz „Die Gestaltung moderner Verkehrsmittel" (1927) sehr klar und übersichtlich dargestellt:

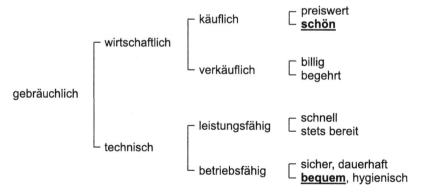

Wichtig ist, dass damit in der „Schönheit der Technik" neben den ästhetischen Kriterien neu solche der Bequemlichkeit, der Sicherheit und der Hygiene auftraten. Das Oberziel „gebräuchlich" kann als Vorläufer der modernen Zielsetzung der Gebrauchsfähigkeit oder Usability eines Produkts oder Fahrzeugs angesehen werden. Kollmann hat seine allgemeinen Gestaltungsanforderungen in sehr konkrete Gestaltungsprinzipien für Autos, Schiffe, Schienenfahrzeuge und Flugzeuge formuliert.

Aspekte der amerikanischen Designentwicklung, die für das moderne Industriedesign besonders wichtig geworden sind, waren:

– die Entwicklung der sogenannten Human Factors (Arbeiten und Untersuchungen von H. Dreyfuss seit 1928 [1-4, 8-3], **Bilder 8-1/3**),

– die Bedeutung der Fahrzeuge als allgemeine Komfort-Leitbilder, entstanden aus dem Leitbildzusammenhang zwischen Hoteleinrichtung und Schiffseinrichtung (Mississippi-Dampfer) und später mit den Eisenbahn-Pullman-Wagen und dann den Straßenkreuzern.

Der folgende Kommentar gilt der ergonomischen Forschung von Henry Dreyfuss und deren „Import" in Europa und Deutschland.

Henry Dreyfuss ist einer der frühesten und bekanntesten Industriedesigner der USA. Er veröffentlichte 1955 seine Autobiografie „Designing for People". Er schreibt hierzu: „Human factors – reach, grasp, and the many other physical and mental aspects of using an object – have become a key component of the industrial design process and profession."

Als Arbeitshilfe zur Modellierung des Users wurden in seiner Firma die Körperumrissschablonen „Joe" und „Josephine" als typische amerikanische Models und Maßreihe entwickelt und erstmals in dem Fachbuch „The Measure of Man" 1959 publiziert (**Bild 8-3**). Dieses Fachbuch und seine nachfolgenden Auflagen waren eine neue fundamentale ergonomische Grundlage für die Designarbeit weltweit.

Dem Autor sind Hinweise bekannt, dass nach diesem Fachbuch die ersten Körperumrissschablonen in der deutschen Fahrzeugindustrie entstanden (**Bild 10-47**). Es ist auch anzunehmen, dass mit diesem Fachbuch die erste Ergonomievorlesung an der HfG Ulm abgehalten wurde. Nach seinen eigenen Angaben wurden diese Grundlagen von Dreyfuss auf Projekte von New York Central, Bell Telephone, Polaroid, Honeywell und Deere & Co. angewandt. Die Zusammenarbeit mit dem letztgenannten Unternehmen besteht seit 1937 bis heute und führte 1960 zu dem Traktorenprogramm „New Generation of Power".

Die deutsche Designentwicklung der Nachkriegszeit ist gekennzeichnet durch die Integration des Menschen in den Gesamtrahmen einer methodischen Produktentwicklung (Schürer, Klöcker, Seeger u. a.). Parallel entstanden in den Arbeitswissenschaften viele neue ergonomische Grundlagen zur „Humanisierung der Arbeit", z. B. DIN 33000 ff. u. a. (**Bild 8-4**). Neue Erkenntnisse zu „Human Factors in Transport Research" wurden 1980 publiziert. Prof. E. Grandjean von der ETH Zürich definiert den Fahrersitz als „work chair" und die anderen Sitze als „rest chairs" [8-4]. Prof. H. Jürgens konstatierte: „The human body is in constant movement." Bei Rebiffé findet sich wohl erstmals die Unterscheidung von Komfort und Diskomfort. Er wies zudem auf eine entspannte und komfortable Sitzposition mit übereinandergeschlagenen Beinen hin. Die Mensch-Produkt-Kommunikation,

DESIGNING   FOR PEOPLE

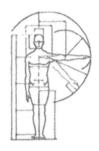

We bear in mind that the object being worked on is going to be ridden in, sat upon, looked at, talked into, activated, operated, or in some other way used by people individually or en masse.

When the point of contact between the product and the people becomes a point of friction, then the industrial designer has failed.

On the other hand if people are made safer, more comfortable, more eager to purchase, more efficient—or just plain happier—by contact with the product, then the designer has succeeded.

Simon and Schuster, New York, 1955   by HENRY DREYFUSS

Bild 8-1: Titel der Biografie von Henry Dreyfuss 1955

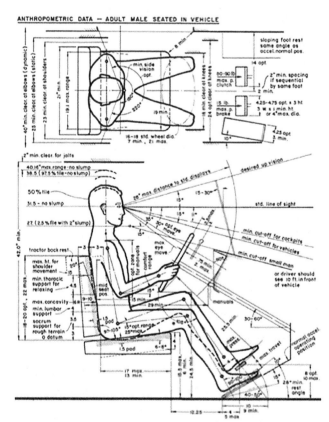

Bild 8-2:
Erste Maßkonzeption eines Fahrerplatzes

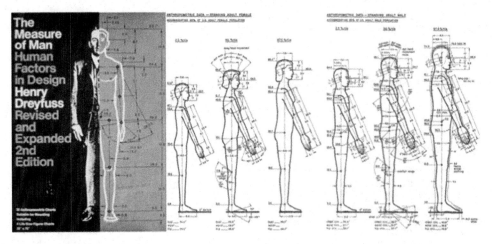

Bild 8-3: Beispiel für den Beginn der Ergonomie-Fachliteratur

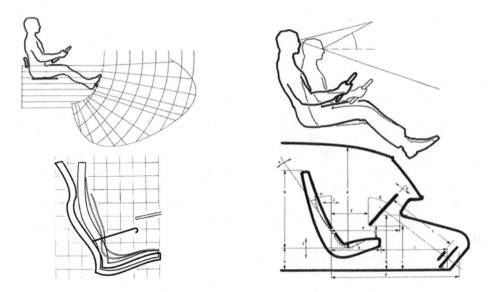

Bild 8-4: Ein wichtiges Fachbuch aus der Ergonomie-Grundlagenforschung

der Gebrauch oder die Bedienung, wurde präzisiert mittels unterschiedlicher Modelle, als da sind:

- das Subjekt-Objekt-Schema der Philosophie,
- das Sender-Empfänger-Modell der Kommunikationstheorie,
- der Mensch-Produkt-Regelkreis der Regelungstechnik; Erste Literatur: 1970 Oppelt „Der Mensch als Regler",
- die Mensch-Produkt-Relationen und die Produkt-Mensch-Relationen der Konstruktionsmethodik,
- die informatorischen Funktionen und die effektorischen Funktionen der Arbeitswissenschaft.

FAHRZEUG-KOMFORT	FAHRZEUG-KOMFORT
NACH BUBB 1997	NACH ⊕ 2005

1. INNENRAUMGESTALTUNG (S.A. AMBIENTE)	1. RAUMGEFÜHL
	2. EIN- U. AUSSTIEG
2. SITZKOMFORT	3. SITZEN
3. MIKROKLIMA	
4. BEDIENKRÄFTE	4. SICHT
5. HAPTIK	
6. BELEUCHTUNG / SEHKOMFORT	5. BEDIEN- U. ANZEIGENKONZEPT
7. INNENGERÄUSCHE	
8. MECHAN. SCHWINGUNGEN / FAHRKOMFORT	
9. INNENRAUMKLIMA / THERM. BEHAGLICHKEIT	
10. LUFT-ZUG	
11. LUFT-VERUNREINIGUNG	
	6. BELADUNG

Bild 8-5: Unterschiedliche Kriterienkataloge über den Fahrzeugkomfort

Trotz dieser jahrhundertelangen Fachgeschichte des Fahrzeugkomforts und seiner weit-gehenden Differenzierung, z. B. in Fahrkomfort, Lenkungskomfort, Schaltkomfort, Be-dienkomfort, Sichtkomfort, Sitzkomfort, existiert bis heute keine allgemein anerkannte Komfort-Anforderungsliste. Dies zeigt die Gegenüberstellung einer diesbezüglichen Liste aus der Wissenschaft mit einer aus der Industrie (**Bild 8-5** [8-5]). Die Schnittmenge betrifft maßgeblich den Fahrzeuginnenraum, einschließlich dem Sitzen und der Sicht nach außen sowie der Bedienkräfte. In den beiden Komfortkriterientabellen fehlen aber die beiden wichtigsten Einflussgrößen, nämlich die Komfort-Sitzhaltung [8-9] und die unterschied-lichen Körpergrößentypen (95 % M und 5 % F), auf die nachfolgend noch eingegangen wird. Realisiert wird die Schnittmenge maßgeblich durch das nachfolgend behandelte Maßkonzept sowie das Interface-Design (Abschnitt 9).

8.2 Entwicklungslinie der zentrifugalen Maßkonzeption

Das Interior-Design von Fahrzeugen war in seinen Anfängen ein „Ableger" der Innen-architektur. Die Ausstattungen von Schlössern bis hin zu Hotels wurden auf Kutschen, Schiffe, Zeppeline u. a. übertragen. Eine frühe Differenzierung des Interior-Designs von Eisenbahnwagen erfolgte über die Beauftragung unterschiedlicher Architekten und Künst-ler (s. W. Gropius, Abschnitt 3).

Im Pkw-Interior-Design ist die englische Club-Atmosphäre ein bis heute gültiges Leit-bild. Im deutschen Sprachraum ist die Anmutung „gemütlich" eine problematische und umstrittene Zielsetzung.

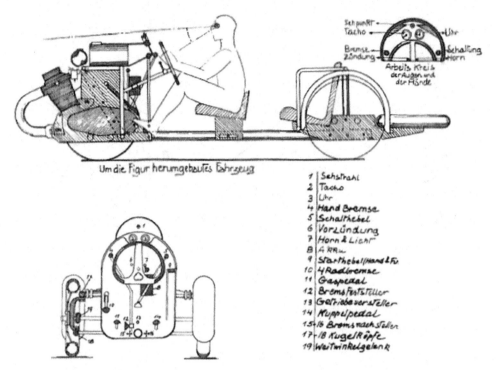

Bild 8-6: Erstes nachweisbares Maßkonzept von Neumann-Neander ca. 1936

Im Flugzeug-Interior-Design bildeten die oben genannten Leitbilder wie „Hotel der Lüfte" oder „Wohnzimmer in der Luft" den Anfang dieser neuen Designaufgaben. Zu den neueren Entwicklungen gehört der Einsatz ökologisch vertretbarer und recyclefähiger Materialien u. a. (s. Smart Fortwo).

Ein neuer Luxusbegriff für das Interior-Design ist der sogenannte Chaliki-Style geworden, d. h. der Stil für Kunden aus den Golfstaaten. Mit dem Material- und Oberflächendesign einschließlich des „Color and Trim" ist aber das Interior-Design nicht erschöpfend behandelt, auch wenn dies ein diesbezüglicher neuer Studiengang vorgibt. Wenn man davon ausgeht, dass auch das Fahrzeugdesign von innen nach außen entwickelt wird, dann ist die zentrale Frage die nach dem Maßkonzept des Fahrzeuginnenraums bzw. der Fahrzeuginnenräume.

Das Maßkonzept ist in seiner Entwicklungslinie eine allgemein gültige Grundlage des Designs geworden, von den Fahrrädern (**Bild 8-7**) bis zu den Luftfahrzeugen.

Erste Maßkonzeptzeichnungen konnten von Neumann-Neander aus dem Jahr 1936 [8-6] (**Bild 8-6**) sowie aus der Unimog-Entwicklung im Jahr 1949 gefunden werden (**Bild 8-18**). Ausgehend von der „Schablone für den Zeppelin-Bedienungsmann" von 1928 und anderen Beispielen aus dem Flugzeugbau und von Flugzeugbauern ergibt sich die Vermutung, dass die Fahrerergonomie mit dem Einzeichnen der Piloten in Flugzeugentwürfen begann. Allerdings wird dieses Fachwissen heute nicht mehr vermittelt.

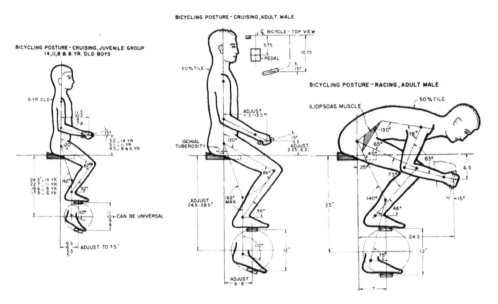

Bild 8-7: Maßkonzeption am Beispiel von Fahrrädern

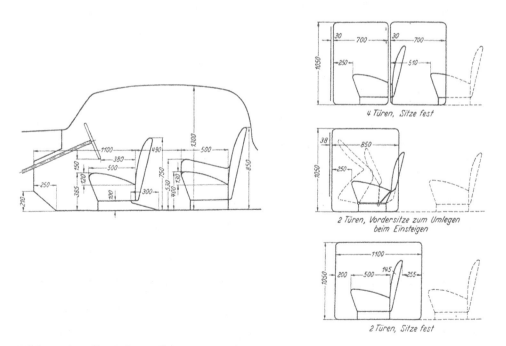

Bild 8-8: Grundlagen der Maßkonzeption nach Kamm 1936

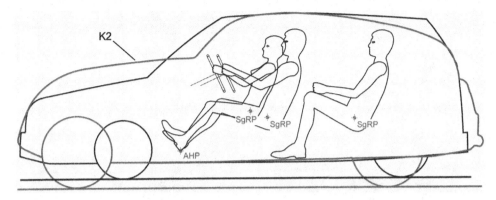

Bild 8-9: Vergleich der Maßkonzeption des K2-Wagens mit einem modernen Fahrzeug

Unter dem Maßkonzept wird im Folgenden die Festlegung des Fahrzeuginnenraumes verstanden, für ein angenehmes/komfortables Reisen der jeweiligen Zielgruppe. Im engeren Sinn beinhaltet das Maßkonzept die Sitzanordnung aus der jeweiligen Sitzposition (Sitzplan) und dem Zugang zum Sitz. Diese Erkenntnis ist nicht neu. So schrieb A. E. Raymond 1936: „Das Stuhldesign wird so zur entscheidenden Frage. Ja, man kann geradezu sagen, dass das Flugzeug um den Sitz herumgebaut ist."

Im gleichen Jahr vertrat W. Kamm in seinem bekannten Fachbuch „Das Kraftfahrzeug" [8-7] noch eine Auffassung, die stark der Idee eines Einheitsmaßkonzeptes verpflichtet war (**Bild 8-8**). So gab es für ihn weder kleine Frauen noch große Männer. Dies belegt auch der Vergleich seines K2-Wagens mit einem modernen Fahrzeug bezüglich der Sicht für eine kleine Fahrerin (**Bild 8-9**). Interessant ist, dass sich Kamm schon mit den Einstiegsmaßen und Türanordnungen beschäftigte.

In seinem letzten Fahrzeugkonzept 1945 (**Bild 10-14**), das während seiner Tätigkeit in den USA am Forschungsinstitut Wright Field der Luftfahrttechnik entstand, hat Prof. W. Kamm überraschenderweise auch mit Körperumrissschablonen gearbeitet. Es ist anzunehmen, dass er dort diese Schablonen kennengelernt hat. Ein ausführliches Quellenverzeichnis über die amerikanische Entwicklung der Anthropotechnik findet sich in [Dreyfuss 1959].

Henry Dreyfuss äußerte sich 1955 zur Bedeutung des Sitzes in ähnlicher Weise: „Der Sitz ist schlichtweg das Wichtigste an der Innenausstattung eines Flugzeugs. Mach' es jemandem bequem, und alles erscheint ihm in rosigem Licht. Er kann sich entspannen, das Essen schmeckt besser und die Reise scheint um Stunden kürzer."

Zum Sitzen des Menschen und zu den Sitzen in Fahrzeugen erscheinen folgende Vorbemerkungen wichtig:

1. Der Mensch ist gar nicht zum Sitzen erschaffen, sondern zum Stehen und Gehen. Diese Tatsache beeinflusst den Komfort der Fahrzeuge und eine diesbezügliche Komfortskala grundsätzlich. Konsequenz daraus ist die inzwischen auch von der Ergonomie bestätigte Positionsveränderung zwischen Stehen und Sitzen (**Bild 8-10**).

   Wenn Sitzen die notwendige Haltung sein muss, dann ist das variable oder dynamische Sitzen richtig, d. h. der Wechsel von der vorderen über die senkrechte bis zu der hinteren Sitzhaltung, einschließlich der Querbewegungen (**Bild 8-11**).

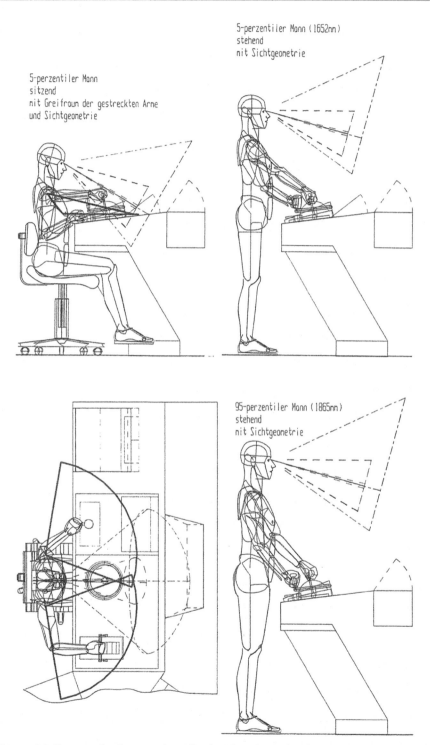

Bild 8-10: Maßkonzept für die sitzende und stehende Haltung des Steuermannes eines modernen Fahrgastschiffes (**Bild 2-7**)

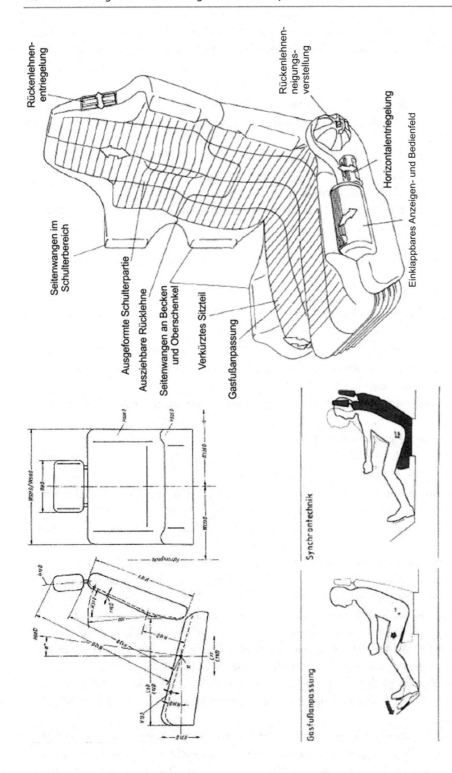

Bild 8-11: Einige Grundlagen für Fahrzeugsitze

2. Bei den kleineren Pkw-Klassen kommt erschwerend hinzu, dass auch die Beifahrer in der eigentlich nur für den Fahrer richtigen Position (Zwangshaltung) behandelt werden, sowie, dass der Fahrer – aus Kostengründen – den gleichen und für die Fußbetätigung ungeeigneten Sitz wie der/die Beifahrer erhält [8-8].

Zu der Entwicklung der Fahrzeugergonomie in den 70er Jahren gehören auch die „Empfehlungen für die Gestaltung von Fahrzeugführer- und Beifahrersitzen" (VDI-R. 2780 ff.) (s. auch **Bild 8-11**).

Wichtige Merkmale des Reisekomforts sind:
– barrierefreier und aufrechter Zu- und Abgang zum Sitz,
– eigener Sitz mit Armlehnen, verstellbar; im Extrem als Liegesitz,
– mit genügend Fußraum, auch zum Übereinanderschlagen der Beine (s. Bild Gottlieb Daimler, **Bilder 8-12/16**),
– Haltegriff,
– Ablagefläche,
– Abfallbox,
– gute Sicht aus den Fenstern,
– Aufsteh- und Bewegungsmöglichkeit,
– Informationsangebot u. a.

Viele dieser Komfortmerkmale wurden und werden von Eisenbahnwagen (Pullmanwagen) [8-10], Schiffen, Zeppelinen, auch Bussen erfüllt, aber nicht von Pkw. Diese stehen am Ende einer diesbezüglichen Komfortskala.

Die Sitzanordnung führt auf viele Lösungen zurück, die aus der Fahrzeuggeschichte bekannt sind:
– Einer-, Zweier-, Dreier-, Vierersitz usw.
– Sitzreihe fluchtend, versetzt usw.
– Vis-à-vis-Anordnung, Dos-à-dos-Anordnung usw.

Die vorgenannten Komfortmerkmale präzisieren sich dabei auf den Sitzteiler oder Sitzreihenabstand, auch Abstand der H-Punkte oder Maß L-50, und das daraus resultierende Durchgangsmaß und den Knieraum. Eine Stichprobe zeigt die nachfolgende Tabelle (**Bild 8-17**).

Als Untergrenze des Sitzteilers gelten nach BAG SPNV (*Bundes-Arbeits-Gemeinschaft Schienen-Personen-Nah-Verkehr*) 750 mm, was allerdings bei Kleinwagen und in der Economy Class von Flugzeugen noch unterschritten wird. Ein Übereinanderschlagen der Beine als besonderes Komfortmerkmal ist ab 1100 mm möglich. Ein Vorteil der Vis-à-vis-Anordnung der Sitze, z. B. in Eisenbahnwagen, war und ist die doppelte Nutzung des Kniefreiraums. Das Durchgangsmaß in den Eisenbahnabteilen entspricht dem Maß für das frontale Begehen mit ca. 625 mm, während bei einem Maß von 375 mm nur noch ein Querbegehen möglich ist. Bei den kleinen Pkw-Klassen und bei den 2+2-Fahrzeugen werden in der 2. Reihe häufig nur noch kleinere Menschen, wie z. B. 50 % F oder Kinder vorgesehen.

Die Entwicklungsgeschichte der Volkswagen ist unter diesen Komfortkriterien eigentlich eine Vergewaltigungsgeschichte des Menschen. Eine wichtige Veranstaltung für die „Volkswagen" war 1935 der SIA-Wettbewerb für einen kleinen Zweisitzer mit 78 Teilneh-

Bild 8-12: G. Daimler in entspannter Haltung

Bild 8-13: Fußraum für eine Lady der 20er Jahre

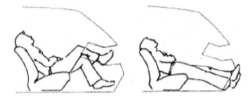

Bild 8-14: Komforthaltungen der Beifahrer

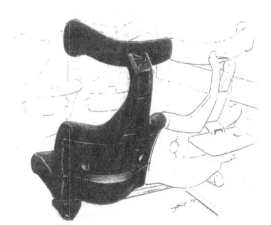

Bild 8-15: Studie zu einem neuen Passagiersitz

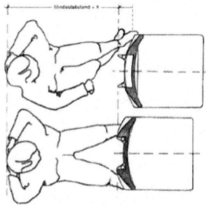

Bild 8-16: Studie zum Beinfreiraum in Eisenbahnwagen

mern, unter anderem Le Corbusier (s. **Bild 10-12**). Die Suche nach dem „Voiture Minimum" muss im Zusammenhang mit anderen Volksprodukten, wie z. B. der Frankfurter Küche, oder den Segelbooteinheitsklassen, wie dem Starboot gesehen werden. Als Folge dieses Wettbewerbs entstanden dann Kleinwagen wie FIAT Topolino, VW Käfer, 2 CV u. a. Als erster Kleinwagen gilt heute allerdings der Zweisitzer Peugeot Lion BP1 von 1912,

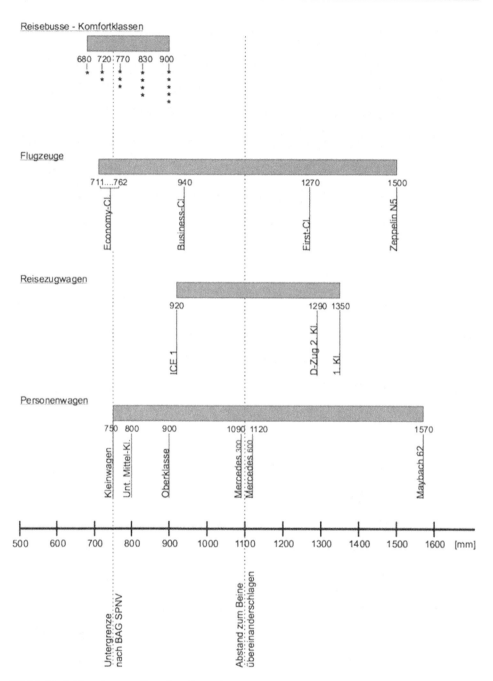

Bild 8-17: Stichprobe zum Sitzreihenabstand

übrigens eine Konstruktion von E. Bugatti. Nicht zuletzt im Dritten Reich wurden die Volksprodukte politisch und militärisch ausgenutzt. So wurde noch 1945 von E. Heinkel ein Volksflugzeug konzipiert und gebaut. Bis 1954 gab es übrigens den Wittener Volkswohnwagen.

Andererseits begründen diese Komfortkriterien die Faszination der amerikanischen Straßenkreuzer nach dem Krieg gegenüber der asketischen europäischen Renn- und Sportwagentradition (**Bild 8-21**). Diese Faszination gilt aber auch für die europäischen Luxuswagen. Als ideales Fahrzeug nannte H. Dreyfuss 1955 den Rolls-Royce von 1908! Ein neuer und interessanter Ansatz zur Sitzanordnung sind die versetzten Sitze des SMART.

Die Anwendung von „Joe and Josephine", d. h. der ergonomischen Grundlagen von H. Dreyfuss im Fahrzeugbau, erfolgte zuerst in landwirtschaftlichen Maschinen (stehende Arbeitshaltung!) sowie in Schiffs- und Flugzeugausstattungen, auch bei Panzern. Anwendungen im amerikanischen Automobilbau sind nicht bekannt.

Die nachfolgende Entwicklungslinie behandelt schwerpunktmäßig den deutschen Automobilbau.

Die Integration des Menschen, d. h. Fahrer und Beifahrer, in den Fahrzeugentwicklungsprozess stellt sich nach heutigem Wissensstand am Beispiel Daimler folgendermaßen dar (**Bild 8-18 ff.**):

Der Beginn waren die sogenannten Offert- oder Angebotszeichnungen von Einzel- oder Sonderkarosserien, wie des Mercedes 300 (**Bild 8-20**), die in der 1954 eingerichteten Stilistik von Mercedes-Benz am Ende des Entwicklungsprozesses erstellt wurden. Die Maßkonzeptzeichnungen am Beginn des Entwicklungsprozesses begannen zuerst mit nicht normierten Körperfiguren (**Bilder 8-18/20**). Es folgte seit der 2. Hälfte der 50er Jahre die Darstellung mit Körpermaßschablonen aus der Ergonomie (**Bilder 8-27/28**), z. B. in der Mercedes-Lastwagenentwicklung mit den Schablonen nach Dreyfuss (**Bild 10-47**).

Bild 8-18: Fahrerplatz des ersten Unimog 1949   **Bild 8-19:** Patentierter Kleinwagen 1957 von einem der ersten Mercedes-Stilisten

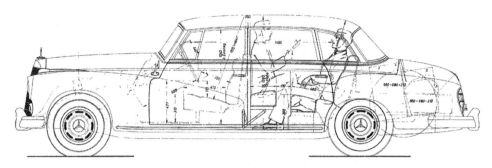

Bild 8-20: Frühe Offertzeichnung 1951 mit eingezeichneten Fahrgästen

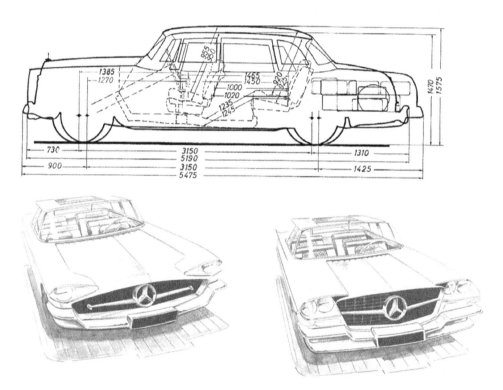

Bild 8-21: Maßvergleich des Mercedes 300 und 600 (1957) und darauf basierende Straßenkreuzer-studien

Eine dritte Entwicklungslinie war und ist der sogenannte Maßvergleich zwischen einem Vorgänger- und einem Nachfolgefahrzeug (**Bild 8-21** oben). Hieraus entstand auch die Frage nach der Wertsteigerung im (Interior-)Design. Diese Maßvergleiche wurden ohne und mit Schablonen durchgeführt. Heutzutage auch mit 3D Men Models (**Bild 8-33**) und als Animation (**Bild 8-34**). Nach der international harmonisierten Norm DIN 70 020 von 2006 umfasst das Maßkonzept heute über 75 Einzelmaße (**Bilder 8-35/37**), die die „Sitz-kiste" eines Fahrzeugs und dessen Karosseriegrundtyp von innen her (zentrifugal) bestim-

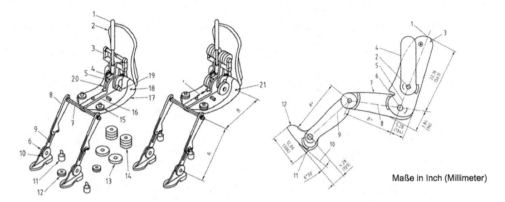

Maße in Inch (Millimeter)

Bild 8-22: Das amerikanische SAE-Manikin 1960

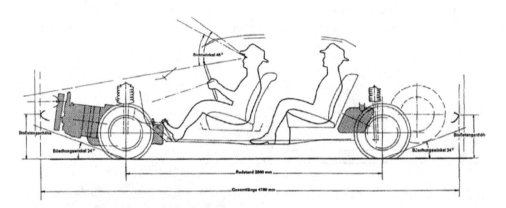

Bild 8-23: Darstellung des Maßkonzepts des Ro 80, 1967. Personendarstellung nach SAE

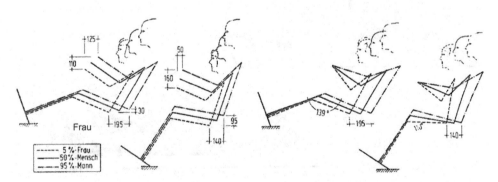

Bild 8-24: Unterlage von 1973 über unterschiedliche Fahrerpositionen und -sitzhöhen

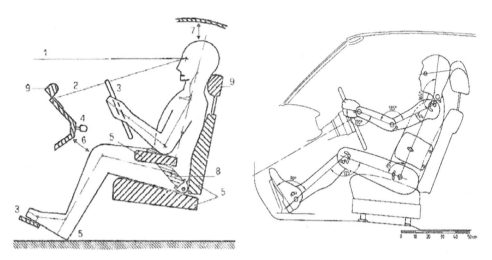

Bild 8-25: Darstellung der Fahrerposition mit einer Vorstufe der BOSCH-Schablone 1978

Bild 8-26: Darstellung der Fahrerposition einschließlich der Komfortwinkel mit der Kieler Puppe 1979

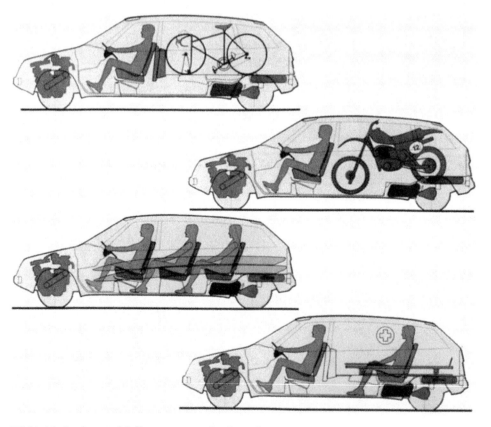

Bild 8-27: Studie zum Maßkonzept einer Großraumlimousine 1983

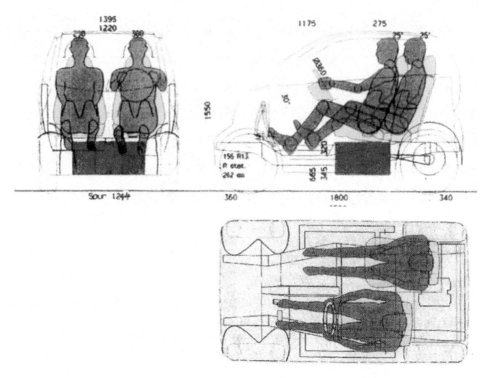

Bild 8-28: Maßkonzeption des MCC 1991 mit den Komfortmaßen der Oberklasse

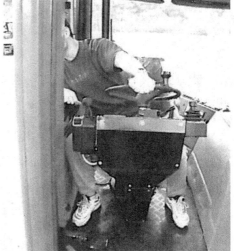

Bild 8-29: Einstieg in einen Schwerlasttrans-porter

Bild 8-30: Blick aus einem Schwerlasttrans-porter

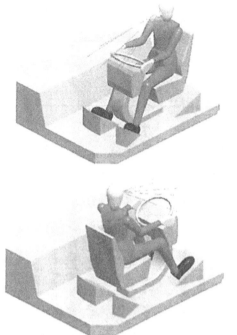

Bild 8-31:
Ergonomiestudie zu einem drehbaren Fahrersitz eines Schwerlasttransporters

Bild 8-32:
Erste Probefahrt des neuen Schwerlasttransporters

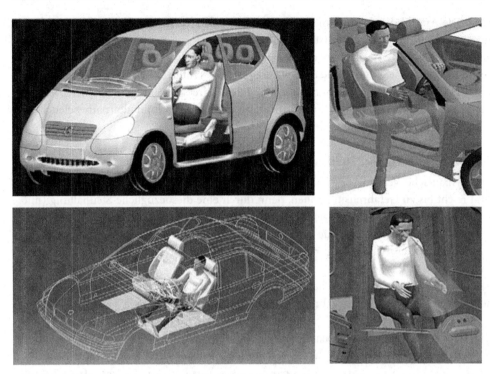

Bild 8-33: Moderne Ergonomiegrundlagen der Maßkonzeption

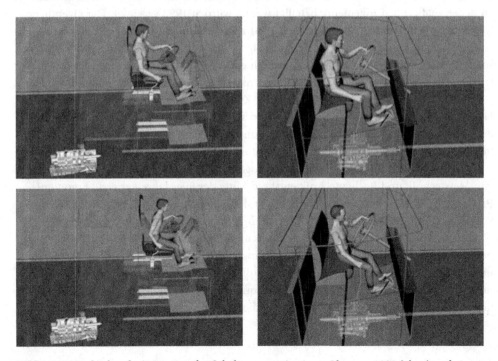

Bild 8-34: Vergleichende Animation des Schaltvorgangs in einem Lkw von 1925 (oben) und einem Lkw von 1998 (unten)

men. Die Anzahl dieser Einzelmaße deckt sich mit den Verstellmöglichkeiten, die heute mechanisierte „Ergonomie-Prüfstände" aufweisen.

Die über 50 Arbeitsschritte der diesbezüglichen Maßkonzeption gibt die Spalte an der rechten Seite der Zeichnung **Bild 8-35** wieder (s. a. Diss. Müller 2011 [8-11]). Dieses Maßkonzept enthält allerdings noch die Spiegelung der Fahrersitzhaltung, d. h. einer Zwangshaltung, beim Beifahrer. Diese wurde im vorausgehenden Abschnitt alternativ beleuchtet. Alternative Beifahrerstrategien sind:
– Erzielung eines maximalen Raumes nach hinten,
– Berücksichtigung einer Fußabstützung vorne.

Die dynamische Veränderung der Fahrerhaltung beginnt schon beim Einstiegsvorgang und reicht bis zu Gefahrensituationen, denn durch eine diesbezügliche Steilhaltung (mit höherem Augpunkt) verändert sich sowohl das Sichtfeld wie der Greifraum.

Die jüngste Entwicklungslinie sind die rechnergestützten Men Models (Ramsis!), die es erlauben, dynamische Bewegungen der Fahrer und Beifahrer, wie z. B. das Schalten, zu modellieren (**Bild 8-34**).

Diese Modellierung erlaubt heute nicht nur, eine Körpergrößengruppe darzustellen, sondern erweitert eine ganze Fahrer- und Mitfahrer-„Familie".

Ein einfach zu betreibendes, rechnergestütztes System für die Maßkonzeption vor dem Einsatz von RAMSIS ist das Schablonensystem Burg Giebichenstein in CATIA v5 in der Weiterentwicklung von Prof. W. Kraus und Studenten an der HAW Hamburg.

Eine zweite Entwicklungslinie der Maßkonzeption geht im Hause Daimler von der gleichfalls 1955 gegründeten Abteilung Gesamtfahrzeug aus. Beide Entwicklungslinien, an denen maßgeblich Ingenieure beteiligt waren, wurden 1992 vereinigt. Der eigentliche wissenschaftliche Fortschritt begann ca. 1980 mit der Einrichtung einer Arbeitsgruppe Anthropotechnik und neue Fahrzeugkonzepte in der Forschung (Leitung Prof. Förster, später Prof. Christ). Dieser Forschungsbereich entwickelte sich aus einem Ein-Mann-Betrieb bis heute auf 12 Abteilungen. Äußerer Anlass dazu waren die Forschungsfahrzeuge: 1981 der NAFA und 1991 der F100. In diesem Zusammenhang wurde auch das Advanced Design initiiert. Hinzu kam, dass der Konzern seine Fahrzeuge durch Ergonomie positiv differenzieren wollte. Hierzu entstand zu der universitären Ergonomie eine bisher weitgehend unbekannte, aber hochinteressante Fachforschung der Fahrzeugindustrie.

Diese begann mit der Integration von Biologen und Psychologen. Aus der Verbindung von Messtechnik und Rechentechnik entstand Mitte der 90er Jahre der erste Ergonomie-Prüfstand (EPS 1) mit 70 Stellmotoren, später der Fahrsimulator und 1998 der EPS 2 mit 90 Stellmotoren, 2005 dann der EPS 3 für das Maßkonzept von Nutzfahrzeugen.

Ergänzt wurden diese Tools durch den Einsatz von rechnergestützten Men Models, insbesondere Ramsis, durch die Lösungsbewertung in der Cave mit ausgewählten Testpersonengruppen und die statistische Auswertung dieser Beurteilungen, sowie durch Ansätze der parametrischen Fahrzeugauslegung. Eine quantitative Kenngröße dieser wissenschaftlichen Entwicklung ist die Anzahl der Maße, die heute für das Maßkonzept vorliegen.

1. Fachliteratur (Braess-Seiffert [1-2]): 15 Maße

2. DIN 70 020 und GECIE-Liste: ~ 80 Maße

3. Grundlage Maßdefinition (Mercedes, Stand 2010): 386 Maße
    Bei einem bekannten Sportwagenhersteller wird dieser Wert mit über 450 Maßen angegeben.

Der Grund für die großen Unterschiede zwischen den Werten nach Punkt 1. und Punkt 3. liegt in den unterschiedlichen Komfortvorstellungen der einzelnen Fahrzeughersteller. Der markentypische Komfort wird damit zum Bestandteil des Corporate Designs.

Ein Verfahren zur Reduzierung dieser Maßkomplexität sind die sogenannten Maßketten und die Parametrisierung der Innenraumgestalt [8-13].

Da die meisten Fahrzeugentwicklungen Weiterentwicklungen sind, wird in der Praxis nur ein Bruchteil der Maßvielfalt modifiziert.

Ein weiterer maßgeblicher Aspekt, den auch die neueste Fachliteratur nicht enthält [8-14], ist, dass die bekannten Fahrzeugklassen (Kleinwagen, Mittelklassewagen, Oberklasse) gleichzeitig Komfortklassen sind. Dieses Faktum geben schon die amerikanischen Klassenbezeichnungen wieder:
– Mittelklasse = Small-Luxury Sedan
– Oberklasse = Middle-Luxury Sedan
– Luxusklasse = Big-Luxury Sedan

Ihre Innenraummaße wurden seit Ende der 80er Jahre baureihenübergreifend und herstellertypisch (geheim) gestaffelt (**Bild 8-39**). Hieraus ergibt sich ein schwieriges Problem der Komfortbewertung für große Männer im Kleinwagen und für kleine Frauen in Oberklasselimousinen. Dieses Problem legt die Vermutung nahe, dass der diesbezügliche Komfortwert einer Glockenkurve folgt, mit dem höchsten Komfort im Scheitelpunkt und einer Disfunktionalität an der Basis. Hieraus könnten auch als Interior-Design-Idee einstellbare Armstützen folgen. Eine radikalere Konsequenz ist die Umwandlung von Dreiersitzreihen in Dreierbänke mit in der Breite verstellbaren Armlehnen und Kopfrahmen, wie dies heute schon von einzelnen Fluggesellschaften praktiziert wird, allerdings auch mit Konsequenzen für den Flugpreis in Abhängigkeit von der Sitzbreite.

Von den zuständigen Industrievertretern wird die Auffassung vertreten, dass auf diesem Wissensstand heute die gesamte Prozesskette vom „Produkt-Leistungs-Profil" und vom „Konzeptheft" in der „Strategiephase" bis zur Endbewertung in der „Technischen Information" behandelt wird.

Es soll zum Schluss nicht unerwähnt bleiben, dass durch die DIN 70 020 nicht alle Fragen zum Maßkonzept beantwortet werden.

Beispiel:
– die Kopfbahnkurve,
– die Verstellbarkeit von Pedalen und Lenkrad,
– die Rad-Hüllflächen,
– das Gepäckvolumen („Warenkorb"),
– firmenspezifische Komfortmaße u. a.;
auch keine extremen Sitz- und Gebrauchspositionen (**Bilder 8-40/43**).

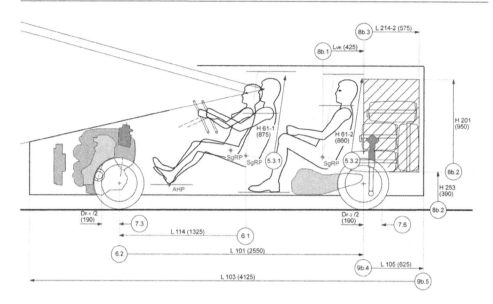

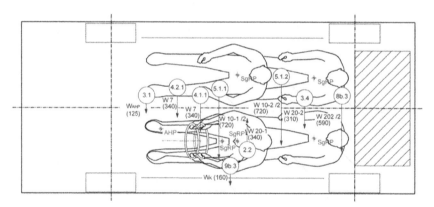

1. **Festlegung Sitzref.punkt (SgRP)**
2. **Konst. Hauptbezugsebenen**
   2.1 Konst. Standebene
   2.2 Konst. Mittel-Längsebene
3. **Modellierung der Insassen mit der Kieler Puppe**
   3.1 Konst. Fersenpunkt (AHP)
   3.2 Modellierung des Fahrzeugführers (95 % Mann) mit der Kieler Puppe
   3.2.1 – 3.2.8
   3.3 Modellierung der Fahrzeugführerin (5 % Frau) mit der Kieler Puppe
   3.3.1 – 3.3.8
   3.4 Konst. Sitzreferenzpunkt (SgRP) 2. Sitzreihe

3.5 Konst. Bodenreferenzebene 2. Sitzreihe
3.6 Modellierung der Passagiere (2. Sitzreihe, 95 % Mann) mit der Kieler Puppe
   3.6.1 – 3.6.4
4. **Konst. Lenkrad**
   4.1 Konst. Lenkrad (95 % Mann)
   4.1.1 – 4.1.3
   4.2 Konst. Lenkrad (5 % Frau)
   4.2.1 – 4.2.3
5. **Konst. der Interiorbegrenzung**
   5.1 Konst. Ellenbogenbreite
   5.1.1 – 5.1.2
   5.2 Konst. Fensterbrüstung
   5.2.1 – 5.2.2

Bild 8-35: Generierung eines Basismaßkonzepts für ein Steilheckfahrzeug

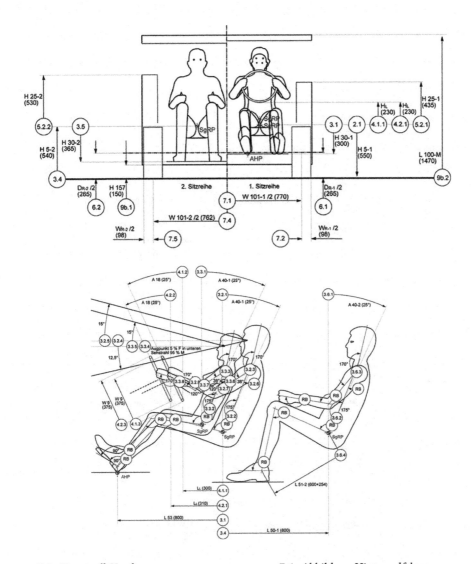

Bild 8-35: Generierung eines Basismaßkonzepts für ein Steilheckfahrzeug (Fortsetzung)

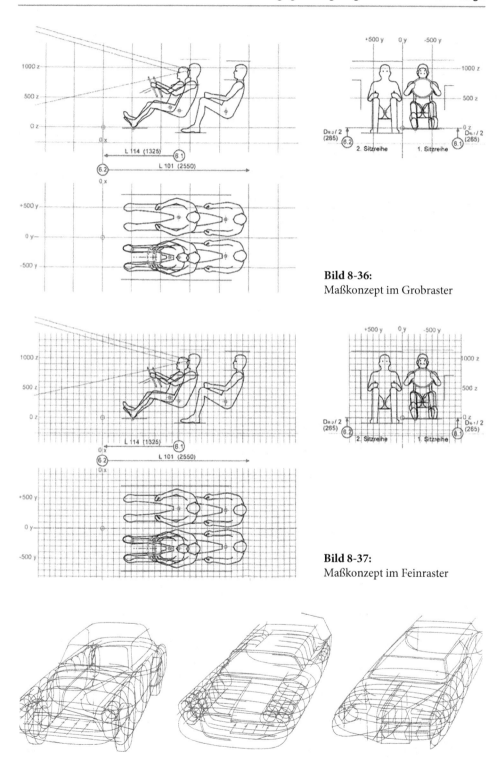

Bild 8-36:
Maßkonzept im Grobraster

Bild 8-37:
Maßkonzept im Feinraster

Bild 8-38: Formentwicklung über die Rasterschnitte

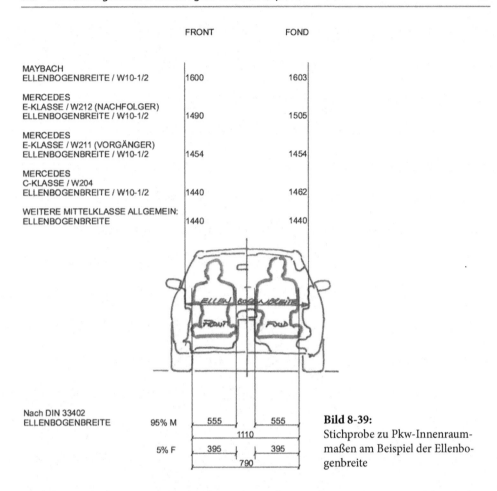

	FRONT	FOND
MAYBACH ELLENBOGENBREITE / W10-1/2	1600	1603
MERCEDES E-KLASSE / W212 (NACHFOLGER) ELLENBOGENBREITE / W10-1/2	1490	1505
MERCEDES E-KLASSE / W211 (VORGÄNGER) ELLENBOGENBREITE / W10-1/2	1454	1454
MERCEDES C-KLASSE / W204 ELLENBOGENBREITE / W10-1/2	1440	1462
WEITERE MITTELKLASSE ALLGEMEIN: ELLENBOGENBREITE	1440	1440

Nach DIN 33402
ELLENBOGENBREITE   95% M   555   555
                                                    1110
                          5% F   395   395
                                                     790

Bild 8-39:
Stichprobe zu Pkw-Innenraum-
maßen am Beispiel der Ellenbogenbreite

Den neuesten Stand der internationalen Normung gibt die GCIE-Liste (*Global Cars Manufactures Information Exchange*) vom September 2007 wieder, die als ISO 4131 die DIN 70 020 ersetzen soll. Weiterhin gültig sind die gesetzlichen Vorgaben für Augpunkte V1 und V2 (RREG 77/649, *Richtlinie des Rates der Europäischen Gemeinschaft*) und die SAE-Augenellipse (SAE J 941, *Society of Automobile Engineers*), besser: die „Augenbohne". Diesen Wissenstand aus amerikanischer Sicht gibt auch das neue Fachbuch „H-Point" (2009 [8-14]) wieder.

Zum Maßkonzept für 3 Personen auf der 2. Sitzreihe in Pkw (3 x 50 % M) werden die gesetzlich vorgegebenen Gurtbefestigungspunkte herangezogen.

Das Maßkonzept in dem dargestellten Umfang bildet in der Industrie den „Hardpoint-Plan" für das Interior-Design im Umfang von circa 20 Hardpoints, wie z. B. die Höhe des Türschwellers. Umfang und Bedeutung dieser Aufgaben begründet heute, nach einer über 50-jährigen Entwicklungsgeschichte, deren Behandlung in eigenen Industrieabteilungen. Dies gilt auch für die Entwicklung von Sitzen und Sitzanlagen. Für eine Skala des Sitzkomforts in Pkw bildet das Maßkonzept mit 95 % Männern den Worst Case. **Bild 8-40** zeigt

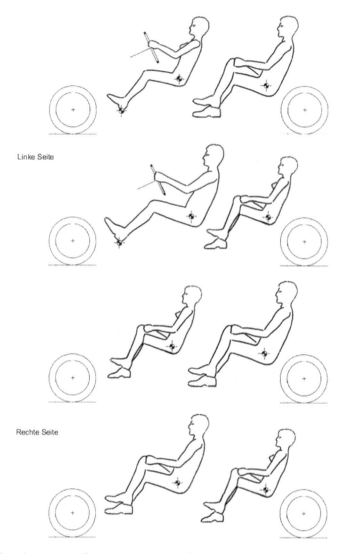

Bild 8-40: Ideenskizze zur Differenzierung vom Maßkonzept und Komfortgrad nach unterschiedlichen Körpergrößen

eine Ideenskizze für eine diesbezügliche Differenzierung und Verbesserung mit kleineren Fahrerinnen und Fahrgästen.

Ein Ansatz für Verbesserungsideen des Innenraums für die Passagiere könnte die Berücksichtigung der sogenannten Sitztypen (**Bilder 8-43/48**) und neuer Sitzkomforthaltungen, z. B. aus dem Flugzeugbau, sein (**Bilder 8-41/42**). Hierzu gehören auch das dynamische Sitzen sowie elastische und synchron veränderliche Sitze (Opsvik [8-9]).

An einer bekannten Hochschule des Transportation-Designs wird schon über eine variable Innenausstattung nachgedacht mit einem Komfortmodus, einem Zweisitzer und Linkslenker, und einem Sportmodus, einem Einsitzer und Mittellenker.

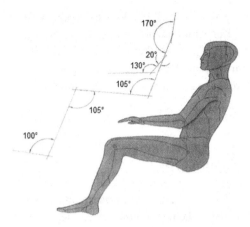

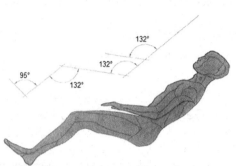

Bild 8-41: Sitzwinkel für optimalen Sitzkomfort im Aufrechtsitzen in Flugzeugsitzen

Bild 8-42: Sitzwinkel für optimalen Sitzkomfort in halbliegender Position in Flugzeugsitzen

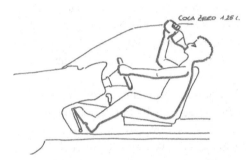

Bild 8-43: Extreme Gebrauchshaltung eines großen Mannes

Bild 8-44: Extreme Ruhehaltung einer kleinen Frau

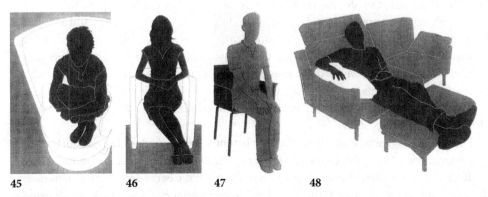

45   46   47   48

Bild 8-45/48: Sitztypen
45: Sitztyp: Das Häschen, **46:** Sitztyp: Die Vornehme, **47:** Sitztyp: Der Ängstliche, **48:** Sitztyp: Fläzer

Aus dem ergonomischen Maßkonzept folgen, nicht zuletzt im Interior-Design, viele anthropomorphe Formen, d. h. Gegenformen zu Körperaußenflächen des Menschen, wie z. B. bei Sitzen. Ein bis heute noch nicht befriedigend gelöstes Problem ist z. B. die Unterschenkelauflage des Gasfußes des Fahrers. Im Exterior-Design sind anthropomorphe Formen, z. B. bei allen Griffen, wichtig. Die Lösung dieser Teilaufgaben des Designs wird hier jedoch nicht behandelt.

8.3   Generierung des Innenraums und Raumtyps

Zu der Raumbildung kann Folgendes gesagt werden: Die Maßkonzeption ergibt in dem genannten Hardpoint-Plan Maßpunkte und -linien, aber keine raumbildenden Flächen.

Diese entstehen aber aus den anthropomorphen Gegenflächen, d. h. den Körperhüllflächen einschließlich der Bewegungsflächen, z. B. dem Kopfkreis sowie den jeweiligen Komfortzuschlägen. Diese Einzelflächen können durch einen Strak zu einem Basisraum zusammengefasst werden, zu dem auch die Seitentonne der Fenster gehört.

Im einfachsten Fall entsteht der Basisraum aus 10 Punkten, Linien und Flächen des Maßkonzeptes (**Bild 8-49 oben**). Diese geschlossene Sitzkiste verändert sich aber schon durch Wölbung, wie z. B. die Dachwölbung, das Seiten-(Boat-)Tailing, die Scheibenwölbung und -tonne u. a. (**Bild 8-49 unten**). Der Hauptspant liegt dabei auf dem Ellenbogen-x-Maß vorne.

Wie schon in Abschnitt 5 angedeutet, ist das Interior-Design mehr als nur angewandte Maßkonzeption. Hierzu zählt maßgeblich das Phänomen des Raums, des „Ambiente" (n. Bubb), des „Raumgefühles" u. a. Der Raum ist ein altes, zentrales Thema von Architektur und Psychologie. Eine umfassende Einführung gibt das Werk von Gosztonyi [8-15] u. a. Darin wird der Raum über 25 Definitionen beschrieben, von „Erlebnisraum" bis zu „Metaphysischer Raum". Bezüglich seiner Wahrnehmung ist der Raum sowohl Sehraum, Hörraum, Tastraum u. a., der insbesondere über die Bewegung des Benutzers wahrgenommen wird (Diss. Stratmann, TU Delft, 1988) [8-16].

Eine altbekannte Raumbewertungsskala wird durch die Grenzwerte der Klaustrophobie, d. h. Platzangst, und des Horror Vacui, d. h. der Angst vor der Leere, gebildet.

Ein Fahrzeuginnenraum ist nach diesen Grundlagen primär inhomogen (**Bild 8-50**): Er besteht vertikal aus einem nicht transparenten Unterwagen oder einer Sitzkiste und einem transparenten Oberwagen oder Greenhouse. Längs gliedert er sich bei einem normalen Pkw in zwei Sitzreihen, wobei die Inhomogenität durch die erste oder vordere Sitzreihe durch Fahrer und Beifahrer gegeben ist. Selbst wenn dieser Fahrzeugraum geometrisch nur als Quader vorliegt, ist dieser nur quasi-symmetrisch. In der Seglersprache ausgedrückt hat er „Schlagseite".

Diese Inhomogenität kann verstärkt oder betont werden durch unterschiedliche Sitzpositionen, wie z. B. durch die versetzten Sitze des SMART. Diese Inhomogenität kann andererseits auch reduziert oder gedämpft werden durch die Form der Instrumententräger (s. Abschnitt 12). Auf dieser Grundlage ist eine konzeptionelle Systematik des Interior-Designs denkbar.

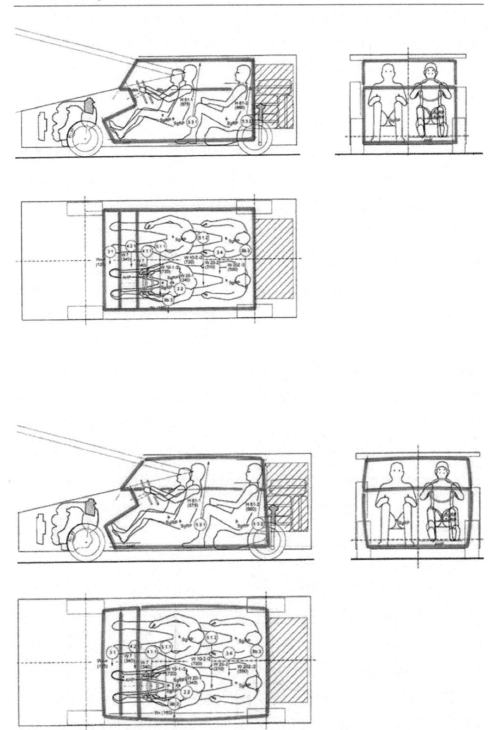

Bild 8-49: Generierung eines Pkw-Innenraums auf der Grundlage des Maßkonzepts (**Bild 8-35**)

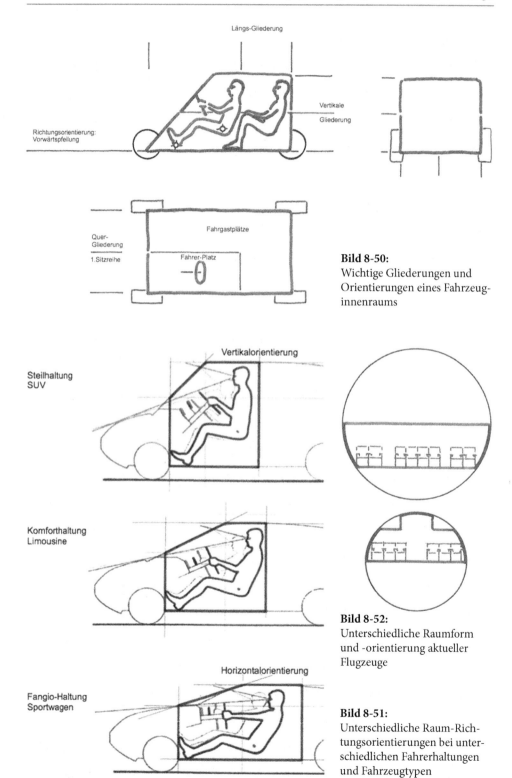

Bild 8-50:
Wichtige Gliederungen und
Orientierungen eines Fahrzeug-
innenraums

Bild 8-52:
Unterschiedliche Raumform
und -orientierung aktueller
Flugzeuge

Bild 8-51:
Unterschiedliche Raum-Rich-
tungsorientierungen bei unterschiedlichen Fahrerhaltungen
und Fahrzeugtypen

Dieser Raum ist zudem / sekundär anisotropisch oder richtungsorientiert: zuerst durch die Schräge von Windschutzscheibe und Fußraum „gepfeilt" oder vorwärts orientiert. Daneben kann er durch die hintere Sitzposition horizontal und durch die vordere Sitzposition (Steilhaltung) vertikal orientiert sein (**Bild 8-51**). Diese Richtungsorientierungen können gleichgerichtet sein und sich damit verstärken oder sich anisotroph oder konträr überlagern und sich dadurch aufheben. Aus dieser Inhomogenität und Anisotrophie ergeben sich unterschiedliche Lösungsansätze für das Interior-Design. Diese erweitern sich noch durch die „Poetik des Raumes" (nach G. Bachelard) [8-17] wie „Haus", „Schlupfwinkel", „Höhle", "Muschel", „Nest" u. a. Diese kann pragmatisch erweitert werden, um analoge Bedeutungen wie „Lage", „Sänfte", „Kajüte", „Panzer", „Gondel", „Kokon", „Glashaus" u. a.

Weitere Parameter der Raumwirkung sind natürlich die Raumgröße und die Raumform, wie dies z. B. im modernen Flugzeugbau und -design erkennbar ist (**Bild 8-52**) [8-18]. Sich nach oben aufweitende Räume finden sich auch in den „schwebenden Bauten" (auch Ufo-Design) z. B. des bekannten brasilianischen Architekten Oscar Niemeyer.

Verschiedene neue Studien und Untersuchungen (Mercedes, Audi) weisen auf die Bedeutung des Dashboards für den Eindruck eines großzügigen Innenraums oder Freiraums hin (historisches Beispiel: Bugatti Atlantique).

Alle diese Raumphänomene sind bis heute mehrheitlich wissenschaftlich noch nicht erforscht und geklärt. Unabhängig davon zeigt diese Skizzierung, warum das Interior-Design von Fahrzeugen viel schwieriger und aufwendiger ist als das Exterior-Design.

Zur bewertungsgerechten Darstellung der vielfältigen Bedeutungen und Informationen eines Fahrzeug-Innenraums bietet sich das in Abschnitt 5 behandelte Bedeutungsprofil an (s. auch Abschnitt 11).

Erweiterte Funktionen für das Interior-Design treten insbesondere auch bei Nutzfahrzeugen auf, wie z. B.
– Wohnen mit Kochen und Essen,
– Ruhezone und Schlafbereich,
– Hygienebereich u. a.

Es gehört zu den Erfahrungen der Designpraxis, dass das Toilettendesign in Fahrzeugen eine besonders schwierige Aufgabe ist.

Über den Automobilbau hinaus gibt es für Fahrerplatz und Fahrgasträume z. B. von Schienenfahrzeugen spezielle Vorschriften (DIN 5566-1, DIN 5566-3, E DIN EN 16186-1 u. a.).

Eine der wohl schwierigsten Aufgaben des Interior-Designs ist das einer Weltraumstation, wo Astronauten ohne die gewohnte Schwerkraft arbeiten und leben. (Bilder: Ideenskizzen aus den Space Station Design Workshops des IRS – Uni Stuttgart).

Eine erste Dissertation darüber liegt aber vor (Osburg 2002, [8-19]). Interessant ist, dass sich darin auch Angaben für das Schlafplatzvolumen finden.

9 Designgrundlage Ergonomie 2: Interface-Design

In Fortsetzung des in den Abschnitten 2.3, 5.5, 6.1 und 6.2 dargestellten Ansatzes zu einer neuen Designinformatik und -pragmatik ist das Interface diejenige Teilgestalt eines Produkts oder Fahrzeugs, an der die diesbezügliche Bestätigung bzw. Handlungsfolge durchgeführt wird. Diese ergibt sich aus der vorausgehenden Wahrnehmung des Fahrzeugs in seiner Umwelt und des Interface sowie der Erkennung des Betriebszustandes und der Bedienung.

Voraussetzungen des Interface-Designs ist damit immer die Festlegung der Mensch-Fahrzeug-Interaktion, häufig auch als Interaction-Design bezeichnet. In der historischen Betrachtung hieß dieser Entscheidungsschritt auch „Bedienungs-Philosophie" über die Steuerungs- oder Bedienungshandlungen, die der Fahrzeugführer durchführen musste. Diese Handlungen folgen aus der Erkennung des Betriebszustandes und nach einem gelernten „inneren Modell", bei historischen Fahrzeugen auch nach den Befehlen eines Vorgesetzten (Kapitän!) oder gemäß den Instruktionen einer Bedienungsanleitung. Erste Bedienungsanleitungen sind aus der Waffentechnik bei der Einführung der Gewehre bekannt (Wallenstein im 30-jährigen Krieg im 17. Jahrhundert und England im 18. Jahrhundert).

Ziel und Ergebnis des Interface-Designs ist aber nicht nur die Art eines Bedienelements und Interface, sondern auch deren ästhetische und informative Gestaltung.

9.1 Kleine Entwicklungsgeschichte

Wie schon dargestellt, gehörten zu den ersten Stellteilen die Ruder (**Bild 9-1**). Die Funktionsänderung eines Ruders zeigt eine allgemeine Entwicklung, dass nämlich viele Steuerelemente oder Stellteile ursprünglich Arbeits- oder Antriebselemente waren, z. B. auch Handkurbeln.

Die ursprüngliche Fahrzeugführung erfolgte nur mit einem oder mehreren Stellteilen und ohne Anzeigen. Dieser Tatbestand gilt nicht nur für die Schiffsführung, sondern im 19. Jahrhundert auch für die Flugzeugführung [9-1].

Stellteile sind aber primär durch ihren Zweck als „Kurs- oder Richtungssteller", als „Fahrt-Steller" u. a. der Fahrzeugsteuerung definiert. Verbunden ist damit ihr Wirkungs-

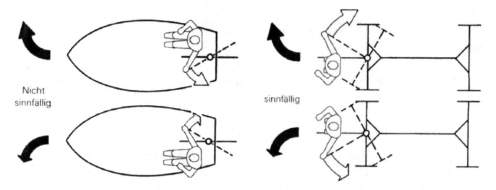

Bild 9-1: Sinnfällige Deichsellenkung (rechts) und nicht sinnfällige Schiffs-Pinne (links)

prinzip: mechanisch, hydraulisch, pneumatisch, elektrisch. Stellteile sind damit Kraft- und Bewegungswandler. Regelungstechnisch wird diese Größenwandlung durch die Wandlung der Stellbewegung als Stell-Input-Größe in die Stell-Output-Größe realisiert (s. **Bild 6-2**). Dieser Zusammenhang wird insbesondere dort klar, wo der Mensch die notwendige Stellkraft oder Stellbewegung nicht mehr aufbringen konnte: der Ersatz der Schiffspinne durch ein Steuerrad, der Ersatz der Lokomotivstellhebel durch eine Stellkurbel. Die Entwicklungslinie zum Schiffssteuerrad umfasst

– das Seitenruder auf Steuerbord,
– das Seitenruder mit Pinne,
– das Mittenruder mit Pinne,
– das Mittenruder mit Steuerrad.

Das Steuerrad selbst stammt gleichfalls aus dem Schiffsbau. Es wurde 1705 erstmals in einem englischen Kriegsschiff eingebaut und ersetzte die zu groß und unfunktional gewordene Pinne.

Erste Anzeigen im Schiffbau waren die Vorstufen des Kompasses:
– der Sternenkompass der Polynesier,
– die Navigationshilfen der Wikinger (985 Entdeckung Amerikas!), z. B. die Sonnenpeilscheibe, das Sonnenschattenbrett u. a.

Der Kompass selbst wurde wohl im 13. Jahrhundert von den Arabern erfunden.

Zu den Vorbildern für Stellteile zählen auch die Musikinstrumente, wie z. B. die Orgeln mit ihren Manualen, d. h. Tastenfeldern, und ihren Pedalerien. Die frühen Orgeln wurden übrigens wegen ihrer schwergängigen Mechanik nicht „gespielt", sondern im Stehen „geschlagen"! Erste technische Anzeigen waren z. B. die Wegzähler an den römischen Reisewagen.

Die historische Urform der Anzeigen bildeten die Zeituhren, d. h. maßgeblich Analoganzeigen in der Nachbildung des Sonnenlaufs (**Bild 6-9**). Allerdings entstanden auch schon sehr früh auch bei Uhren erste Digitalanzeigen. Mit der Entwicklung der Dampfmaschinen verbunden waren die Entwicklung und der Einsatz weiterer „Uhren" für Druck (Manometer), Temperatur (Thermometer), Drehzahl, Wasserstand u. a.

Weitere Beispiele:

- 1908 Tachometer mit Wirbelstromprinzip,
- erste Schaltanzeige im Jeep 1941.

Die Lesbarkeit von Buchstaben und Zeichen in Abhängigkeit von der Leseentfernung ist eine Erkenntnis, die die Römer schon kannten [9-2], ein Zusammenhang, der auch heute noch gilt (DIN 30640):

$$\text{Schrifthöhe } h\,[\text{mm}] = \frac{\text{Leseabstand } [\text{m}]}{0,3}$$

Ein interessantes und wichtiges Kombiinstrument für die Steuerung von Schiffen, später von Luftschiffen, war und ist der um 1880 in England entwickelte Maschinentelegraph (siehe Abschnitt 6).

Das Steuern der ersten Kraftfahrzeuge erforderte viel mehr Bedienungsoperationen als heute und war vielfach eine Zwei-Mann-Aufgabe. Beispiel: Startoperationen durch den Fahrer

- Gemisch dosieren,
- Zündzeitpunkt einstellen,
- Dekompressionsschalter betätigen (Verstellen der Nockenwelle),
- Manometer kontrollieren.

Elemente des Interface waren bei den frühen Fahrzeugen neben Lenkrad, Pedalen und Schalt- und Bremshebel

- die Schmierzylinder,
- der Kippschalter für die Zündung, später
- das Fernthermometer,
- die Öldruckuhr u. a. (s. **Bild 9-2**).
- Kupplung treten,
- Ankurbeln durch zweiten Mann,
- Gang einlegen. Anfänglich beidhändiges und außenliegendes Schalten des Riemenge-triebes, dadurch häufig keine Lenkkontrolle mehr!
- Ggf. Betätigung einer Auspuffklappe zur Steuerung des Motorrundlaufs.

Bild 9-2:
Armaturenbrett eines frühen Pkws

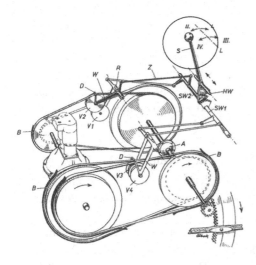

Bild 9-3:
Frühe H-Schaltung eines Riemengetriebes

Während der Fahrt
– Betätigung von zwei getrennten Bremspedalen für je eine Achse und eines Bremshebels,
– Kontrolle und Betätigung der Schmierung durch den Beifahrer (Schmiermaxe!).

Zur manuellen Getriebeschaltung gehört bis heute die Bewegung in den Schalt- und Wähl-
gassen, z. B. in einer H-Kulisse (**Bild 9-3**). Diese findet sich schon in dem Riemenwagen
von Daimler. Eine H-Schaltung ist allerdings nur partiell sinnfällig.

Zur Entwicklung der Automobile gehört als Teilentwicklung deren Richtungssteuerele-
ment über viele Zwischenstufen bis hin zum heutigen Steuerrad. Diese Entwicklungslinie
zeigt, dass Stellteile gleichzeitig auch Anzeiger sind und dem Sinnfälligkeitsprinzip unterliegen.

Als Motiv zur Reduzierung von Stellkräften gehört einmal die Betätigung durch Damen
(**Bilder 7-6/7**) und zum andern die „Eleganz" der (Finger-)Betätigung.

Eine Wissenschaftsdisziplin, die sich erstmals mit der sinnfälligen Ausbildung und Anordnung von Stellteilen beschäftigte, war in den 20er Jahren die Psychophysik (G. Schle-
singer, Professor an der TH Berlin 1904–1933) u. a. (**Bild 9-1**).

Die einfachste Sinnfälligkeit ist die Richtungssinnfälligkeit, d. h. die Übereinstimmung
von Stellrichtung und Wirkrichtung. In diesem Sinne ist die Pinnensteuerung eines Bootes
oder Schiffes nicht sinnfällig (**Bild 9-1** links), während der große Vorteil der Steuer- und
Lenkräder und auch der Deichseln (**Bild 9-1** rechts) ist, dass sie sinnfällig sind.

Die Stellteile und die Anzeigen erhielten erstmalig in dem 1929 erschienenen Buch
„Bauelemente der Fernmechanik" von Richter und Voß einen eigenen Abschnitt. Darin
findet sich erstmalig die heute noch gültige Bewegungssystematik aus Drehen, Drücken,
Schieben, Schwenken, Ziehen. Allerdings erlauben die modernen elektrischen Stellteile
(by wire) auch andere Bewegungen.

Stellteile sollen auf diesen Grundlagen ihren Zweck und ihr Wirkungsprinzip eindeutig
erkennbar machen. Die gegenteilige Auffassung wird heute – leider – auch in bekannten
Designabteilungen vertreten: „Höchstes Level im Design ist dann erreicht, wenn man einer Form nicht ansieht, das sie hochfunktionell ist." [9-4].

9.2   Definition des Interface

Unter Interface wird auf der dargelegten Grundlage diejenige Teilgestalt von Fahrzeugen verstanden, die in deren historischer Entwicklung auch Instrumententafel, Armaturenbrett, Steuerstand, Bedienungseinheit u. a. geheißen hat. Es bildet die zentrale Schnittstelle zwischen Fahrer und Fahrzeug. Das Interface wird gebildet durch (**Bild 9-5**):
– die Art und Anzahl der Stellteile,
– die Art und Anzahl der Anzeiger,
– sowie deren Anordnung auf einem Träger (Brett, Tableau, Platte, Tafel, Bord u. a.).

Das einfachste Interface oder Basisinterface repräsentiert ein historischer Schiffssteuerstand mit dem Stellteil oder Richtungssteller „Steuerrad" und dem Anzeiger oder Richtungsanzeiger „Kompass" (**Bild 9-54**).

Nicht zuletzt aus Gründen der Erlernbarkeit und der Sicherheit wurde die Art, Anzahl und Anordnung der Anzeigen und Stellteile normmäßig festgelegt. Die militärische Cockpitinstrumentierung umfasste 1914 12 Elemente, von Drehzahlmesser bis Klapppult für den Beobachter [9-1].

Das Interface eines normalen Kraftfahrzeugs umfasst als primäre Funktionsgruppe die 5 Basiselemente zur Regelung der Längs- und Querdynamik:
1. Lenkrad,
2. Schalthebel,
3. Gaspedal,
4. Bremspedal,
5. Kupplungspedal.

Nach der StVZO sind als sekundäre Funktionsgruppe 25 weitere Elemente von Feststellbremse (6.) bis zu Nebelleuchtenschalter (30.) vorgeschrieben.

Eine dritte Gruppe enthält alle optionalen Stellteile und Anzeigen für Sicherheit, Komfort und Infotainment.

Es ist beachtenswert, dass sich die Elemente der primären Funktionsgruppe zu der vorgeschriebenen Elementegruppe verfünffachen und zu der dritten Gruppe, die den aktuellen Stand wiedergibt, mehr als verzehnfachen.

Den Zusammenhang von Betätigung und Bedienelementen gibt der abgebildete Steuerstand für einen Nahverkehrstriebwagen wieder (**Bild 9-4**).

Das Interface entsteht „zentrifugal" von innen nach außen, d. h. als „Benutzeroberfläche" der Fahrzeugsteuerung und „zentripetal" von außen nach innen entsprechend der Qualifikation des Fahrers, Steuermannes, Piloten u. a. (**Bilder 9-4** und **9-6**).

Im erweiterten Sinn kann man bei allen Fahrzeugen neben dem inneren oder internen Interface auch ein äußeres oder externes Interface unterscheiden.

Bezüglich der Darstellung der Fahrzeugführung als Regelkreis enthält der diesbezügliche Grundtyp neben der Regelstrecke und dem Regler
– einen Anzeiger für den gemessenen Istwert der Regelgröße, z. B. eine Geschwindigkeitsanzeige, und
– ein Stellteil für die Stellgröße,
die zusammen auf dem Instrumententräger das Interface bilden (**Bild 9-5**).

Ein Stellteil vor der Regelstrecke ist eine notwendige Bedingung. Ein Anzeiger nach der Regelstrecke ist die Minimalbedingung für das Interface, wie in Abschnitt 9.1 dargelegt, aber nicht für den Regelkreis.

Der Unterschied zwischen Stellteil und Anzeiger ist, dass das Stellteil für die Regelung unabdingbar ist, was für die Anzeiger nicht gilt. Anzeiger sind regelungstechnisch relevant, wenn sie Messgrößen anzeigen, die mit einem Stellteil veränderbar sind. Demgegenüber gibt es auch Anzeiger, die regelungstechnisch nicht relevant sind. Solche Anzeiger gehören heute auch teilweise zum Infotainment.

Wie **Bild 9-5** zeigt, besitzen Stellteile und (Regelgrößen-)Anzeiger wichtige Gemeinsamkeiten:

Sie bilden den Übergang zwischen den beiden unterschiedlichen Energieniveaus eines Regelkreises (s. **Bild. 2-10/11**). Sie sind also – konstruktionstechnisch ausgedrückt – Wandler, und zwar gegenläufige Wandler.

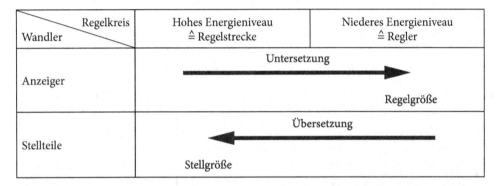

Das Energieniveau des Regelkreises wird in beiden Fällen durch Kraftbewegungen, Stoffströme u. a. der Regelstrecke gebildet. Zu deren Regelung leisten die Stellteile die Übersetzung der notwendigen Stellgröße. Die Anzeiger untersetzen in dem jeweiligen Messsystem die Energien der Regelstrecke zu der notwendigen Anzeige der Regelstrecke. Wenn man das niedrige Energieniveau des Regelkreises als „Informationsniveau" versteht, dann wandeln die Anzeiger Energien und Stoffe zu Trägern von Informationen. Aber nicht nur die Anzeiger haben eine (primäre) Anzeigefunktion, sondern die Stellteile auch – allerdings als sekundäre Funktion (s. Abschnitt 9.5).

Auf der Grundlage eines Regelkreises kann ein Interface typologisch folgende Anzeiger erhalten (**Bild 9-16**):

– Führungsgrößenanzeiger,

– Regelabweichungsanzeiger,

– Störgrößenanzeiger,

– Regelstreckenzustandsanzeiger,

– Stellgrößen-Input-Anzeiger,

– Stellgrößen-Output-Anzeiger.

In einer Interface-Typologie können damit zu einem Stellteil bis zu 7 Anzeiger kommen. Diese Relation von 1 : 7 vervielfacht sich mit jeder weiteren Regelgröße.

Zustand, Tätigkeit	Beob.	Anz.	Bed.
1 Fahrzeug aufrüsten Fahrzeug steht abgestellt im Bw, alle Funktionen sind ausgeschaltet.			
- Fahrzeug aufrüsten Diagnoseprogramm läuft selbsttätig ab			B 1
- Führerraum betreten			
- Führerpult einschalten (betriebsbereit)			B 2
- Störungsmeldung beachten		0 5	
- Störung feststellen		0 8	
- Störung beseitigen		0 8	B 9
- Motor anlassen / Stromabnehmer anlegen			B 3
- Störungsmeldung beachten		0 5	
- Störung feststellen / beseitigen		0 8	B 9
- Helligkeit der Leuchtmelder einstellen			B16
- Führerraumbeleuchtung ausschalten			B16
- Zugnummer einstellen (Fahrtzielanzeige)		0 8	B 9
2 Sifa prüfen			
- Fahrzeug beobachten (Spiegel)	x		
- Türen schließen			B11
- Rückmeldung beachten		0 4	
- Gleise beobachten	x		
- Vorwärtsfahrt einschalten			B 2
- Anfahren			B 4
- Federspeicherbremse gelöst?		0 7	
- Sifa-Taster länger als 30 s betätigen			B 7
- Leuchtmelder beachten		0 3	
- Warnton beachten Zwangsbremsung wird eingeleitet	x		
- Sifa-Taster loslassen Zwangsbremsung wird aufgehoben			B 7
3 Indusi prüfen			
- über 2000-Hz-Prüfmagnet fahren Zwangsbremsung wird eingeleitet	x		B 4
- Fahr-Bremsschalter auf »0« stellen Fahrzeugstillstand abwarten			B 4
- "Indusi-Frei" drücken			B 8
- weiterfahren	x		B 4
4 Fahrt zum Bahnsteig			
- Gleise und Bahnsteig beobachten	x		
- am Bahnsteig anhalten (Fahr-Bremshebel in Stellung »R«)	x		B 4
- Federspeicherbremse angelegt?		0 7	
- Türen freigeben			B11

Bild 9-4: Tätigkeiten des Zugführers (Auszug eines Arbeitspapiers) am Steuerpult eines Nahverkehr-Triebwagens

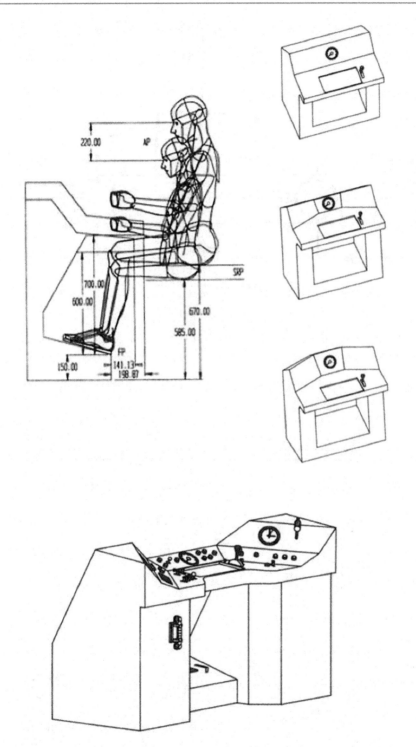

Bild 9-4: Tätigkeiten des Zugführers (Auszug) am Steuerpult eines Nahverkehr-Triebwagens

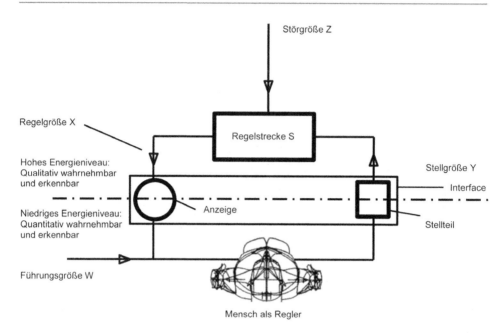

Bild 9-5: Definition des Interface im Blockschaltbild einer Handregelung durch den Menschen (s. **Bild 2-10/11**)

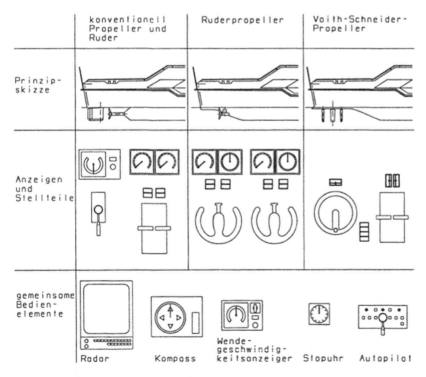

Bild 9-6: Anzeiger und Stellteile zu unterschiedlichen Ruder- und Antriebskonzepten eines Binnenschiffes

Zusätzlich zu den regelungstechnisch nicht relevanten Anzeigern ist dieses „Vermehrungsprinzip" die Erklärung dafür, dass viele Interfaces bekannter Fahrzeuge, insbesondere von Schiffen und Flugzeugen, durch eine Unzahl an Anzeigern geprägt sind.

Auf dieser Grundlage wird der Ausspruch „Bedienfelder haben die Tendenz zur maximalen Entropie!" (Prof. Dr. K. Langenbeck) verständlich.

Eine weitere Erklärung ist die Aussage aus der Messtechnik „Alles, was gemessen werden kann, wird auch angezeigt!". Eine Systematik der Anzeiger kann deshalb auch an den Messgrößen der Messtechnik orientiert werden (Spannung, Druck, Temperatur, Zeit usw.).

Auf der Grundlage der modernen Kundentypologie führt dieses Thema zu den unterschiedlichen Bedürfnissen unterschiedlicher Kundentypen (s. Abschnitt 7) sowie diesbezüglichen Interface-Baukästen (s. Abschnitt 13).

9.3 Die Mannschaft von Fahrzeugen

Zur allgemeinen Fahrzeuggeschichte gehört die Frage, mit welcher Mannschaft (Crew!) ein Fahrzeug gefahren wurde. Bei den dampfgetriebenen Binnenschiffen bestand diese aus Kapitän, Steuermann, Maschinist, Heizer und Matrose.

Frühe Motorfahrzeuge wurden anfänglich von zwei Mann gefahren, dem Fahrer und dem Beifahrer oder „Schmiermaxe". In ihrer Entwicklungslinie reduzierte sich diese Mannschaftsstärke vielfach wegen der Personalkosten auf zwei oder auf einen einzigen.

9.4 Position von Steuermann und Interface

Die weitere Frage gilt der Position von Steuermann und Interface. Der historische Ansatz des Interface liegt wie andere Entwicklungen gleichfalls bei den Schiffen, die in ihrer Urform durch ein an „Steuerbord", d. h. auf der rechten Schiffseite hinten / im Heck / achtern angeordnetes Ruder gesteuert wurden.

In ihrer Entwicklung rückten Steuermann und Steuerstand bei vielen Fahrzeugen von hinten / achtern nach vorne an das Front End: bei Schiffen, Luftschiffen, Flugzeugen u. a. Diese Fahrzeuge wurden nicht zuletzt aus Gründen der Sicht und Kontrolle zu Frontlenkern. Diese Entwicklung gilt auch für viele Straßen- und Schienenfahrzeuge (Pkw, Schlepper, Lkw). Ein weiteres Argument dazu war auch der Ein- und Ausstieg sowie der Fluchtweg.

Ein weiterer Entwicklungsparameter des Interface-Designs ist die Fahrerhaltung: stehend (Schiffe, Loks, Zeppeline), im Stehsitz, sitzend, liegend (im Rennwagen) u. a. Es ist eine Erfahrungstatsache, dass in Gefahrensituationen häufig aufgestanden wird.

Entwicklungsparameter des Interface-Designs ist auch die Ausführung des Fahrerplatzes von offen zu gedeckt und geschlossen. Das alte Kutschenschema von offenem Kutschbock und geschlossenem Kutschkasten wiesen auch noch die frühen Automobile auf.

Steuerstände werden unter diesen Aspekten heute auch als innerer (Yacht-) und äußerer (Yacht-)Steuerstand bezeichnet. Bei modernen Fahrgastschiffen sind letztere auch die sogenannten Nock-Steuerstände.

9.5   Stellteile und ihre Kriterien

Über die Stellteile wie über die Anzeiger existiert bis heute leider keine allgemeingültige Terminologie, trotz umfangreicher Lösungssammlungen und Kataloge [9-5]. Die folgenden Ausführungen sind deshalb als ein designorientierter Exzerpt zu verstehen.

Regelungstechnisch formuliert dienten Stellteile mittels der in die Regelstrecke eingeleiteten Stellgröße.

Stellteile sind danach konzeptionell primär
- Richtungssteller,
- Geschwindigkeitssteller,
- Beschleunigungssteller u. a.

Die Einleitung dieser Zustandsänderung oder die Eingabe der Stellgröße in das Steuerungs-, Regelungs- oder Funktionssystem eines Fahrzeugs erfolgt über die Stellbewegung des zuständigen Stellers oder Stellteils (Pragmatik / Pragmatic Turn, Abschnitt 6).

Von ihrer Bewegung her sind Stellteile Translations- oder Rotationselemente. Nach der in der Ergonomie üblichen Bewegungsklassifikation also
- Drehsteller,
- Drücksteller,
- Schiebesteller,
- Schwenksteller,
- Ziehsteller.

Das schon erwähnte Bewegungssystem von Laban wurde als „Kinetographie" 1955 veröffentlicht und nicht nur als Tanzschrift, sondern auch in der Industrie angewandt (Refa!). Es enthält einen erweiterten Katalog an Bewegungsgrundelementen:

- Stoßen   – Gleiten
- Drücken   – Schlagen
- Drehen   – Schnellen
- Kreisen   – Antippen

Es stellt sich die wissenschaftliche Frage, ob damit nicht ein genaueres Stellteilsystem möglich wäre.

Ein zweiter Ansatz zur Bewegungsermittlung und -darstellung des Menschen könnten die heute in Filmen eingesetzten Animationstechniken, wie z. B. das Motion Capturing, sein.

Nach den neueren ergonomischen Unterlagen (Schmidtke, Rühmann, Eckstein u. a.) sollen Stellteile nach ihrer Bewegungsdimensionalität (s. Abschnitt 2.3) klassifiziert werden, d. h. als

– eindimensionales Stellteil,
– zweidimensionales Stellteil usw.

Eindimensional ist der Schalthebel einer Motorrad- oder Automatikschaltung.

Der Schalthebel einer H-Schaltung mit Wählgasse und Schaltgasse ist demnach zweidimensional (**Bild 9-3**).

Hinter diesem neuen Gliederungsansatz steht die Vorstellung von „fahrzeuganalogen" Stellteilen mit gleicher (kompatibler) Dimensionalität zur Fahrzeugführungsaufgabe (s. Abschnitt 2.3). Ein Joystick zur Regelung der Längs- und Querbewegung eines Fahrzeugs ist demnach ein zweidimensionales Stellteil.

Eine vollständige wissenschaftliche Klärung und Erprobung dieses neuen Ansatzes steht allerdings noch aus.

Alle mechanischen Stellteile leiten und wandeln aber nicht nur Bewegungen, sondern auch Kräfte. Sie sind also Kraft- und Bewegungswandler. Sie haben also einen Input auf der Reglerseite und einen Output auf der Regelstreckenseite. Ein Beispiel für diesen Sachverhalt ist ein Stellteil mit Spindel, die ein Input-Moment in eine Output-Längskraft wandelt. Der Verlauf der Kraft-Weg-Wandlung bildet die Kennlinie oder Charakteristik des Stellteils.

Die Größe der Stellkräfte und Bewegungen muss sich an den von Menschen möglichen Größen orientieren. Der Mensch als Regler repräsentiert in einem Regelkreis das „niedrige Energieniveau", das durch das Stellteil höher gewandelt wird. Bei den elektrischen und elektronischen Stellteilen sind dies nur die notwendigen Kontrollkräfte und -bewegungen. Zu diesen zulässigen und notwendigen Kraft- und Bewegungsgrößen des Menschen liefert die Ergonomie viele Angaben (s. Fachliteratur Bullinger-Solf, Normen und Richtlinien u. a.). Diese Teilaufgabe der Stellteilkonzeption wird deshalb hier nicht behandelt, muss aber in einer Interface-Anforderungsliste natürlich berücksichtigt werden.

Zur Auswahl der richtigen Bewegungsrichtung eines Stellteils (intuitive Betätigung) gilt insbesondere das Kriterium der Sinnfälligkeit oder Kompatibilität.

Dieses beinhaltet die Gleichheit oder Identität von Stellgröße und Regelgröße einer Regelstrecke, konkret von Stellbewegung und Regelgröße eines Fahrzeugs, z. B. zwischen dessen Lenkeinschlag (Stellgröße) und Fahrtrichtung (Regelgröße).

Der Maschinentelegraph verwirklicht mit einer Stellrichtung parallel zur Fahrzeuglängsachse eine sinnfällige (Synonym: kompatible, intuitive) Betätigung. Diese dient in dem Fahrzeug nicht zuletzt auch der Vermeidung von Havarien. Bei modernen Schiffen gilt für die Vollbremsung, d. h. „Volle Fahrt zurück!" eine Strecke entsprechend der Schiffslänge, bei der MS Graf Zeppelin also 70 m.

Bei Dreh- und Schwenkstellern kann die Sinnfälligkeit auch über die Gleichheit der Dreh- oder Schwenkachse mit der betreffenden Fahrzeugachse definiert werden. Die senkrechten Lenkungsachsen der frühen Automobile waren von ihren Konstrukteuren sinnfällig konzipiert worden. Bei den schrägliegenden Lenkungsachsen moderner Automobile betrifft die Sinnfälligkeit die Drehbewegung von Lenkrad und Fahrzeug. Die Frage nach der Sinnfälligkeit stellt sich auch bei den Joystick-Konzepten moderner Pkw-Lenkungsstudien.

Die Idee von Everling für ein Bremspedal, das nach hinten betätigt wird, ist ein weiteres diesbezügliches Beispiel [9-6]. Der höchste Schwierigkeitsgrad der Stellteile ergibt sich aus ihrer Blindbetätigung und haptischen Erkennung (Lok-Führerstand, **Bild 9-7**). Ein modernes Beispiel ist die Gewährleistung der Sinnfälligkeit bei Stellungswechsel (frontal und dorsal) und Blindbetätigung auf einem Vertikalkommissionierungsgerät (**Bild 9-11**).

Die Bildseite 9-11/14 zeigt drei neue Steuerungskonzepte unterschiedlicher Fahrzeuge mit unterschiedlichen Sinnfälligkeitsgraden. Einen hohen Sinnfälligkeitsgrad zu erzielen, ist umso einfacher, je weniger Stellteile ein Interface enthält.

Die einfachste Konzeption eines Stellteils ist zu jeder Einzelhandlung ein Einzelelement. Die Verwirklichung einer Handlungsfolge findet dann in einem sequentiellen Bedienungsablauf statt, auf einem meist (sehr) großen Interface (s. Abschnitt 9.7). Eine praktische Abhilfe dieses Nachteils sind mehrfach belegte Stellteile (Multifunktionsstellteil, Kombi-Element, integriertes Stellteil, fest belegte „Hard"-Keys, variabel belegte „Soft"-Keys u. a.); Beispiel: Lenkstockhebel im Automobilbau. Allerdings erfordern diese mehrfach belegten Stellteile bezüglich ihrer Informatik einen höheren Lernaufwand. Das gleiche Konzeptionsprinzip gilt auch für die Anzeiger; Beispiel: Kombianzeiger für Geschwindigkeit und Drehzahl (Erfindung M.S.).

Die Kraft- und Bewegungseinleitung des Menschen in ein Stellteil erfolgt über dessen Außenform. Diese kann entweder geometrisch oder negativ-anthropomorph sein. Letztere ist die Gegenform oder das Negativ von Formen der menschlichen Gliedmaßen. Beispiele:
– Finger und Fingerkuhle,
– Hand und Manual,
– Fuß und Pedal,
– Schenkel, Gesäß und Rücken zu Sitz- und Lehnenflächen,
– Kopfform und Helmform,
– Nasenform und Brillenform u. a.

In der ergonomischen Fachliteratur finden sich bis heute sehr wenige Angaben über anthropomorphe Formen. Im Einzelfall wird man bei der Formgebung von Griffen und Sitzen nicht ohne Modell auskommen. Ein hoher Kopplungsgrad kann auch durch elastische Materialien erfolgen.

Ein fachlicher Ansatz zur Bestimmung anthropomorpher Kopplungsflächen ist der sogenannte Kopplungsgrad als der Quotient aus berührter Fläche zur Gesamtfläche. Als Entscheidungskriterium neben der Kraftübertragung geht in den Kopplungsgrad insbesondere die Beweglichkeit ein. Diese beiden Kriterien laufen nicht gleichgerichtet, sondern entgegengesetzt. Die Forderung nach hoher Beweglichkeit bei kleiner Kraftübertragung führt zu elementaren geometrischen Griffformen, wie z. B. Kugelgriff (**Bild 9-17**).

Demgegenüber ergibt die Forderung nach hoher Kraftübertragung bei niederer Beweglichkeit anthropomorphe Griffformen mit einem hohen Kopplungsgrad. Nach den Untersuchungen der Ergonomie sollen gute Gebrauchsgriffe dazwischen liegen, mit einem Kopplungsgrad um 50 %. Dieser wird verwirklicht durch die bekannten Griffe in Spindelform, Ballenform, Ellipsenform u. a. Für Sitzformen gelten die im Abschnitt 8 behandelten Sitzarten, Hauptmaße und Punkte, wie z. B. der Sitzreferenzpunkt (SRP) (s. **Bild 8-35**). Für die Sitzfläche gelten die ergonomisch empfohlenen Ausformungen. Die Lehnenfläche wird aufgeformt aus der unteren Einsattelung (Lordose) bis zum sogenannten Åkerblom-Knick in Höhe des zehnten Brustwirbels und der danach folgenden Ausbuckelung (Kyphose).

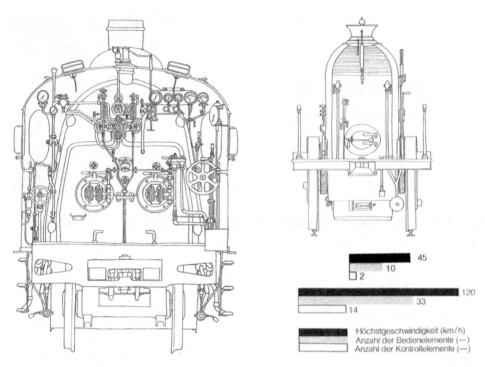

45
10
2

120
33
14

Höchstgeschwindigkeit (km/h)
Anzahl der Bedienelemente (—)
Anzahl der Kontrollelemente (—)

Bild 9-7: Entwicklung der Bedientechnik und der Interface-Komplexität von Dampflokomotiven

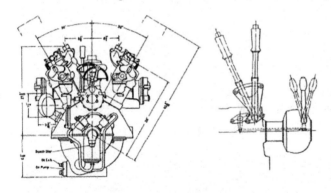

Bild 9-8:
Bedienseite des Zeppelin-
Luftschiffmotors für Yachten

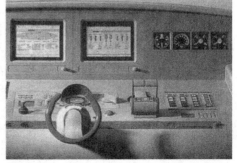

Bild 9-9: Früher Yachtsteuerstand   **Bild 9-10:** Moderner Yachtsteuerstand

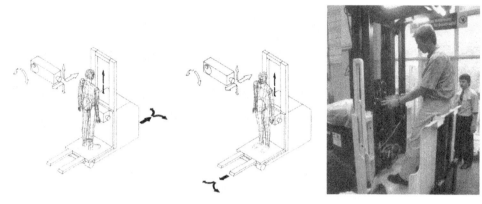

Bild 9-11: Sinnfälliges Stellteilkonzept für eine variable Fahrerhaltung auf einem Flurfördergerät

Bild 9-12: Praktische Erprobung des neuen Stellteilkonzepts

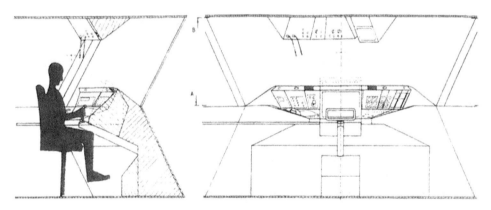

Bild 9-13: Studie zu einem neuen Steuerstand für eine Fähre

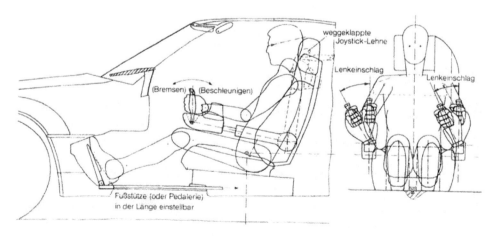

Bild 9-14: Neues Stellteilkonzept mit hohem Sinnfälligkeitsgrad für einen Pkw-Fahrerplatz

Ansätze für neue Sitzformen kann die Berücksichtigung spezieller Körperformen oder Bewegungen sein (s. Fahrersitz **Bild 8-11** rechts).

Stellteilästhetik und -informatik

Mit der visuell (und haptisch) wahrnehmbaren Gestalt von Stellteilen ist mitreal deren zweckfreie Ästhetik und zweckorientierte Informatik verbunden. Stellteile sind damit
– visuelle Anzeiger (**Bild 9-15**) und
– haptische Rückmelder (**Bild 9-37**),
im erweiterten Sinn multisensorische oder multimodale Anzeiger (s. Abschnitt 4.2).

Generell sind Stellteile bezüglich ihres Kennzeichnungs- und Erkennungsumfangs mehr- oder vieldeutig. Sie können viele der in Abschnitt 5.4/5 definierten Erkennungsinhalte verwirklichen.

Die primären Kennzeichnungsaufgaben sind:
– Zweckerkennung/-kennzeichnung $\widehat{=}$ Regelstrecke
– Leistungserkennung/-kennzeichnung $\widehat{=}$ Regelgröße
– Bedienungserkennung/-kennzeichnung $\widehat{=}$ Stellgröße

Diese Erkennung bzw. Kennzeichnung wird heute auch als „Bedeutungskompatibilität" bezeichnet.

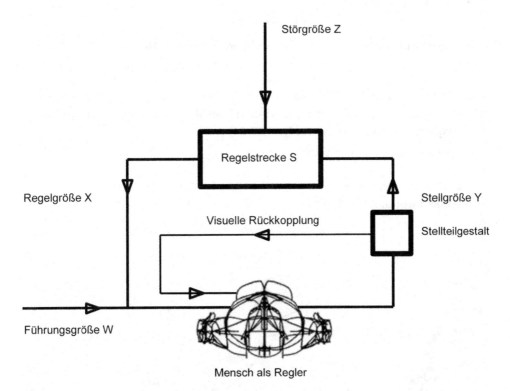

Bild 9-15: Erweitertes Blockschaltbild einer Handregelung um die visuelle Rückkopplung eines Stellteils

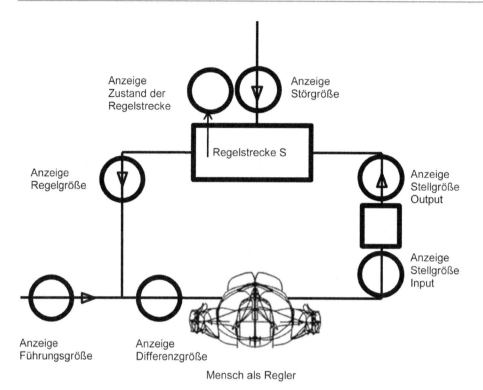

Bild 9-16: Prinzipielle Art und Position von Anzeigern in einer Handregelung

Die eindeutige visuelle (und auch haptische) Erkennbarkeit dieser primären Aufgaben von Stellteilen aus ihrer Gestalt ist heute Gegenstand vielfältiger Fachforschung und Ideenentwicklung zum Interface-Design (**Bilder 9-18/24**) [9-7].

Stellteile können bezüglich ihrer Stellbewegung
– eindirektional,
– zweidirektional oder reversibel,
– multi- oder mehrdirektional
sein.

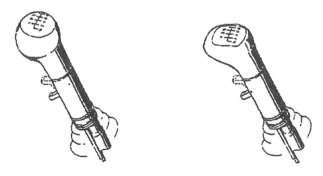

Bild 9-17:
Formvarianten des Griffteils
von Schalthebeln

Eine Schalthebelkugel ist demnach für den multidirektionalen Fall im Unterschied zu einem Schaltknauf für den zweidirektionalen Fall (**Bild 9-17**) kennzeichnend.

Über die prägnante Unterscheidbarkeit von Stellteilen wurden schon früh im Militärwesen Untersuchungen durchgeführt (**Bild 9-20**).

Bild 9-18: Alternative Codierungsformen für die Betätigungsbewegung Ziehen

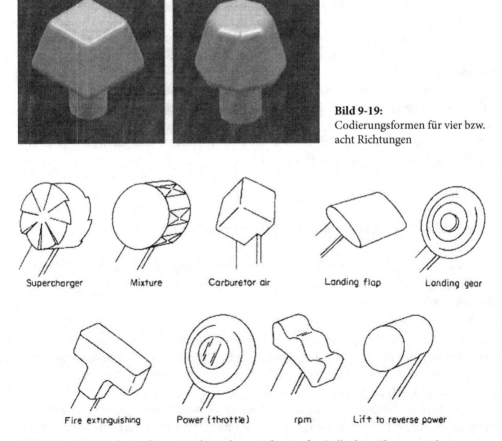

Bild 9-19:
Codierungsformen für vier bzw. acht Richtungen

Bild 9-20: Militärische Studie zur Funktionskennzeichnung der Stellteile in Flugzeugcockpits

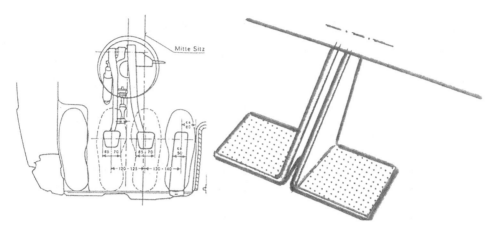

Bild 9-21: Idee für ein Kupplungs- und Bremspedal mit seitlichem Fußanschlag

Diese Beispiele verweisen auf das informative Ideal der Stellteilgestalt als „Icon", d. h. als visuell und/oder haptisch erkennbare Betätigung z. B. eines Triebwerks. Ein bekanntes Icon ist auch das Stellteil für die Sitzverstellung in Pkw (**Bild 9-23**).

Ein „Icon" ist regelungstechnisch damit das Abbild von Regelstrecke, z. B. einem Fahrgastschiff, und Regelgröße, z. B. dem Kurs, und der Stellgröße, z. B. mittschiffs voraus, (**Bild 9-22**).

In Fortführung der von Schmidtke eingeführten unterschiedlichen Dimensionalität der Fahrzeugführung (s. Abschnitt 3.3) stellt sich die Frage, ob nicht ein Schieber oder Schiebesteller das ideale, weil iconische Führungsstellteil für Fahrzeuge ist:

– der 1-dimensionale Schieber als Schiebe-Zieh-Steller für eine Längsbewegung in zwei Richtungen, Beispiel: Lokomotivführung,

– der 2-dimensionale Schieber als Schiebe-Zieh-Steller für eine Längs- und eine Querbewegung in je zwei Richtungen, Beispiel: Straßenfahrzeugführung,

– der 3-dimensionale Schieber als Schiebe-Zieh-Drück-Steller für drei senkrecht zueinander stehende Bewegungen in je zwei Richtungen, Beispiel: Flugzeug- oder Schiffsführung.

Bei einer mechanischen Lösung ergibt sich natürlich das vorgenannte Problem der Kraftwandlung. Dies entfällt aber bei einer „By wire"-Lösung und könnte neue Designansätze ermöglichen.

Die neue, vertikale Maus ist übrigens auch ein ergonomisch optimierter Schieber.

Die Erweiterung der oben genannten Kernaufgabe der Stellteilinformatik kann die Wert-, Zeit-, Herstellererkennung bzw. -kennzeichnung beinhalten [9-8]. Der Erkennungsumfang und die Erkennungsqualität eines Stellteils kann auch mit dem behandelten Bedeutungsprofil (s. Abschnitt 5.6) erfasst werden.

Die syntaktisch-formale Qualität von Stellteilen kann sein: deren Reinheit, deren Ordnung, deren Proportion u. a. Diese Qualitäten werden insbesondere auch durch die Platonischen Grundkörper verwirklicht, zu denen auch die Kugel gehört.

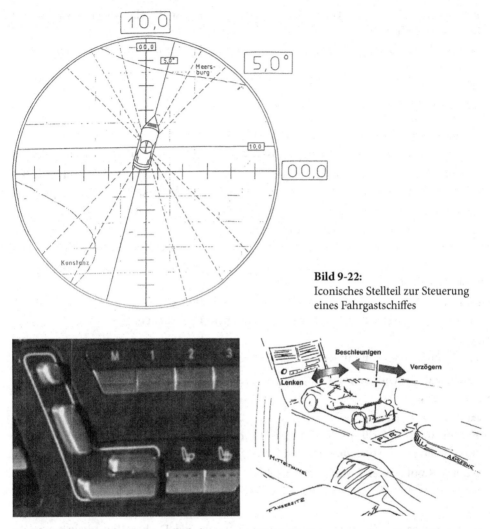

Bild 9-22:
Iconisches Stellteil zur Steuerung
eines Fahrgastschiffes

Bild 9-23: Kompatibler Sitzverstellschalter   **Bild 9-24:** Fahrzeuganaloges Bedienkonzept

Die semantische Qualität von Stellteilen im Sinne der analogen Erkennung und Bezeichnung findet sich z. B. in der Bezeichnung als „Knochen" oder Dreh-„Knopf". Entscheidend für die sichere Betätigung für Stellteile ist semantisch aber die konkrete Erkennung ihres Stellgrößenzustandes und ihre Handlungsanweisung (Pragmatik).

Ein ziviles Beispiel soll trotz seiner falschen Bezeichnung der nachfolgend behandelte
Drehknopf aus der Gruppe der Drehsteller sein.

Designbeispiel Drehknopf

Der Drehknopf gehört neben dem Drehknebel zu der Stellteilgruppe der Drehsteller und
ist eines der häufigsten Stellteile in Maschinen- und Fahrzeugbau. Mit seiner Urform Zy-
linder ist er vermutlich aus dem Drill-Bohrer-Schaft entstanden. Seine analoge Bezeich-

nung „Knopf" gilt nur für flache Zylinderscheiben und ist für alle weiteren Varianten falsch und irreführend.

Der Drehknopf dient der kontinuierlichen Eingabe der alternativen oder kombinierten Stellgrößen
– Drehmoment
– Drehwinkel
– Drehrichtung
– Drehgeschwindigkeit
mittels eines Zwei- oder Drei-Finger-Zufassungsgriffs im Flächen- und/oder Kraftschluss.

Die **Bilder 9-25/26** geben die Informatik eines Drehknopfs bzgl. Stellgröße und Zugriff wieder, die bisher von der Stellteilergonomie explizit nicht behandelt wurde bzw. die der Unterschied zwischen Stellteilergonomie und Stellteildesign (s. auch Abschnitt 5) ist:

Zweckkennzeichnung „Drehsteller" mit Prinzip- und Leistungskennzeichnung bezüglich Drehmoment, Drehwinkel, Drehgeschwindigkeit und Drehrichtung sowie Bedienungskennzeichnung bezüglich Zugriff und Kraft- oder Flächenschluss, und unterschiedlicher formaler Qualität.

Gestalt 1
3-Finger-Zufassungsgriff mit Kraftschluss, 2 und mehr Greifebenen.

Gestalt 2
3-Finger-Zufassungsgriff mit Kraftschluss, 1 Greifebene.

Beide Gestalten richtungsneutral oder reversibel, rotationssymmetrisch mit niederer Gestaltkomplexität.

Gestalten 3-6
3-Finger-Zufassungsgriff mit Kraftschluss, Drehmoment reziprok zur Drehgeschwindigkeit in Abhängigkeit vom Durchmesser, 2 und mehr Greifebenen.

Gestalt 7: Kombi- oder 2-Stufen-Drehsteller
(entsprechend 3-6) Verdoppelung der Gestaltkomplexität.

Gestalt 8
Höhenverstellbarer Übergang bezüglich Drehmoment und Drehgeschwindigkeit sowie Zugriff. Richtungsneutral.

Gestalt 9
Kennzeichnung der Zugriffsfläche mit Kraftschluss. Variables Umgreifen.

Gestalt 10
Definierte Fingerkuhle mit Formschluss und definiertem Umgriffswinkel.

Gestalt 11
Definierte Fingerkuhle mit Formschluss und definiertem Umgriffswinkel. Gekennzeichnete Zustellrichtung.

Gestalt 12
Drehsteller (wie 8) mit Drainagerillen für Betätigung durch feuchte Finger. Kleines Drehmoment mit Kraftschluss. Richtungsneutral. Höchste Gestaltkomplexität.

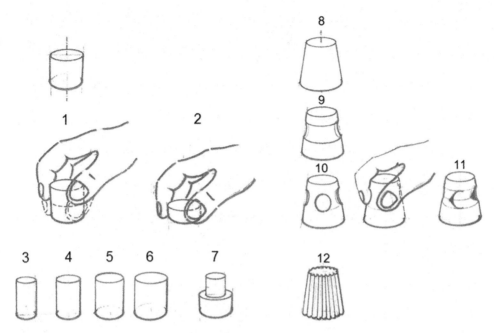

Bild 9-25: Informatik eines Drehknopfes

Bild 9-26: Informatik eines Drehknopfes (Fortsetzung)

Die Schönheit eines Stellteils ist unter Berücksichtigung dieser informativen Aspekte mehr als dessen formale Gestaltqualität und analoge Erkennung. Sie beinhaltet die schnelle Wahrnehmbarkeit und die eindeutig richtige Erkennbarkeit einer sinnfälligen und komfortablen Stellbewegung (**Bilder 9-18/19**).

Bei der Bewertung von Stellteilen und Interfaces ist eine alte Frage: Warum funktionieren so viele „falsche" Stellteile? Die Antwort ist, weil diese von Experten, Profis, Spezialisten bedient werden, und diese gerade dadurch gekennzeichnet sind, dass sie „falsche" Stellteile beherrschen, z. B. eine „falsche" Pinnensteuerung auf ihrer Segelyacht, denn „richtige" und „intuitive" Stellteile beherrschen ja auch Anfänger, Dilettanten, Kinder, Naive!

Als Konsequenz aus der Mehrdeutigkeit von Stellteilen, insbesondere auch aus reversiblen Stellbewegungen, drängt sich die Lösungsidee nach variablen Stellteilgestalten auf (s. Abschnitt 10.7).

Stellteile sind real feinwerkstechnische Konstruktionen, d. h. ihre Funktionalität unterliegt den jeweiligen Passungen und Toleranzen, Reibwerten, Federkonstanten u. a. Sie sind daneben das primäre Funktionselement der Übertragungselemente, -mechanismen oder -systeme zur Regelstrecke.

Bei Fahrzeuggetrieben heißt das Stellteil üblicherweise „Äußere Schaltung", die die Stellgröße über Seilzüge, Stangen u. a. zu der „Inneren Schaltung" leitet (**Bilder 9-27/28**).

Alle diese konstruktiven Elemente und Einflussgrößen beeinflussen den Komfort und die Sicherheit des Stellvorgangs über Federkraftverlauf, Massenträgheit, Verzögerungszeiten u. a., die bei einer Bewertung nicht vernachlässigt werden dürfen.

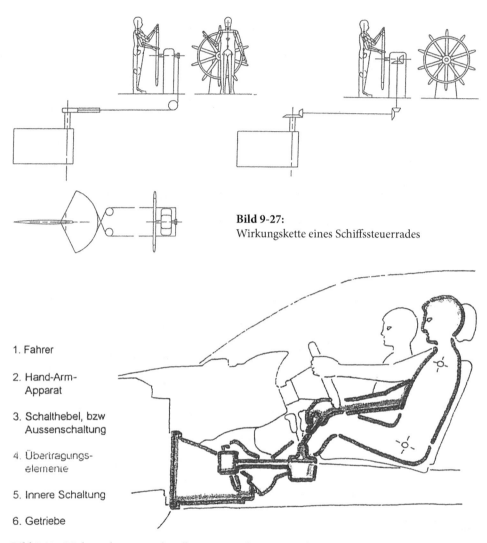

Bild 9-27:
Wirkungskette eines Schiffssteuerrades

1. Fahrer

2. Hand-Arm-
   Apparat

3. Schalthebel, bzw
   Aussenschaltung

4. Übertragungs-
   elemente

5. Innere Schaltung

6. Getriebe

Bild 9-28: Wirkungskette eines handbetätigten Fahrzeuggetriebes

9.6   Anzeiger und ihre Kriterien

Die Anzeiger entwickeln sich – wie dargelegt –
– aus den mechanischen Anzeigern oder „Uhren" (**Bild 9-29**),
– gefolgt von den elektromechanischen Anzeigern, z. B. Warn- und Kontrollleuchten,
– mit dem Abschluss bei den elektronischen Anzeigern, den Bildschirmen oder Displays,
   (**Bild 9-31** Segelyacht),
wobei in der Praxis alle diese Anzeiger auch in Kombination auftreten (**Bild 9-32** Pisten-
bully). Flugzeugcockpits werden diesbezüglich auch als Uhren-Cockpit (mit Analoganzei-
gern) und als Glas-Cockpit (mit Digitalanzeigern) bezeichnet.

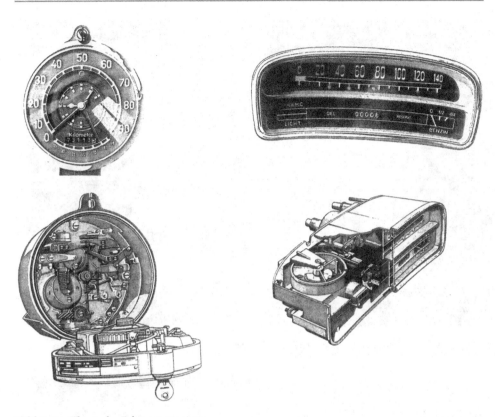

Bild 9-29: Klassische Fahrzeuganzeiger

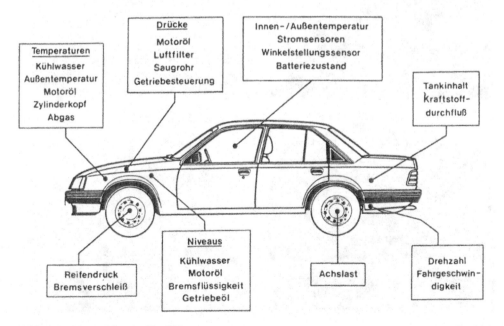

Bild 9-30: Messgrößen im Kraftfahrzeug

Bild 9-31: Bildschirme auf einer modernen Hochseeyacht

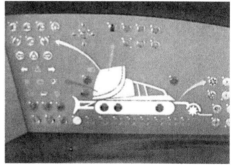

Bild 9-32: Komplexes Interface eines „Pistenbullys"

Wie schon in Abschnitt 9.2 dargelegt, können in einem Regelkreis bis zu 7 unterschiedliche Arten an Anzeigern auftreten (**Bild 9-16**). Wie auch bei den Stellteilen existiert für die Anzeigen keine allgemeingültige Terminologie und Gliederung. Folgende Anzeigen lassen sich regelungstechnisch unterscheiden:

1. Führungsgrößenanzeiger
   auch: Voranzeiger, Voraussichtsanzeiger, Navi
2. Regelabweichungsanzeiger
   auch: Soll-/Istwert-Anzeiger, Differenzanzeiger, Nachführanzeiger
3. Stellgrößen-Input-Anzeiger
   auch: imperativer Anzeiger (**Bild 9-36**), Kommando-Anzeiger
4. Stellgrößen-Output-Anzeiger
5. Störgrößenanzeiger, z. B. Außenthermometer
6. Regelstreckenzustandsanzeiger
7. Regelgrößenanzeiger

Daneben gibt es auch regelungstechnisch nicht relevante Anzeiger.

Die führungstechnisch wichtigsten 3 Anzeiger liegen im direkten Input und Output des Reglers (**Bild 9-16**) mit ihrer Konsequenz beim Stellgrößen-Input-Anzeiger bzw. imperativen oder Kommando-Anzeiger.

Die modernen Anzeigen entwickelten sich in vielen Branchen aus der Messtechnik (MTU) (s. **Bild 9-30**). Die moderne Messtechnik [9-9] bietet über die Messung der technischen Messgrößen umfangreiche Gliederungssysteme, z. B. in 12 Hauptgrößen und 68 Untergrößen, von der Messung mechanischer Größen bis zur Strahlenmessung. Der Umfang der Lösungsprinzipien ist noch wesentlich größer.

Zur Gewährleistung von Sicherheit und kurzer Einlernzeit wurden vielfach Anzeiger und ihre Anordnung entsprechend dem Militäreinsatz genormt (Dornier).

Die Anzeigergrundform war und ist die Uhr als Analoganzeige der Zeit zum Sonnenstand. Diese Anzeige ist aber mit vielen technischen Messgrößen, wie z. B. der Geschwindigkeit, nicht kompatibel.

Neben der Rundanzeige entstanden in der Entwicklung andere, wie die Segmentanzeige, die Horizontalanzeige, die Vertikalanzeige (s. DIN). Die Vertikalanzeige stammt aus der Cockpitinstrumentierung von Flugzeugen.

1929 bot die Fa. Arkania eine komplette Instrumententafel mit Längs- und Vertikalanzeigern an:

– Fahrtmesser,
– Höhenmesser,
– Wendezeiger,
– Kurszeiger,
– Drehzahlmesser.

Diese Anzeiger ermöglichten eine günstigere Anordnung, setzten sich aber wegen Ableseproblemen nicht durch. Dies gilt auch für den senkrechten Geschwindigkeitstacho (Vertikalanzeiger) im Mercedes 220 „Heckflosse" (1959–1965).

In den 80er Jahren entstanden herstellertypische und auch kundentypische Instrumentierungen (**Bilder 9-33** und **7-15**), einschließlich der Instrumententräger oder Dashboards

(s. auch Baukästen, Abschnitt 13). Die größenmäßig gestaffelten und in Reihe angeordneten 5 Rundinstrumente (Benzin- und Ölanzeige, Öltemperatur und -druck, Drehzahl, Geschwindigkeit, Zeit) sind seit 50 Jahren das typische Merkmal des Porsche 911 im Interior-Design.

Bezüglich ihrer zeitlichen Darbietungsdauer entwickelte sich eine dreistufige Anzeigehierarchie (nach VDO):

– permanente oder ständige Anzeigen, z. B. Fahrgeschwindigkeit (s. auch Abschnitt 2.3),
– sequenziell abrufbare Anzeigen, z. B. Fahrstrecke (**Bild 9-34**),
– selbstmeldende Anzeigen oder (Warn-)Hinweise, wie z. B. die ECO-Schaltanzeige (**Bild 9-35**).

Die beiden sequenziellen Anzeigen hießen auch situationsbedingte Anzeigen.

Die grafische Darstellungsform der Anzeigen umfasst alle möglichen Varianten – zeichentechnisch gegliedert in:

– Icons, d. h. reale oder auch virtuelle Abbilder, auch: „bildhafte Anzeigen"
– Indexe, d. h. Hinweiszeichen, auch: „stilisierte", „abstraktere" (zu Icon) oder „analoge" Anzeigen
– Symbole, d. h. alphanumerische oder digitale Anzeigen.

Auf die Abhängigkeit der Schrifthöhe vom Leseabstand, insbesondere bei den symbolischen Anzeigen, wurde schon in Abschnitt 9.1 hingewiesen.

Ein persuasives Hinweiszeichen wird weiterhin der Pfeil sein [9-18].

Die modernen elektrischen bzw. elektronischen Anzeiger erlauben auch neue Darstellungen, nicht zuletzt auch als Handlungsanweisung (Pragmatik!).

Hierzu sind sicher die „Kommando-Anzeigen" die richtigen (**Bild 9-36**). Damit ist aber die Darstellung eines Kommandos oder Imperativs international verständlich nicht beantwortet. Diese Frage ist in der gesamten Entwicklung der Piktogramme von der „Signaletik" von W. Graeff in den 20er Jahren bis zu den „Glyphs" in der Gegenwart [9-10] enthalten. Sie gilt natürlich auch für die Kommandodarstellung beim Militär und für die Erstellung von Bedienungsanleitungen. Die allgemeine Tendenz geht hierbei wohl auch – wie bei den Stellteilen – zu den Icons.

Beispiele für neue Anzeigen und Stellteile:

– die ECO- und Schaltanzeige (**Bild 9-35**) (s. Fiala [9-11]),
– die Distronic, d. h. Abstandsanzeige (Mercedes 1998),
– das Powermeter (Audi Q5 Hybrid), Anzeige der Gesamtleistung des Systems plus des Ladezustands der Batterie,
– Bremsweganzeige.

Eine spezielle Anzeige in Elektrofahrzeugen wird die Batterieladung betreffen, um der Angst des E-Autofahrers vor der leeren Batterie entgegenzuwirken.

Eine neue, innovative Anzeige, wenn auch regelungstechnisch nicht relevant, ist die Kennzeichnung der Lüftungs- und Heizungstemperatur durch Lichtfarben in den Düsen (rot = warm, blau = kalt).

Das richtige Design von Stellteilen und Anzeigen sind wohl in beiden Fällen handlungskennzeichnende oder -anweisende Icons. Von den diesbezüglichen Herstellern werden

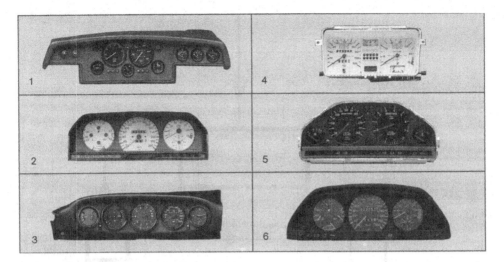

Bild 9-33: Herstellertypische Pkw-Anzeiger

Bild 9-34:
Frühes Beispiel eines situationsabhängigen
Anzeigers

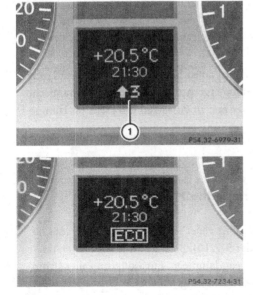

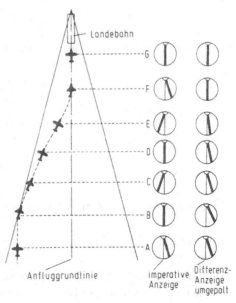

Bild 9-35: Moderne Schalt- und Eco-Anzeige

Bild 9-36: Imperativer Anzeiger für den Landeanflug

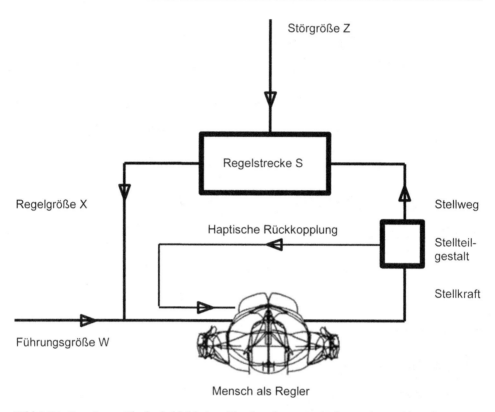

Störgröße Z

Regelstrecke S

Regelgröße X

Stellweg

Haptische Rückkopplung

Stellteil-
gestalt

Stellkraft

Führungsgröße W

Mensch als Regler

Bild 9-37: Erweitertes Blockschaltbild einer Handregelung um die haptische Rückkopplung eines Stellteils

heute schon entsprechende freiprogrammierte Anzeigen angeboten, z. B. Advanced 3D Display von Johnson Controls.

Die Königsdisziplin des Anzeigen- und Stellteildesigns ist heute an der Blindbetätigung orientiert, wobei meist die visuelle Wahrnehmung durch die akustische und haptische Wahrnehmung substituiert wird. Beide sind aber erst in Ansätzen erforscht (s. Hampel [9-7] und **Bild 9-37**).

9.7   Komplexität der Interfaces und neue Interface-Elemente

Die Zunahme der Komplexität des Funktionssystems vieler Fahrzeuge führte zu einer hohen Komplexität ihrer Interface-Elemente (**Bilder 9-7/10**). Beispiele sind die Steuerstände von Großflugzeugen (Dornier DoX) oder von Ozeandampfern. Zur Isolierung aller stromführenden Geräte wurden auf letzteren Marmortafeln eingebaut. Den Grenzwert dieses Phänomens (maximale Entropie!) bildeten viele einmalige Elemente in einer chaotischen Anordnung.

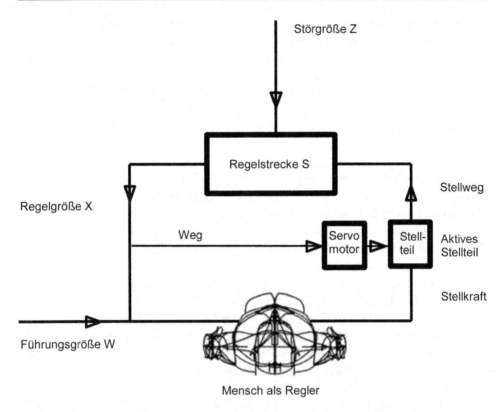

Bild 9-38: Erweitertes Blockschaltbild einer Handregelung mit aktivem Stellteil

Steuerstände mit bis zu 100 Anzeigen und Stellteilen waren und sind bei Flugzeugen, Schiffen und Schleppern für die Führung durch einen einzigen Fahrzeugführer keine Seltenheit (**Bilder 9-31/32/55**). In der industriellen Praxis begründen sich neue Interface-Elemente häufig auch aus der Konkurrenzsituation am Markt. Dies ist eine neue Art von Mode. Zu einer Verdoppelung der Interface-Elemente oder einer Doppelinstrumentierung aus Sicherheitsgründen kann auch das sogenannte Redundanzprinzip führen, auch die Betätigung durch Links- und Rechtshänder.

Eine Abhilfe gegen solch eine gefährliche Bediensituation bildeten genormte Interfaces, z. B. im Flugzeugbau, wie auch die Aufteilung der Bedienung und der Interfaces, z. B. bei den Zeppelinen nach dem Vorbild der Marine. Die Ein-Mann-Steuerung wurde üblicherweise in eine Mehr-Mann-Steuerung unterteilt. Beispiel Zeppeline unter der Leitung des Kapitäns:

– Steuermann Kurs,
– Steuermann Höhe,
– Maschinisten / Motorenmaate in den Gondeln,
– Funker.

Hieraus ergab sich die Frage nach Kommunikation und Befehlssprache (s. Abschnitt 6).

Bei Schiffen entspricht der äußere Nock-Steuerstand dem Hauptsteuerstand, weil von dort aus insbesondere die An- und Ablegemanöver gefahren werden.

Bemerkenswert ist auch, dass in der Fahrzeuggeschichte vielfach das gleiche Fahrzeug, wie z. B. ein Flugzeug (Ju 52), für unterschiedliche Fluggesellschaften oder Reedereien eine nach Art und Anzahl unterschiedliche Cockpitinstrumentierung hatte. Dieses Phänomen muss heute im Zusammenhang mit dem Einstellungstyp des Besitzers oder Fahrers, d. h. dessen Sicherheits- und/oder Prestigebedürfnis, gesehen werden (s. Abschnitt 7).

Bei Chronometern für prestigeorientierte Profis, z. B. bei Fliegeruhren, gilt der Spruch „Es kann nicht kompliziert genug sein!"

Die Reduzierung der Interfacekomplexität war in vielen Branchen ein allgemeines Entwicklungsziel. Der Daimler-Simplex-Wagen (später Mercedes) hatte seinen Namen von einer vereinfachten Bedienung durch weniger Pedale.

Primitiv-Interfaces waren und sind Bestandteil der Kriegsausführung von Fahrzeugen. Minimal-Interfaces findet man z. B. in Rennfahrzeugen.

Dieser Reduzierung und Neukonzeption diente später auch die Mehrfachbelegung von Stellteilen, sogenannte Kombi-Elemente, und die Entwicklung situationsabhängiger Anzeigen und die Einführung des Bildschirms oder der Displayanzeigen.

Die modernsten Anzeiger- und Bedienkonzepte für Fahrzeug-Interfaces zeigt **Bild 15-21**.

Ergebnis einer Studienarbeit 1987 [9-12] war, dass sich die Instrumentenkomplexität in Flugzeugcockpits von maximal 1000 Elementen bei der Boeing B 747 durch Einführung von kumulierten Anzeigen mittels Bildschirmen bis zum Airbus A-320 auf ca. 600 Elemente, d. h. um ein Viertel, verringerte.

Ein heute vielfach diskutiertes und eingebautes Kombi-Element ist das sogenannte aktive Stellteil.

„Passive" Stellteile haben nur einen eindirektoralen Informationsfluss. „Aktive" Stellteile haben durch eine Rückmeldung einen bidirektionalen Informationsfluss. Dieser kann entweder haptisch erfolgen (Diss. Hampel [9-7]) oder über einen Servomotor (**Bild 9-38**).

Auf dieser Grundlage entstand z. B. der Joystick von Eckstein als Kombi-Element für die Kurs- und Geschwindigkeitsregelung [2-10]. Allerdings gilt in der Ergonomie die „verkoppelte" Regelung als der schwierigste Fall gegenüber der entkoppelten.

Eine neue Entwicklungsrichtung sind die gestaltvariablen Stellteile, auch AVS – adaptiv variable Stellteile – genannt [9-13]. Das Grundprinzip ist, die Stellteilgestalt einer variablen Stellgröße, z. B. einem Drehmoment, anzupassen. Dieses Variationsprinzip ist nicht neu. Historische Beispiele sind: die Verlängerung einer Ruderpinne durch Aufklappung oder die Einstellung eines Handkurbelgriffs auf unterschiedliche Drehradien und damit Drehmomente und Drehgeschwindigkeiten (**Bild 9-39**).

Als Konstruktions- und Variationsprinzipien dafür sind denkbar [9-14]:

– das Auf- und Zuklappen, Beispiel: Regenschirm,
– das Verdrehen, Verdrillen, Tordieren,
– das Teleskop (**Bild 9-40**),
– das Aufblasen (Pneu!) u. a.

Damit sind höhenverstellbare Tasten und Schalthebel, radienverstellbare Lenkräder, die Veränderung eines Drehknopfs in einen Knebel u. a. denkbar.

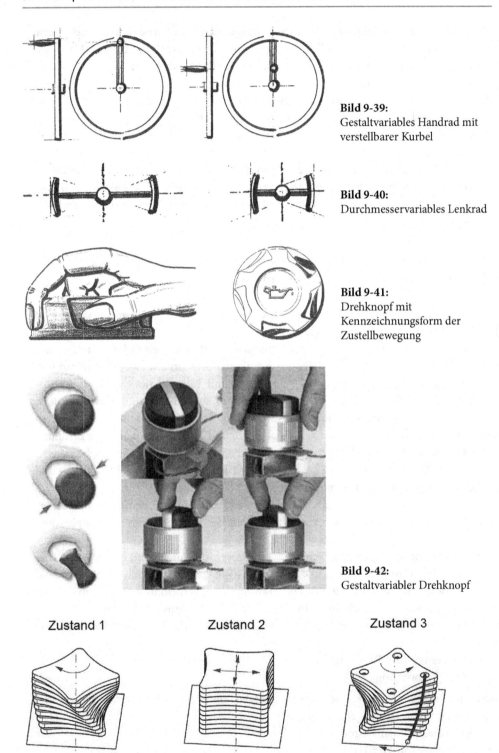

Bild 9-39:
Gestaltvariables Handrad mit
verstellbarer Kurbel

Bild 9-40:
Durchmesservariables Lenkrad

Bild 9-41:
Drehknopf mit
Kennzeichnungsform der
Zustellbewegung

Bild 9-42:
Gestaltvariabler Drehknopf

Zustand 1   Zustand 2   Zustand 3

Bild 9-43: Drehknopf mit vier haptisch erkennbaren Betätigungsrichtungen

Die neueste Entwicklung der gestaltvariablen Stellteile ist die Variation von deren Form, z. B. zur visuellen und haptischen Erkennung von deren Drehrichtung (**Bild 9-41/43**). Sofern solche Elemente im Gefahren- oder Panikfall einsetzt werden sollen, ist deren schnelle Gestaltvariation und kurze Erkennungszeit entscheidend, verbunden mit der haptischen Akzeptanz, gleichfalls um einem neuen Stellteil-Manierismus vorzubeugen.

Die wesentliche Vereinfachung der Kontroll- und Handlungskomplexität für einen Fahrzeugführer erfolgt durch die halb- und vollautomatische Fahrzeugregelung. Im erstgenannten Fall wird der Fahrzeugführer zum „Supervisor" für die Kontrolle der Führungs- und Regelgröße und ggf. der Ausführende der angezeigten, richtigen Stellgröße.

Bei der vollautomatischen Regelung verliert der Fahrzeugführer seine aktive Funktion, was zu grundsätzlich neuen Einstellungs- und Wertungsproblemen von privaten und persönlichen Fahrzeugen führt.

9.8   Anordnung der Interface-Elemente

In der Anfangszeit des Fahrzeugdesigns war es häufig üblich, Stellteile und Anzeigen auf dem Fahrzeug zu „verteilen" (Motorräder).

Nach der Definition am Anfang dieses Abschnitts besteht das einfachste Interface aus einem Stellteil und einer Anzeige. Dies war bei älteren Schiffen mit einem Steuerrad und einem Kompass schon gegeben (**Bild 9-54**). Ein damit verbundenes, wichtiges Anordnungsprinzip war und ist, dass die Anzeige über dem Stellteil liegt und beide den Blick (Sehstrahl!) des Steuermannes auf die Fahrtrichtung nicht beeinträchtigen. Bei vielen Fahrzeugen, wie Schiffen, Lokomotiven, Zeppelinen und Flugzeugen, wurde die Erfüllung dieser Bedingung mit der Verlagerung des Steuerstandes oder Cockpits möglichst weit nach vorne gelöst. Unabhängig davon sollen beide Bedienelemente im Sehfeld liegen und die Stellteile zudem im Greifraum des Fahrers oder Steuermannes [9-15].

Später wurden die Anzeigen und die Stellteile zu Interfaces oder „Bedieninseln" zusammengefasst, die im Automobilbau zuerst mittig auf der Fahrzeuglängsachse angeordnet waren, später direkt vor den Fahrer rückten.

Ein frühes Anordnungsprinzip war der „Arbeitskreis der Augen und Hände" von Neumann-Neander (**Bild 8-6**). B. Barényi schlug zu seinem Projekt „Concadoro" 1946 eine „Kommandobrücke" vor (**Bild 9-44**). Die Anordnung im Sehfeld und Greifraum der Bedienperson gilt natürlich auch für Elemente des Exterior-Designs (**Bild 9-45**).

Verallgemeinert ausgedrückt lautet die moderne Auffassung über die Anordnung von Interface-Elementen:
– Zentralisierung zum Fahrzeugführer und
– geordnete Anordnung.

Die Zentralisierung orientiert sich, wie vorgenannt, am Sehfeld und Greifraum des Fahrzeugführers. Fahrzeugbezogen kann dies
– in einem Head-down-Display oder
– in einem Head-up-Display
erfolgen.

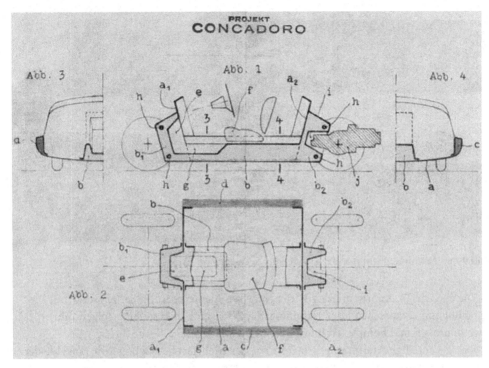

Bild 9-44: Idee einer zentralen „Kommandobrücke

Bild 9-45: Anordnung von Stellteilen im Sehfeld und Greifraum der Bedienperson

In beiden Fällen muss die Veränderung der Fahrerhaltung, insbesondere das Aufrichten in kritischen Situationen, oder der Haltungswechsel Beachtung finden, denn dadurch verändern sich sowohl Augpunkt bzw. Augenellipse als auch Greifraum.

Bild 9-46: Anordnung von Anzeigen nach einer Scan-Line (unten)

Die einfachste „Anordnungslogik" der Interface-Elemente ist die serielle, d. h. mit Einzelbetätigung entsprechend der Handlungsfolge. Bei großen Handlungsfolgen führt dies aber zu großen und komplexen Interfaces.

Das gegenteilige Anordnungsprinzip folgt der Mehrfachbetätigung von Einzel- oder Kombi-Elementen und deren Gliederung in Funktionsgruppen oder -bereiche.

Eine spezielle Anordnung von Anzeigern ist die Ausrichtung der Normalstellung an einer Scan Line (**Bild 9-46** unten), die bei Abweichungen davon ein sogenanntes Check Reading erlaubt.

Im Flugzeugcockpitdesign erfolgte die Funktionsgliederung nach folgenden Gruppen:
– Flugüberwachungsgeräte (Primary Flight Display),
– Navigationsgeräte,
– Kurssteuerungsgeräte,
– Triebwerksüberwachungsgeräte,
– Flugwerksüberwachungsgeräte.

Für den Automobilbau schlug Klose 1984 [11-1] eine dreizeilige und dreispaltige Anordnungsmatrix vor (**Bild 9-47**). Darin wird die primäre Funktionsgruppe durch die permanent betätigten Stellteile und Anzeigen gebildet, d. h. durch die Elemente der permanenten Regel- und Stellgrößen.

Eine erweiterte Gliederung des Fahrzeugcockpits („Architektur") umfasst folgende Interface-Bereiche (**Bild 9-48**):

Interface-Bereich	Sehfeld	Greifraum
primär	zentral	beidhändig
sekundär	peripher	einhändig
tertiär	häufig unsichtbar	einhändig mit Rumpfbeugung

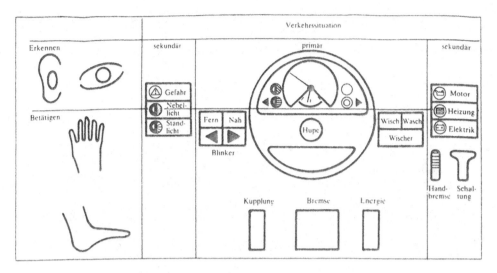

Bild 9-47: Frühe Anordnungsmatrix der Stellteile und Anzeiger im Pkw-Fahrerplatz

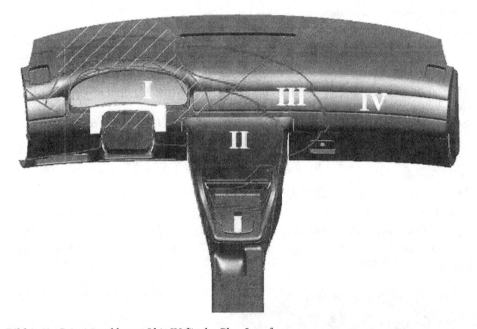

Bild 9-48: Prioritätenklassen I bis IV für das Pkw-Interface

Diese Gliederung der Anordnungsbereiche für Interfaces wurde zwischenzeitlich auf die Türverkleidung, die Sitze, den Fahrzeughimmel und den Dachrahmen sowie den Fahrzeugfond ausgedehnt (**Bild 9-49**).

Jeder Beifahrer hat im Extremfall ein eigenes Interface, nicht zuletzt für sein Infotainment.

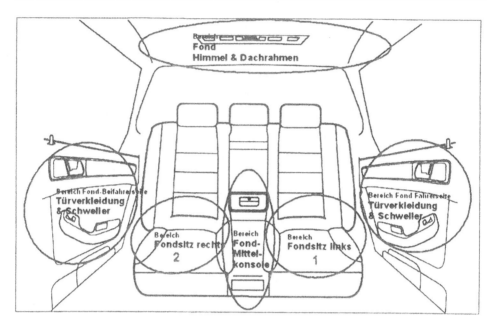

Bild 9-49: Anordnungsbereiche für das Fondcockpit

Die Angebote von modularen Cockpitkonzepten folgen meist noch der oben genannten Dreiergliederung (**Bild 9-50**) aus Fahrermodul, Mittelmodul und Beifahrermodul.

Diese Anordnung ist gleichzeitig eine Gewichtung der Anzeigen und Stellteile für ihre etwaige Bewertung und Optimierung.

Schon im Flugzeugbau haben sich sehr früh Gestalttypen für den Instrumententräger entwickelt, die es bis heute auch im Kraftfahrzeug- und Schiffsdesign gibt:
– die T-Gestalt,
– die U-Gestalt,
– die Kombination aus beidem (**Bild 9-51**).

Die möglichst nahe Positionierung der Anzeigen- und Stellteile zum Fahrer führte z. B. im Rennwagenbau zu deren Integration in das Lenkrad.

Alle angesprochenen Anordnungsprinzipien sind die Basis für die Entwicklung neuer Interfaces (**Bilder 9-52/56**).

Bild 9-50:
Modulare Cockpit-Instrumentierung

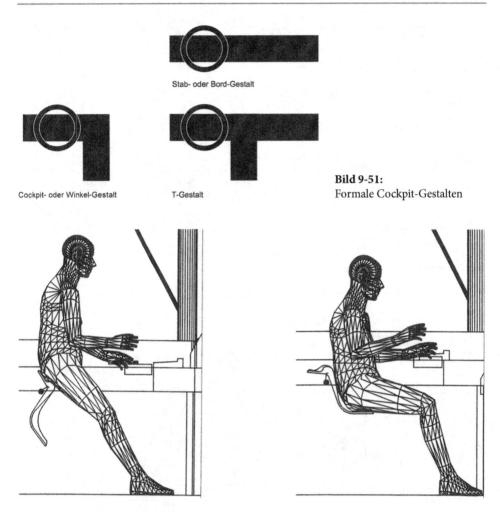

Stab- oder Bord-Gestalt

Cockpit- oder Winkel-Gestalt   T-Gestalt

Bild 9-51:
Formale Cockpit-Gestalten

Bild 9-52: Variabler Sitz für einen Schiffssteuerstand

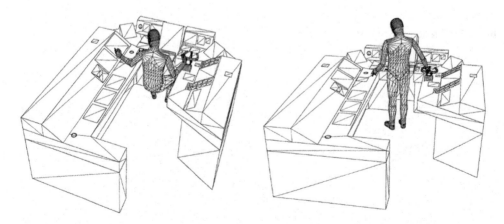

Bild 9-53: Rechnergestütztes Layout eines Schiffssteuerstandes

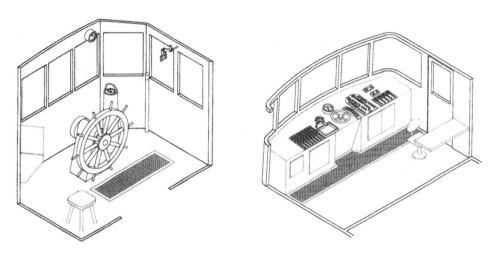

Bild 9-54: Historische Schiffssteuerstände

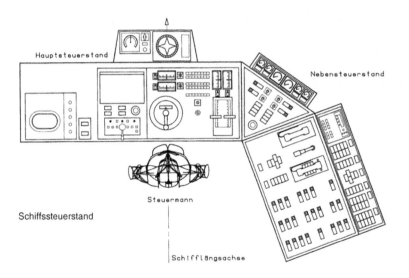

Bild 9-55: Moderner Schiffssteuerstand

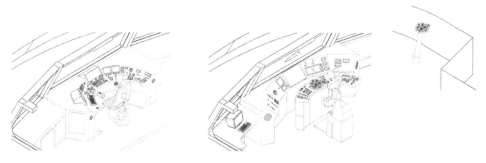

Bild 9-56: Futuristische Schiffssteuerstände

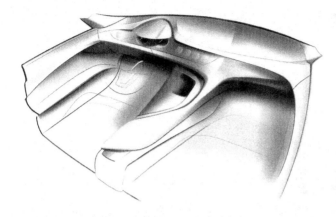

Bild 9-57: Rendering für ein Pkw-Interface

Bild 9-58: Modell für ein Pkw-Interface   **Bild 9-59:** Prototyp für ein Pkw-Interface

Bestandteil der jüngsten Entwicklung sind auch neue Kriterien für das Interface-Design, wie z. B. die Konsistenz, die informatorische Belastung des Menschen, die Sprachanzeige und Gestensteuerung oder die Blindbetätigung, einschließlich der haptischen Informationsübermittlung. (berührungssensitives Bedienfeld und Pedal mit haptischer Indikation).

Die „Konsistenz" ist die Übereinstimmung von Bedeutungs- und Bewegungskompatibilität zwischen den Stellteilen mehrerer Regelsysteme (gleiche „Logik").

Das Interface-Design hat sich in dem dargelegten Umfang zu einem anspruchsvollen und aufwendigen Teilbereich des Fahrzeugdesigns entwickelt (**Bilder 9-57/59**).

Ein spezielles Gestaltungsproblem im Interface-Design, nämlich dessen formale Qualität, soll zum Schluss nicht unerwähnt bleiben, weil damit im Extremfall ein Formalismus, nicht zuletzt in der idealistischen Version der Guten Form oder auch des Ulmer Designs, verbunden ist.

Die formale Qualität der Reinheit und Einfachheit eines Interface ergibt sich aus der Art und Anzahl seiner Elemente, d. h. aus wenigen und gleichen Elementen (**Bild 9-60**), mit dem Extremfall eines einzigen Elements.

Diese Reduktion aus formalen Aspekten muss mit der vorgenannten Erkennung von Betriebszustand und Betätigung abgeglichen werden, um Fehlbetätigungen zu vermeiden („Starten mit dem Zigarrenanzünder!").

Bild 9-60:   Gute Form eines neuen Cockpit-
Instruments

Der formale Ordnungsgrad eines Interface entsteht maßgeblich aus dessen Symmetrie. Diese ist dort berechtigt, wo eine Aktionssymmetrie vorliegt. Sie wird aber problematisch bei einer Aktionsasymmetrie. Ein Gestaltungskompromiss zur Vermeidung eines Formalismus ist die Quasisymmetrie (**Bilder 9-61/62**).

Es ist übrigens funktional unverständlich, warum auf den meisten seriell gefertigten Interfaces gleichberechtigt oder dominierend der Herstellername bis hin zur Typenbezeichnung auftreten muss (Hypertrophes Corporate Design).

Bild 9-61: Anzeiger und Grafik an einer Feuerwehrleiter

Bild 9-62: Vereinfachter und formal geordneter
Anzeiger der Feuerwehrleiter

9.9 Interface-Bewertung

Mit jedem neuen Interface ist die Frage nach seiner Bewertbarkeit verbunden. Zu der diesbezüglichen Methode besteht eine eigene Entwicklungsgeschichte (Auszug):

1966   Bewertung von Interfaces mithilfe der Informationsästhetik, insbesondere Birkhoff'scher Quotient (DA Bodack) [9-16]

1976   Veröffentlichung der umfangreichen Studie „Ergonomische Bewertung von Arbeitssystemen" durch H. Schmidtke.

1976/77 Bundespreis Gute Form
        Der Fahrerplatz im Kraftfahrzeug

1997   1-Personen-Steuerstand für Binnenschiffe
        Diss. D. Traub (s. Abschnitt 2)

1997   1000-Punkte-Test von Kraftfahrzeugen

1999   Anwendung auf die ZF-Getriebeschaltung

2000   Ein Verfahren zur ergonomischen Bewertung des Fahrerplatzes von Personenkraftwagen, Diss. Dangelmaier IAO (s. Abschnitt 2)

Alle diese Bewertungsbeispiele basieren auf der Nutzwertanalyse mittels vordefinierter Anforderungen, ergeben also einen Nutzwert für ein Interface, auch Usability-Wert genannt. Bezogen auf das gesamte Fahrzeug ist es ein Teilnutzwert.

Das Beispiel Schaltung von ZF-Getrieben in MAN-Lastwagen (**Bild 9-63**) zeigt insbesondere die Zeitabhängigkeit der Kriterien und damit auch den diesbezüglichen Fortschritt. Dieser ist auch die Begründung, dass es heute für die Interface-Entwicklung und das Interface-Design in der Fahrzeugindustrie eigene Abteilungen gibt.

Weitere Bewertungsansätze sind:
– die Ermittlung einer Fehlerquote mit dem Ideal eines Null-Fehler-Interface,
– die Ermittlung der Einlern- und Trainingskosten, z. B. für Flugzeugcockpits mit Lernkurven,
– die Ermittlung eines umweltfreundlichen Fahrerhauses (Grünes Interface) durch Einsparung von Kraftstoff und niedrigerer CO_2-Belastung.
Alle diese Ansätze sind aber bis heute wissenschaftlich noch in Bearbeitung.

Es soll nicht unerwähnt bleiben, dass es zu einem neuen Interface auch ein subjektives Urteil gibt, das z. B. als Pilotenurteil bekannt ist und das bis zur Fahrverweigerung, z. B. von englischen Lokführern, führen kann.

Ein in der Industrie weit verbreitetes pauschales Bewertungskriterium ist die (Verkürzung oder Verlängerung der) Betätigungszeit, wobei diese zwischen der seriellen Betätigung durch Laien und der parallelen Betätigung durch Experten weit differieren kann.

Nach neueren Untersuchungen (Allianz, publ. durch ADAC) gilt dies auch besonders für Einstellungen des Navi.

Bedingung für eine fehlerfreie Betätigung ist auf der Grundlage der in den Abschnitten 5 und 6 beschriebenen „Informatik", dass zur Erfüllung eines (Fahr- oder Steuer-)Zieles das betreffende Stellteil wahrgenommen wird (Syntaktik) und dass sich daraus eine einzige richtige Bezeichnung (Semantik) und eine einzige richtige Handlung (Pragmatik) ergibt.

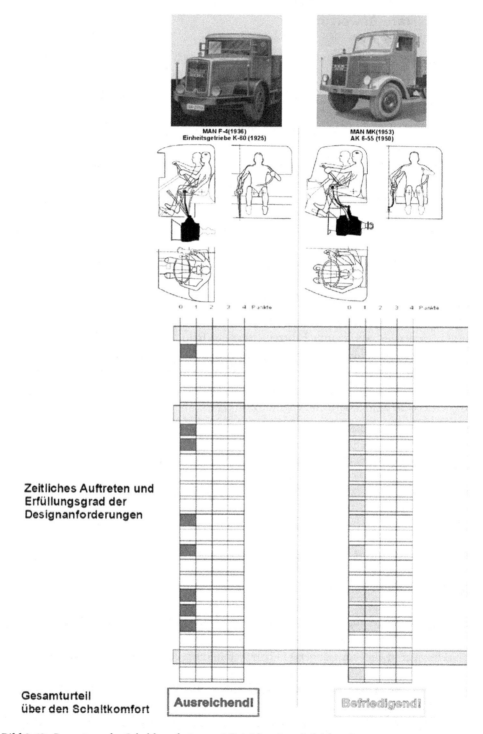

Bild 9-63: Bewertung des Schaltkomforts von 4 Getrieben in zeitgleichen Lastwagen

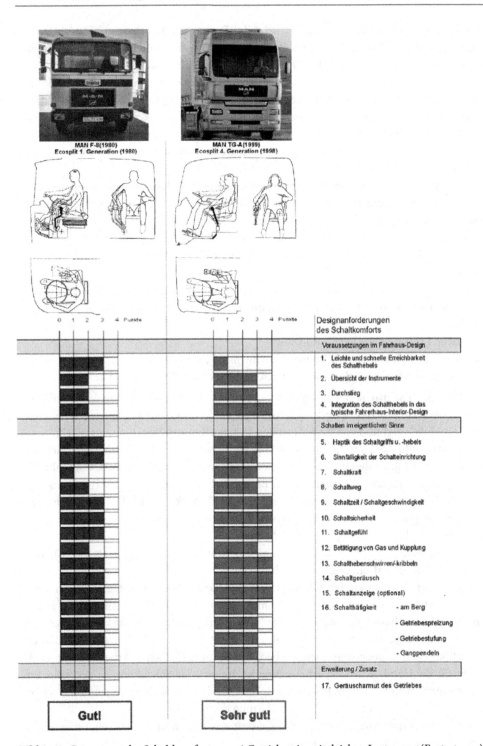

Bild 9-63: Bewertung des Schaltkomforts von 4 Getrieben in zeitgleichen Lastwagen (Fortsetzung)

Im klassischen Verständnis berücksichtigt das Design bei den Betätigungsfunktionen vom Menschen zum Produkt zulässige Stellkräfte, z. B. beim Schalten, Kuppeln, Bremsen, Lenken, und andere ergonomische Kriterien, wie z. B. die Sinnfälligkeit einer Stellbewegung (**Bild 9-1**). Durch die Entwicklung der modernen Steuerungs- und Servotechnik haben sich diese ergonomischen Aspekte aber häufig in Richtung Informationsverarbeitung durch den Menschen verschoben. Das Gebrauchen, wie z. B. das Steuern eines Fahrzeugs, wird danach zu einem komplexen informationsverarbeitenden Prozess, der mit den daraus resultierenden Betätigungshandlungen (Pragmatik!) die klassische Ästhetik vielfach überlagert.

Die diesbezüglichen Anforderungen bilden heute überall dort wo Betätigung und Benutzung als Arbeit auftritt, z. B. beim Steuern eines Lastkraftwagens, den Hauptteil der Designanforderungen. Dieses Faktum darf aber nicht absolut gesetzt werden, denn es gibt gerade im Freizeitbereich und Sport viele Nutzungsvorgänge, wo der Komfort von Fahrzeugen und die Sinnfälligkeit ihrer Internet-Elemente durch „harte Männer" bewusst negiert wird.

Die moderne Ergonomie definiert nach den unterschiedlichen Arbeits- und Betätigungskräften des Menschen auch unterschiedliche Belastungen als mögliches Bewertungskriterium:

1. statische Belastung aus Kraft und Dauer,
2. dynamische Belastung aus Kraft und Geschwindigkeit,
3. einseitige dynamische Belastung aus Kraft und Geschwindigkeit und Häufigkeit.

Die einseitige dynamische Belastung tritt nicht zuletzt auch bei der manuellen Schaltung von Getrieben auf, wie das Bewertungsbeispiel „Schaltkomfort von 4 manuell geschalteten Lkw-Getrieben" zeigt und von nachfolgenden Untersuchungen bestätigt wird [9-17].

Über das Produkt Schaltkraft mal Schaltweg wird vom Fahrer eine Schaltarbeit geleistet, die über die Häufigkeit dieser Schaltoperationen zu einer dynamischen Belastung führt.

Das häufige Schalten, insbesondere am Berg, führt zu einer starken Verringerung der Handschaltkraft. Wie aus dem zugrunde gelegten 1000-Punkte-Test bekannt ist, muss der Fahrer bei Bergfahrten 50 bis 80 Mal schalten. Als guter Wert gelten 50–60 Schaltungen. Der Worst Case liegt allerdings bei 200 Schaltungen.

Nach Rühmann verringert sich die Betätigungskraft bei einer Häufigkeit von 100 der dynamischen Kraftanstrengung um den Faktor 0,6.

Da die technisch notwendige Schaltkraft am Schaltknauf gleich bleibt, erzeugt der Fahrer den fehlenden Anteil durch den „Schwung" seines Armes bzw. seines Rumpfes. Diese Arm- bzw. Körperbewegung beginnt früher und ist größer als die Schaltkraft am Knauf! Sie wird in der ergonomischen Fachliteratur als „Kraftstoß", „Ausholbewegung" oder als „Vorstoßbewegung" ansatzweise beschrieben. In diesem zusätzlichen Arbeitsaufwand des Fahrers für die Hand-Arm-Körperbewegung ist der niedrige Schaltkomfort der früheren Getriebe mitbegründet. Dieses Phänomen spricht für die Entwicklung von automatischen Getrieben ohne diese dynamische Schaltbelastung des Fahrers.

Eine Designherausforderung wird in Zukunft das Smartphone sein, als universelles Steuergerät und frei bewegbares Interface.

Erste Anwendungen sind bekannt (2013):
- als universell positionierbares Interface in Fahrzeugen in Verbindung mit neuen Innen-
  raumtextilien,
- als Steuergerät der künstlichen Libelle Opter von Festo, Esslingen.

Aus dem zweiten Anwendungsbeispiel stellt sich die Frage, welche Bewegungsdimensionalität sich manuell mit einem flachen Quader steuern lässt, oder ob für höhere Dimen-
sionalitäten (max. 6) nicht eine andere Gestalt günstiger wäre, z. B. eine 6-D-Steuerkugel
als „Smart Ball".

   Eine der neuesten Ideen aus einer Design-Hochschule ist es, das gesamte Interface
durch ein Tablet zu realisieren, das in dem Lenkrad installiert ist und dessen Anzeigen
und Stellgrößen durch die Finger haptisch auf der Rückseite kommuniziert werden.

10 Fahrzeuggestalttyp: Funktionale und konstruktive Merkmale

Diese Entwicklungslinie wird schwerpunktmäßig an den Gestalttypen der Pkw behandelt und dargestellt. Der Fahrzeuggestalttyp entsteht zentrifugal aus dem sogenannten Package, d. h. aus dem Maßkonzept für Passagiere und Gepäck (Abschnitt 8) sowie dem Antriebsstrang. Zentripetal sind die Aerodynamik und das erweiterte Maßkonzept die wichtigsten Bestimmungsgrößen. Konstruktiv realisiert wird der Fahrzeuggestalttyp maßgeblich durch die Karosseriebauweise bzw. -konstruktion. Für alle diese Entwicklungsteilprozesse wird auch die Bezeichnung „Gesamtentwurf" verwendet.

Für die Fahrzeuggrundtypen gibt es aber bis heute keine einheitliche Bezeichnung. Auch die Nomenklatur der DIN 70 011 bietet diese nicht, zumal auch viele der verwendeten Bezeichnungen noch aus der Kutschenzeit stammen, wie z. B. „Coupé" für eine halbe Kutsche. Das Interesse der Designer an den Fahrzeuggestalttypen begründet sich aus den in dem Abschnitt über eine Designästhetik dargestellten Zielen.

In der Praxis entsteht der Fahrzeugtyp häufig durch einen Vorstandsbeschluss wegen der damit verbundenen Markenerkennung.

10.1 Formale Gestalttypen

Ein einfacher Ansatz zu den Fahrzeuggestalttypen sind die „Boxen" (**Bild 4-2**):
– One-Box-Typ, z. B. Frontlenkerbus
– Two-Box-Typ, z. B. Steilhecklimousine, auch MPV (Multipurpose Vehicle) genannt,
– Three-Box-Typ, z. B. Stufenhecklimousine, u. a.

Diese formalen Gestalttypen sind prägnant erkennbar in der sogenannten Kastenform von Fahrzeugen. Beispiel: Nissan Cube

Diese „Boxen" oder auch „Kisten", einschließlich halber „Kisten" für offene Fahrzeuge, lassen sich einmal über die zugrunde liegende Transportaufgabe begründen.

Sie ordnen die Fahrzeuge designorientiert in ein System formaler Gestalttypen der künstlerischen Plastik oder Skulptur ein, mit dem sich z. B. C. Malewitsch als Vertreter des Suprematismus unter dem Begriff Architektona beschäftigte und das heute Bestandteil der konkreten Kunst, der geometrischen Topologie oder der diskreten Packungen ist [10-1], und damit auch der Designgeometrie (A. Hückler) d. h. der formalen Grundlagen des Designs. Der Fahrzeuggestalttyp ist das Ergebnis des ergonomisch orientierten Designs wie die Basis für alle gestalterischen und konstruktiven Überlegungen bezüglich Formgebung, Farbgebung, Oberfläche und Grafik sowie aller informativen und formalen Ziele des Fahrzeugdesigns.

Die „Evolution der Bauform", d. h. der Fahrzeuggestalt einschließlich des Antriebsstrangs, behandelte Fiala 2006 [9-11].

Die derzeit erfolgreichste Pkw-Bauform sind die SUVs, die Sports Utility Vehicles (früher Geländewagen). Angekündigt sind schon die SUCs, die Sports Utility Coupés.

10.2 Antriebsstrang als Teil des Packages

Zu den zentrifugalen Bestimmungsgrößen eines Fahrzeuggestalttyps bzw. zu seinem Package gehören als weitere gestaltbildende Merkmale
– die Anzahl und Anordnung der Räder,
– die Art und Anordnung des Motors,
beide verbunden über den sogenannten Antriebsstrang (**Bild 10-1**).

Diese Merkmale sind prägnant in den ersten Automobilen von G. Daimler und C. Benz (**Bildseite 10-8**) erkennbar. Daimler motorisierte 1886 eine 4-sitzige und 4-rädrige Kutsche aus der Tradition des Wagenbaus, eine sogenannte Americaine mit Frontlenkung des Stuttgarter Hof-Kutschenbauers W. Wimpff & Söhne mit einem Heckmotor. Benz baute ein 3-sitziges 3-Rad gleichfalls mit einem Heckmotor, das ebenfalls ein Frontlenker war. Er konstruierte dazu aber ein neues Fahrgestell/Chassis mit einer Leichtbauorientierung am Fahrrad, nach den neuesten Erkenntnissen nach dem Vorbild der sogenannten Tricyclettes [10-2].

In der konstruktiven Entwicklung des Automobilbaus setzte sich der 4-rädrige Fahrzeugtyp mit Frontmotor durch, der damit dem uralten Kutschenschema mit vorne ziehenden Pferden entspricht. Die Gestaltentwicklung der Automobilkarosserie basiert auf dem Aufsetzen von
– Motor bzw. Motorhaube,
– Fahrgästen bzw. Fahrgastzelle,
– Gepäck bzw. Gepäckraum
auf Rahmen und Fahrwerk. Dies ergab designorientiert die additive Stabgestalt des Phaetons oder Roadsters. Dieser Eindruck verstärkte sich durch separate Leuchten, Kotflügel, Stoßstangen u. a. Diese Bestandteile der Karosserie wurden schrittweise formal zusammengefasst und zu einer einheitlichen Unterbaugestalt integriert.

Einer der früheren Designchefs von Daimler schrieb einmal „In unserem Hause wurde die Grundform des Automobils entwickelt.". Gemeint war der erste Mercedes von 1901 (**Bild 10-8**). Vorbild für W. Maybach, den „König der Konstrukteure", war aber sicher der Panhard-Levassor-Wagen von 1893/94 mit Daimler-Motor. Die ersten Daimler-Wagen

Bild 10-1: Parallele, konstruktive Entwicklung von Antriebsstrang und Karosserie in der industriellen Praxis

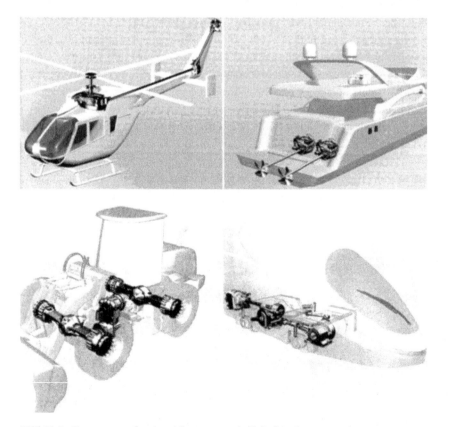

Bild 10-2: Baugruppen des Antriebsstranges als Zulieferteile

mit Frontmotor waren die Lastwagen von 1897 (**Bild 13-6**). In dieser Tradition muss der erste Mercedes gesehen werden. Er begründete die bis heute gültige Entwicklung vom Kurzhauber zum Langhauber und vom 2-Box-Typ zum 3-Box-Typ. Paul Bracq, einer der ersten Mercedes-Stilisten, sagt noch 2008 in einem Interview zu seinem 75. Geburtstag: „Mich interessierte immer die stilistische Betonung des Motors!". Diese Auffassung begründete den Kult der langen Motorhauben (ca. 1/3 der Wagenlänge) nach dem Leitbild der Rennboote und Rennwagen, der bis heute auch noch an bekannten Designschulen betrieben wird [10-3].

Wie schon früher erwähnt, haben sich in der Fahrzeuggeschichte die Karosserieentwicklung und die Antriebsentwicklung fachlich und meist auch abteilungsmäßig verselbstständigt (**Bild 10-1**). Der Antriebsstrang, wie übrigens auch die Karosserie, wird zum Teil auch von spezialisierten Zulieferern geliefert, z. B. Zahnradfabrik Friedrichshafen (ZF) (**Bild 10-2**). Der Antriebsstrang und der Motor mit allen peripheren Aggregaten gehören aber zum Package eines Fahrzeugs und bestimmen dessen Interior- und Exterior-Design, z. B. ein Heckantrieb über den Längstunnel in der Fahrgastzelle.

Eine partielle Designaufgabe in diesem Zusammenhang ist auch das Design von Getriebegehäusen [Seeger et al. 1992].

Alle bekannten Antriebsarten waren in der Fahrzeuggeschichte einmal neu und innovativ! – auch die Dampfmaschine und der Verbrennungsmotor. Gestaltbildend waren und sind insbesondere die Motoranordnungen: Frontmotor, Heckmotor, Mittelmotor, Längs- oder Queranordnung (**Bild 10-3**), Oberflur- oder Unterfluranordnung u. a. Diesbezügliche Gestalttypen sind z. B. Langhauber, Kurzhauber und Frontlenker.

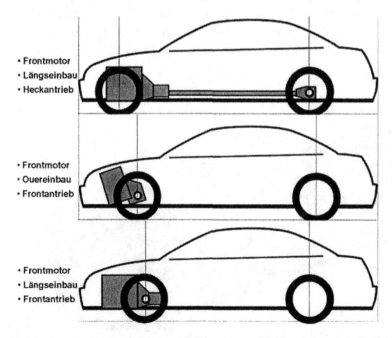

Bild 10-3: Unterschiedliche Antriebskonzepte und Radpositionen mit Einfluss auf die Fahrzeuggestalt

Die ersten Automobile waren, ausgehend von dem „Fardier" von Cugnot 1796, Dampfwagen. Der „Fardier", ein Dreirad mit einem vor dem Vorderrad hängenden Dampfkes-
sel, hatte auch den Spitznamen „Rasende Schnapsfabrik". Erst über 100 Jahre danach fuhren die ersten Automobile mit Verbrennungsmotoren. Vor 111 Jahren fuhr der Lohner
„Semper-Vivus" als erstes Hybridfahrzeug, konstruiert von F. Porsche (**Bild 1-8**). In den
50er Jahren wurden auch Studien für atomgetriebene Automobile vorgestellt, wie z. B. der
FORD Nucleon. Es gab auch Studien für straßen- und lufttaugliche Fahrzeuge, Vorstudien
zu dem aktuellen Forschungsprojekt My-Copter.

Die aktuelle Diskussion im Fahrzeugbau richtet sich auf die ökologisch notwendigen
neuen Antriebe: Elektroantrieb, Wasserstoffantrieb, Windantrieb (inventus Ventomobil,
Uni Stuttgart 2007), Hybridantrieb u. a. Letzterer wurde schon bis zum Alltagseinsatz entwickelt (**Bild 10-4**). Allerdings zeigen diese und auch Prototypen im Flugzeugbau, dass das
notwendige Packagevolumen nicht kleiner wird und damit noch keine in der Nutzung verbesserten Fahrzeug- oder Flugzeugtypen ermöglicht. Neue Antriebe bei Schiffen können
auch der Magnetantrieb oder der Antrieb über pneumatische Muskeln sein (**Bild 10-5**).

Bei den Schiffsantrieben gibt es heute sowohl ein Revival der Besegelung, z. B. Skysails,
wie auch der Dampfmaschinenantriebe. Neu ist auch der Antrieb über Solartechnik. Hierzu gehört auch das Projekt für eine neue Fähre auf dem Bodensee mit Solarfassade (**Bild
10-6**). Aus dem Antrieb entsteht nicht nur über die Emissionen eine Umweltbelastung,
sondern auch mechanisch über unterschiedliche Heckwellen (**Bild 10-7**). Neu ist auch das
Ventomobil, d. h. ein durch Windkraft angetriebenes Landfahrzeug der Uni Stuttgart.

Aus diesen und anderen Einflussgrößen entsteht der Fahrzeuggestalttyp schwerpunktmäßig von innen nach außen. Heute gilt allgemein, dass das Auto der Zukunft elektrisch
fahren soll, aber schon das Auto der Vergangenheit fuhr elektrisch! – erstmals 1855 in
Edinburgh. 1899 fuhr erstmals ein E-Fahrzeug in Frankreich über 100 km/h. 1898 fuhr der
erste elektrische Lohner-Wagen in Österreich, konstruiert von F. Porsche (P1). Im gleichen

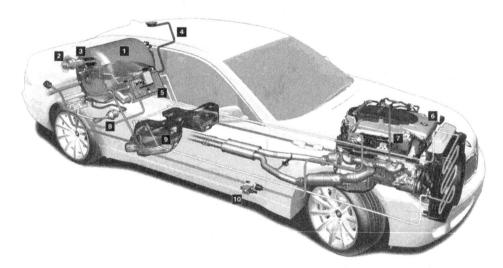

Bild 10-4: Beispiel für einen Wasserstoffantrieb

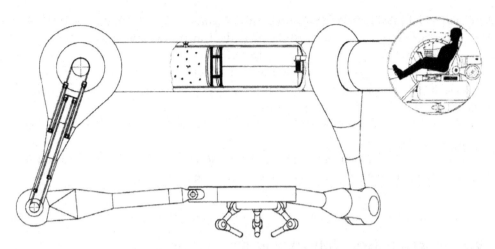

Bild 10-5: Bemanntes Tauchboot mit neuem Antrieb durch sogenannte pneumatische Muskeln

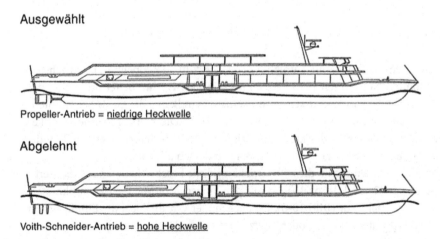

Bild 10-6: Fähre mit Fotovoltaikfassade

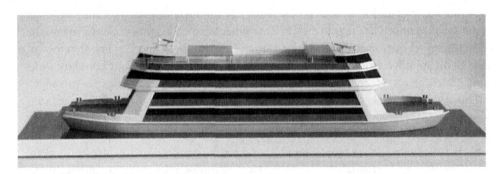

Bild 10-7: Ökologische Auswirkung unterschiedlicher Antriebskonzepte eines Binnenschiffes

Jahr fuhren in den Städten der USA 40 % Dampfwagen, 38 % E-Autos und 22 % Benziner. Die Niederlage der E-Autos entschied sich über die Langstreckenreisen und 1912 durch den elektrischen Anlasser des Amerikaners Kettering.

Mit der Entwicklung der Motoren war auch das Motorendesign verbunden. Beispiel: der Mercedes-Kompressormotor M 836 (1924) mit einer horizontalen Verrippung, einer Luftabdeckung und schwarz-silberner Farbgebung.

Historisch betrachtet hat dies allerdings schon bei der historisierenden Gestaltung der Dampfmaschinen begonnen.

Zu den Visionen der Fahrzeugtechnik gehört heute schon, dass die Aufladung mittels Magnetresonanz auf einem elektrischen Highway erfolgen könnte.

10.3 Problematische Entwicklungslinie zu den aerodynamischen Gestalttypen

Die dritte wichtige und wohl auch problematischste Einflussgröße auf die Fahrzeuggestalt ist die Aerodynamik. Die Frage in diesem Zusammenhang ist: Kommt die aerodynamische Formgebung vor oder nach dem Exterior-Design (Abschnitte 11 und 12)? Pointiert formuliert: Ist die Aerodynamik für die Fahrzeuggestalt konzeptionell oder nur korrektiv wirksam? Anders gesagt: Hat heute die Verbrauchseinsparung oder das Styling den Vorrang?

Entwicklungsgeschichtlich begann die Aerodynamik nicht bei Landfahrzeugen, sondern bei den Wasserfahrzeugen. Überlegungen zu strömungsgünstigen Schwimmkörpern gehen bis auf Leonardo da Vinci zurück. Der englische Ingenieur John Scott Russel veröffentlichte 1835 seine „Wave Line Theory" über die richtigen Bug- und Achterschiffwellen. Diese Theorie wurde erstmals 1851 angewandt in der erfolgreichen Yacht America sowie in dem Bodensee-Raddampfer Stadt Schaffhausen (dem Vorgänger der späteren MS Königin Katharina, **Bild 10-47**). Frühe Maßnahmen zur Verbesserung seiner aerodynamischen Qualität zeigt auch der Lohner-Porsche von 1900: eine muschelförmige Frontabdeckung und die Verkürzung und Neigung der Lenksäule zur Vermeidung einer aufrechten Fahrerhaltung [10-4]. Ein ähnlicher aerodynamischer Vorläufer war auch der Rennwagen Blitzen-Benz von 1911.

Die wissenschaftliche Aerodynamik kam über den Luftschiffbau Zeppelin in Friedrichshafen in den Automobilbau, wo seit 1912 Paul Jaray (1889–1974) Mitarbeiter und Leiter der Projektabteilung war. Er entwickelte seit 1916 in einem Windkanal die ideale Stromlinienform der Zeppeline, erstmals im LZ 120 (1919) realisiert. Diese ersten Aerodynamiker wandten sich nach dem Verbot des Luftschiffbaus 1918 den Landfahrzeugen zu, d. h. die Automobilaerodynamik begann erst ca. 35 Jahre nach dessen „Erfindung".

Wie schon in der Einleitung zu dieser Entwicklungslinie beschrieben, fanden die Aerodynamiker schon die 2- und 3-Box-Wagen mit den langen Motorhauben als funktionale und konstruktive Vorgabe vor (**Bild 10-8**). Demgegenüber war ihr Ideal die Einflügelform oder der 1-Box-Typ mit Heckkante oder -spitze, mit einem Heckmotor und in Frontlenkerausführung mit teilweise vorzüglichen c_w-Werten (**Bild 10-9/10**). Für die Frontmotorenfahrzeuge wurde – wohl als Kompromiss – die Zweiflügelform kreiert (**Bild 10-9**). Ein erstes Anwendungsbeispiel dazu war der Ley-Wagen von P. Jaray im Jahr 1923. Der Pionier der Fahrzeugaerodynamik propagierte damit ein Gestaltungsprinzip, das aus heutiger Sicht falsch war! Aus heutiger Sicht formuliert: Die Kombination von zwei aerodynamisch idealen Körpern ergibt keine aerodynamisch ideale Gesamtform. Dieser „Geburtsfehler" der Aerodynamik zog sich durch die gesamte nachfolgende Fahrzeugentwicklung (**Bild 10-11**). Auch bei einer berühmten Designikone wie dem Ro 80 wurde die falsche Grundform aerodynamisch optimiert. In diesem Wettbewerb um die richtige Fahrzeuggrundform traten auch bekannte Gestalter (Le Corbusier, W. Gropius, Barényi) und Institute, wie das FKFS, auf (**Bild 10-12**). Bei der Fa. Daimler-Benz finden sich Streamlining-Entwürfe gleichfalls von allen bekannten Gestaltern (Jaray, von Koenig-Fachsenfeld, Kamm) (**Bild 10-13**). Durch Prof. W. Kamm wurde um 1940 als neues aerodynamisches Karosserieelement das nach ihm benannte K-Heck eingeführt, nach einem Dornier-Patent aus den 20er Jahren. Seit ungefähr 1940 benutzte Daimler-Benz den benachbarten FKFS-Windkanal mit.

Im Dritten Reich wurde das Streamlining teilweise als neudeutsche Karosserie propagiert. So sind um 1937 auch Skizzen von A. Hitler für den Volkswagen bekannt (**Bildseite 10-15**). Dessen eigentlicher Designer war E. Kommenda, der Karosseriechef im Büro Porsche. Der VW steht noch in der Aerodynamiktradition von P. Jaray (**Bild 10-9**).

Zu den späteren Widerständen gegen die aerodynamische Idealform kam in Deutschland dazu, dass die Kfz- und Aerodynamikpioniere S. Marcus, E. Rumpler und P. Jaray als Juden diffamiert wurden. Ein Artikel von F. Gebauer in der NKZ (Neue Kraftfahrer Zeitung) formuliert 1939 in seiner Überschrift „Die echte Stromlinie als Schulbeispiel jüdischer Wissenschaft" diese Vorbehalte sehr deutlich (nach Potthoff und Schmid [10-5]). Dies ist möglicherweise auch der Grund, warum sich der bekannte Aerodynamiker Prof. W. Kamm bis zu seinem letzten Fahrzeugprojekt 1945 (**Bild 10-14**) immer nur mit Two-Box-Fahrzeugtypen auseinandergesetzt hat.

Ein besonderes Beispiel der Megalomanie im Dritten Reich war der Riesentriebwagen für die Breitspurbahn der Deutschen Reichsbahn. Er wurde für 650 Plätze in 4 Etagen 1941 von P. Schirmer im Zeppelin Luftschiffbau designt (**Bild 10-15**).

Es ist entwicklungsgeschichtlich interessant, dass sich 1944 in einem Fahrzeugbaukasten von Barényi auch ein zweizelliger One-Box-Typ als Frontlenker und mit einem Holzgasgenerator im Heck findet (**Bild 10-15**).

In der internationalen Entwicklung wurde in der Nachfolge von P. Jaray an vielen Stellen mit aerodynamischen Fahrzeugbaukästen experimentiert, z. B. von Prof. Lay in den USA 1933 (**Bild 10-16**) bis zu MIRA, England, in der Gegenwart. Bei verschiedenen Fahrzeugherstellern gab es in den 50er Jahren ein sogenanntes Aerostyling (**Bild 10-17**).

Interessant ist auch in diesem Zusammenhang, wie sich der Fahrzeugtyp der Mercedes C111 über mehr als 10 Jahre zu einem Frontlenker-One-Box-Typ veränderte (**Bild 10-18**). Andererseits wurde in der Studie K 55 von Barényi und Bracq aus dem Jahre 1958 die Aerodynamik generell vernachlässigt (Bilder bei Abschnitt 14).

Für das Fahrzeugdesign ideal wäre, wenn es für die einzelnen Fahrzeuggestalttypen eine aerodynamische Optimierung gäbe (Formgebung, Streckung u. a.). Einzelne Beispiele sind aus der Industrie bekannt, aber nicht veröffentlicht. Eine der wenigen diesbezüglich veröf-

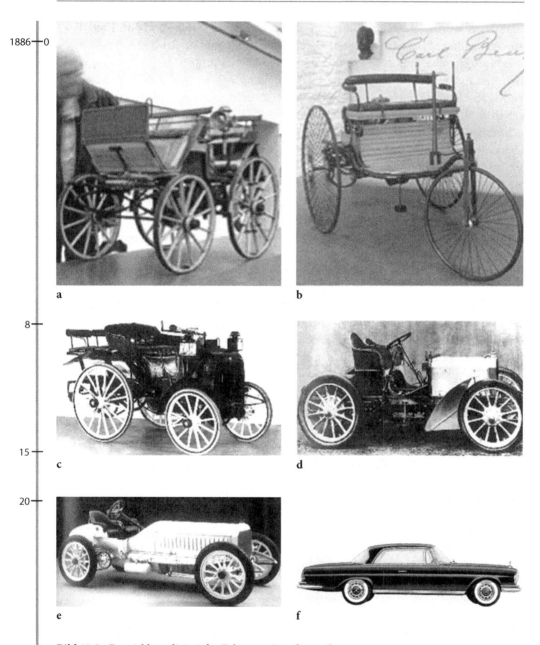

Bild 10-8: Entwicklungslinie 1 der Fahrzeug-Aerodynamik
a: Motorkutsche von G. Daimler, **b:** Motorwagen von C. Benz, **c:** Panhard-Levassor-Wagen mit 4 PS
Daimler V-Motor (1893/94), **d:** Der erste Mercedes, der 35 PS Rennwagen (1901), **e:** Mercedes 6-Zy-
linder-Rennwagen mit 120 PS (1906), **f:** Mercedes 220 Coupé (1961)

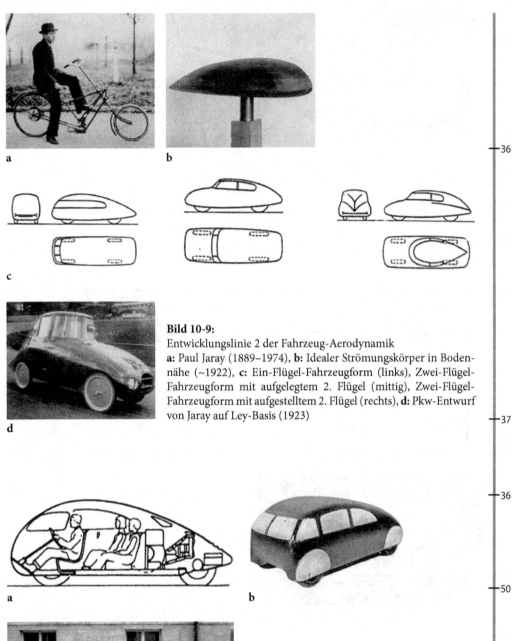

Bild 10-9:
Entwicklungslinie 2 der Fahrzeug-Aerodynamik
a: Paul Jaray (1889–1974), **b:** Idealer Strömungskörper in Boden-nähe (~1922), **c:** Ein-Flügel-Fahrzeugform (links), Zwei-Flügel-Fahrzeugform mit aufgelegtem 2. Flügel (mittig), Zwei-Flügel-Fahrzeugform mit aufgestelltem 2. Flügel (rechts), **d:** Pkw-Entwurf von Jaray auf Ley-Basis (1923)

Bild 10-10:
Entwicklungslinie 3 der Fahrzeug-Aerodynamik
a: Aufbau eines Halbtropfenwagens (1922),
b: Aerodynamische Studie des Forschungsins-tituts für Kraftfahrwesen u. Fahrzeugmotoren Stuttgart (1936), **c:** Schlör-Wagen, Aerodynami-sche Versuchsanstalt AVA (1938)

a   b

Bild 10-11: Entwicklungslinie 4 der Fahrzeug-Aerodynamik
a: Der Maybach Stromlinienwagen Zeppelin für Stadt und Reise (1932), **b:** Reifen-Testwagen von
Fulda auf Maybach-Chassis(1938)

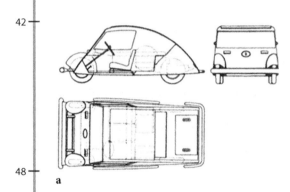
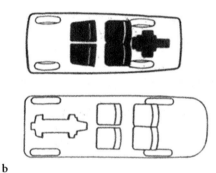

a   b

c

d

Bild 10-12:
Entwicklungslinie 5 der Fahrzeug-Aerodynamik
a: Entwurf von Le Corbusier und P. Jeanneret
(1928), **b:** Idee von B. Barenyi zu einem Stromlinienwagen mit Heckmotor (1934), **c:** Adler-
Wagen im funktionalen Design unter Mitwir-
kung von W. Gropius (1931), **d:** Adler-Wagen in
Stromlinienform von FKFS-Stuttgart (1937)

Bild 10-13: Entwicklungslinie 6 der Fahrzeug-Aerodynamik
a: Entwurf von Paul Jaray auf Mercedes-200-Chassis (1934), **b:** Aerodynamisches Omnibusdesign von Paul Jaray (1935), **c:** Mercedes-Rennwagen „Silberpfeil" (1939), **d:** FKFS K(amm)-Wagen Nr. 2 mit konventionellem Karosseriebau auf Fahrgestell des DB 170V mit 1,7 l Ottomotor (1940)

Bild 10-14: Der letzte Fahrzeugentwurf von Prof. W. Kamm (1945)

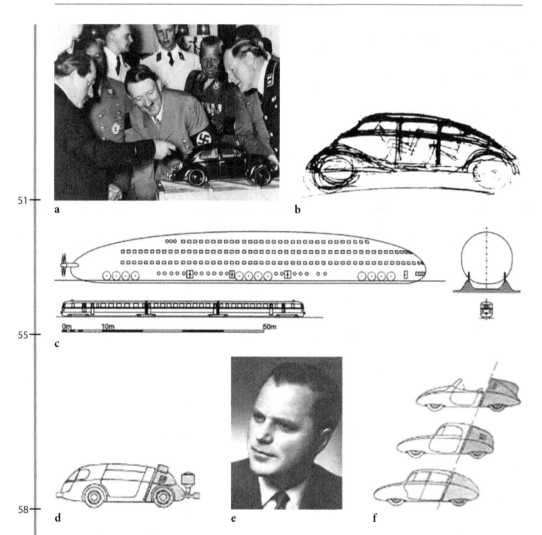

Bild 10-15: Entwicklungslinie 7 der Fahrzeug-Aerodynamik
a: Präsentation des Volkwagenmodells durch F. Porsche (~1937), **b:** Skizze von A. Hitler für den Volkwagen (~1937), **c:** Megalomanes Triebwagenprojekt für die Breitspurbahn der Deutschen Reichsbahn (1941), **d–f:** Fahrzeugbaukasten von B. Barenyi (1944)

Bild 10-16: Baukasten aus aerodynamisch optimierten Karosseriebaugruppen von Prof. Lay, USA

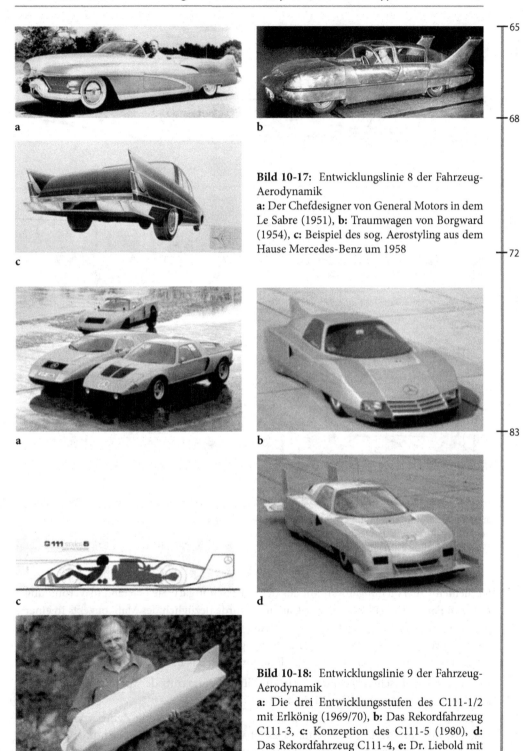

Bild 10-17: Entwicklungslinie 8 der Fahrzeug-Aerodynamik
a: Der Chefdesigner von General Motors in dem Le Sabre (1951), **b:** Traumwagen von Borgward (1954), **c:** Beispiel des sog. Aerostyling aus dem Hause Mercedes-Benz um 1958

Bild 10-18: Entwicklungslinie 9 der Fahrzeug-Aerodynamik
a: Die drei Entwicklungsstufen des C111-1/2 mit Erlkönig (1969/70), **b:** Das Rekordfahrzeug C111-3, **c:** Konzeption des C111-5 (1980), **d:** Das Rekordfahrzeug C111-4, **e:** Dr. Liebold mit Modell des C111-5

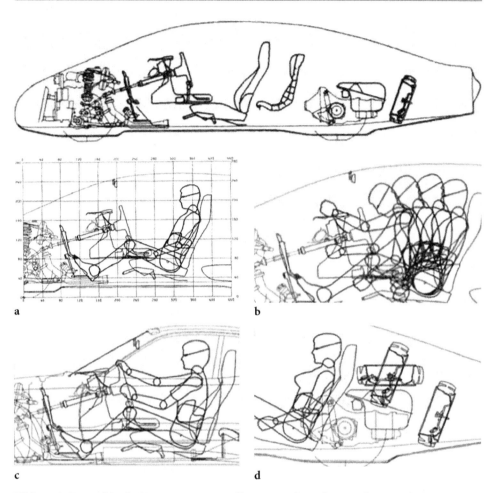

Bild 10-19: Beispiel für die Vereinigung von Maßkonzept und aerodynamisch optimiertem Gestalttyp **a:** 95 % Perzentil Mann in der Grundstellung, **b:** Bewegung einzelner Körperteile, **c:** Betätigung des Lenkrades durch 5 % Perzentil Frau, **d:** Positionierung einer 5 % Perzentil Frau und Drehen und Verschieben eines Fahrzeugeinbauteiles

fentlichen Untersuchungen stammt aus dem FKFS Stuttgart. Sie entstand in Verbindung mit dem Forschungs-Pkw 2000 „UniCar" und wurde bezüglich des Maßkonzepts in einer parallelen Dissertation [10-6] weiter bearbeitet (**Bild 10-19**). Das Ergebnis zeigt, dass sich ein hervorragender c_w-Wert und ein befriedigendes Maßkonzept nicht widersprechen müssen. Allerdings ist damit weder das Exterior- noch das Interior-Design gelöst.

In der aerodynamischen Fachliteratur ist die Flügeltheorie trotz der vorgenannten Gegenargumente bis heute enthalten (**Bild 10-20**).

Von Jaray ist es die Einflügelgestalt und die Zweiflügelgestalt mit Zentrierpol bzw. Linienabschluss im Heck. Die Zweiflügelgestalt wurde von Jaray als Schichtung von zwei Flügeln und als senkrechtes Aufstellen des zweiten, oberen Flügels auf den ersten, unteren Flügel konzipiert. Von Hucho wird die Formgebung aus zwei horizontal geschichteten Flü-

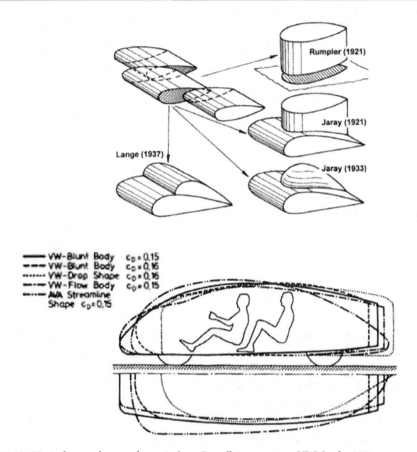

Bild 10-20: Veränderung der aerodynamischen Grundkörper, unten: VW-Studie 1981

gelprofilen Prandtl und Lange im Jahr 1937 zugeordnet. Hieraus entstehen grundsätzlich sechs aerodynamische Varianten der Karosseriegrundgestalt (**Bild 10-20**).

Trotz der dargestellten Problematik wird in der Fachliteratur (Hucho [10-7], Wiedemann u. a.) die aerodynamische Formgebung weiter in Gesamtformgebung und Detailformgebung unterteilt, wobei allerdings die Angaben zur „Gesamtform" nicht befriedigend sind.

Für aerodynamische Detailformgebung liegen demgegenüber umfangreiche Kataloge an Gestaltungsmaßnahmen vor (nach Hucho, Wiedemann u. a.) (**Bild 10-21**).

Neben den vorstehend behandelten Qualitäten und Bedeutungen des Streamlining kommt heute dazu, dass dieses auch der Nutzwertsteigerung und damit auch der Kennzeichnung eines Fahrzeugs bezüglich Ökologie, Umweltgerechtigkeit, niedrige Umweltbelastung u. a. dient. Wenn man diese Aufgabe beim aerodynamisch idealen One-Box-Grundtyp ansetzt, dann kommt eine weitere ergonomische Qualität hinzu, nämlich die Frontlenkerposition von Fahrer und Beifahrer (bei Omnibussen auch „Stirnsitz" genannt), mit der Verbesserung der Sichtbedingungen in Hochgeschwindigkeitsfahrzeugen. Als Entwicklungslinie ist dies die Verlagerung der Sitzposition des Fahrzeugführers vom Heck

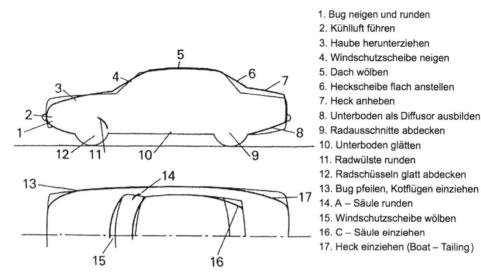

1. Bug neigen und runden
2. Kühlluft führen
3. Haube herunterziehen
4. Windschutzscheibe neigen
5. Dach wölben
6. Heckscheibe flach anstellen
7. Heck anheben
8. Unterboden als Diffusor ausbilden
9. Radausschnitte abdecken
10. Unterboden glätten
11. Radwülste runden
12. Radschüsseln glatt abdecken
13. Bug pfeilen, Kotflügen einziehen
14. A – Säule runden
15. Windschutzscheibe wölben
16. C – Säule einziehen
17. Heck einziehen (Boat – Tailing)

Bild 10-21: Aerodynamische Detailformen

zum Bug oder zur Front. Beide Konzeptionsziele werden besonders sinnvoll in Verbindung mit einem neuen Antriebskonzept und einem neuen Karosseriekonzept, wie dies die neue DLR-Fahrzeugstudie darstellt (Abschnitt 15).

Die Entwicklung der Pkw-Grundtypen kann auch folgendermaßen dargestellt werden: Diese begann mit den ersten Fahrzeugen von Daimler und Benz mit Mittelmotor und Heckmotor und mit Frontlenkung. Dieser für die folgenden Überlegungen richtige Fahrzeuggrundtyp veränderte sich relativ schnell in ein Fahrzeug mit Frontmotor. Durch die Vergrößerung der Motoren entstanden hieraus die Stufenfront-Steilheck- und Stufenfront-Stufenhecklimousinen mit den langen Motorhauben. Der Fahrer und die Beifahrer rückten dadurch immer weiter nach hinten/achtern, mit allen damit verbundenen Sichtproblemen. Bei der Zunahme der Geschwindigkeiten erhielt allerdings der Motor zusätzlich eine Sicherheitsaufgabe.

Die Fahrzeugaerodynamik (von Koenig-Fachsenfeld u. a.) setzte diesen Standardgestalttypen als Ideal den Einflügeltyp oder One-Box-Typ als Frontlenker und mit Heckmotor entgegen. Dieser setzte sich aber trotz vieler Versuche (Jaray, Lay, FKFS, Schlör, Heald, Reid u. a.) nicht durch. Es ist anzunehmen, dass dies für diese Frontlenkerausführung am fehlenden Sicherheitspuffer Motor lag. Hinzu kam, dass in den 30er Jahren weder die Grundlagen der Maßkonzepte, noch die Gestaltungsprinzipien des Fahrzeugdesigns bekannt waren. Die Aerodynamiker und Fahrzeugbauer arbeiten deshalb ausgehend vom Lay-Wagen von Jaray eigentlich an den falschen Fahrzeugtypen.

Dies gilt übrigens später auch für den NSU Ro 80, der eine klassische 3-Box-Limousine war, wobei zu seiner vorausgegangenen Entwicklungsgeschichte eine intensive Auseinandersetzung in der Fachliteratur um seinen Gestalttyp gehört [10-22] (**Bild 10-23**).

Parallel zum Pkw-Bau gab es aber eine Entwicklung zu One-Box-Hochgeschwindigkeitsfahrzeugen mit Frontlenkung bzw. -steuerung: Omnibusse, Schienenfahrzeuge, Rennwa-

Bild 10-22: Entwicklungslinie der One-Box-Konzepte (Auszug)

gen, Schiffe, Flugzeuge u. a. Die Sicherheitsbedenken gegen den One-Box-Typ wurden von dieser Seite bis Ende des Zweiten Weltkrieges weitgehend widerlegt und ausgeräumt, so dass schon bald nach Kriegsende eine Renaissance der One-Box-Fahrzeuge einsetzte (1949 Kastenwagen F8SL von Auto Union, 1950 VW Transporter T1 u. a., **Bild 10-22**).

Diese Entwicklung zum One-Box-Typ begann allerdings schon lange vor 1945 auf internationaler Ebene (**Bild 10-22**). Der Erste war wohl der „Zeppelin auf Rädern" 1911 von O. Bergmann.

Dies zeigen auch die unterschiedlichen Bezeichnungen:
– Einflügelform,
– Einvolumenform,
– Tropfenwagen,
– Monocorpo,

Bild 10-23:
Vorstudien zum Gestalttyp des
späteren NSU Ro 80 (1960/67)

Bild 10-24: One-Box-Typ als Auto der Zukunft (2012)

– Ei (Göttinger Ei),
– La goutte d'eau (Wassertropfen),
– einmodulare Gestalt,
– Monogestalt u. a.

Zu dieser Entwicklung gehören auch der Wartburg „Trambus" von 1961 oder Studien von
Porsche.

Dieser Gestalttyp findet sich heute in vielen aktuellen Studien für Elektrofahrzeuge und Nutzfahrzeuge, insbesondere Taxis (NYC – Taxi of Tomorrow, VN Milano Taxi u. a.).

Auf der Grundlage der dargestellten Entwicklungsgeschichte zum One-Box-Typ ergeben sich für den zukünftigen Pkw folgende Qualitätsmerkmale:

– kompakte Außenmaße,

– aerodynamische Form,

– Unterflurantrieb,

damit

– gesamte Innenfläche zur Verfügung von Passagieren und Gepäck,

– komfortable und variable Innenausstattung (s. Anwendungsbeispiel, Abschnitt 15).

Am Frontend des T1 wurden schon sehr früh auch aerodynamische Untersuchungen durchgeführt, nicht zuletzt auch deshalb, weil der Windkanal des Institutes der Strömungsmechanik der TH Braunschweig nach dem Zweiten Weltkrieg die erste Einrichtung in Deutschland für komplette Messungen an Kraftfahrzeugen war (nach D. Hummel in „Braunschweiger Prinzenparkrennen", Ausstellungskatalog, Braunschweig 2012). Dort wurde auch an einem VW Käfer ein c_w-Wert von 0,4 ermittelt, demgegenüber an einem Vollstromlinien-Leichtbau-Sportrennwagen (VLK) ein c_w-Wert von 0,212.

Hinzu kam, dass ab Mitte der 50er Jahre die ergonomischen Grundlagen der Maßkonzeption vorlagen (H. Dreyfuss u. a.). Des Weiteren wurden in aerodynamischen Grundsatzuntersuchungen nicht zuletzt für den One-Box-Typ neue Profile und Silhouetten entwickelt, einschließlich Teillösungen wie der Heckdiffusor, die Diffusorlinie, der Cusp u. a.

Der von Hucho propagierte Cusp ist ein K-Heck mit Höhlung, auch Attika genannt.

Die strengen Flügelgestalten der anfänglichen Aerodynamik wurden durch freiere Grundgestalten ersetzt (z. B. VW-Studie, **Bild 10-20**), die meisten aber mit K-Heck.

Zum derzeitigen Stand von wissenschaftlicher Aerodynamik und praktischem Fahrzeugdesign drängt sich der Verdacht einer Trennung auf: Mit dem CFD-Werkzeug (Computational Fluid Dynamics) lassen sich alle Exterior-Designs auch ohne Streamlining optimieren.

Demgegenüber erweiterte sich das klassische Streamlining als Merkmal eines ökonomisch und ökologisch orientierten Designs. Erste Beispiele sind z. B. von der FH München bekannt [10-8].

Die jüngsten Beispiele von One-Box-Fahrzeugen sind der VW Bully und das Elektroauto Mia u. a.

Zum aktuellen Revival der Aerodynamik gehören auch diesbezügliche Studien an Lkw und an Schiffen (**Bilder 10-25/26**).

Mit einer Verbesserung des c_w-Werts von 0,5 auf 0,3 und einer Kraftstoffeinsparung von 15 % zeigt die MAN-Studie gegenüber dem Serienmodell TGX ein interessantes Verbesserungspotential. Der Cusp wurde dabei übrigens durch drei Klappen realisiert [10-9].

Zu den aktuellen Leistungen der Kraftfahrzeugaerodynamik gehören Fahrzeuge mit einem c_w-Wert unter 0,25 (Mercedes CLA 0,22, VW XL1 0,189), d. h. das bekannte cw-Entwicklungsdiagramm von Hucho muss nach unten korrigiert werden [10-10].

In einer wissenschaftlich-analytischen Betrachtung ergibt sich für den Luftwiderstand ein hoher Anteil an den CO_2-Emissionen. Dieser liegt bei einem Fahrzeug der Kompakt-

Je nach Streckenprofil **lassen sich bis zu 25 % Kraftstoff und damit CO$_2$ einsparen**

Variants		Length Change Front & Rear	Paletts [1m Height] Volume [98 m³] const.		Fuel Reduction [Easy highway]
Basis		Basis TGX		68	0%
A		Front :+ 0,8 m Rear : 0		68	- 5%
B Flaps	10°	Front :+ 0,8 m Rear : + 0,6 m		68	- 8%
D		Front :+ 0,8 m Rear : + 1,2 m		70	- 10%
F Boat tail		Front :+ 0,8 m Rear : + 2,7 m		70	- 15%

Bild 10-25: Lkw-Studie MAN Concept S

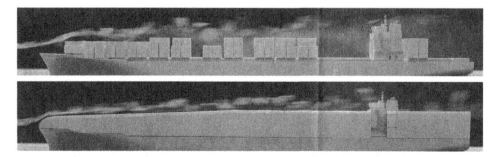

Bild 10-26: Aerodynamische Abdeckung von Containerschiffen

klasse bei über 31 %. „Andererseits sind aerodynamische Optimierungen mit geringeren Kosten als Leichtbaumaßnahmen zu erreichen" (nach Wiedemann [10-11]). Hucho weist in seiner jüngsten Publikation darauf hin, dass die volle Wirkung der Luftwiderstandsreduzierung erst mit regenerativen Bremsen erreicht wird [10-12].

Diese neue Argumentation für das Streamlining wird in Zukunft eine Herausforderung der Fahrzeugingenieure und -designer sein.

Interessanterweise propagieren heute auch schon Autozulieferer wie BOSCH den One-Box-Typ als Auto der Zukunft (**Bild 10-24**). Dies galt auch für die 2007 vorgestellte Fahrzeugstudie Toyota Hybrid X.

10.4   Zentripetal erweitertes Maßkonzept

Das im Abschnitt 8 von innen nach außen entwickelte Maßkonzept muss um verschiedene Benutzungsvorgänge erweitert werden.

Solche Benutzungsvorgänge von „außen nach innen" oder zentripetal sind im Einzelnen:
– der Ein- und Ausstiegsvorgang (**Bild 10-27**),
– das Kontrollieren und die Zugänglichkeit von Anzeigen und Stellteilen im Motorraum (**Bild 10-28**),
– das Be- und Entladen des Gepäckraums (**Bild 10-29**),
– das Beladen des Daches, z. B. mit Sportgeräten (**Bild 10-30**), u. a.

Aus solchen und anderen Benutzungsvorgängen ergibt sich das erweiterte Maßkonzept für einen Karosseriegrundtyp oder eine Fahrzeugaußengestalt.

In dem erweiterten Maßkonzept aus neuen oder verbesserten Benutzungsarten liegt natürlich auch der Ansatz für neue Karosseriegrundtypen, z. B. durch
– dreh- oder kippbaren Beifahrersitz für Senioren,
– Mitnahme eines Kinderwagens,
– Einbau einer Ruheliege,
– Berücksichtigung der Akzeleration oder Größenveränderung zukünftiger Fahrer und Fahrgäste u. a.

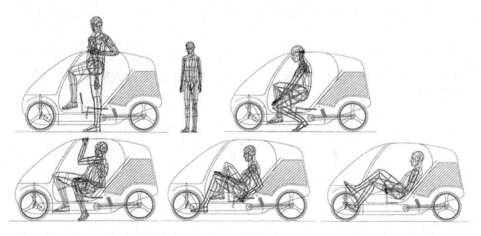

Bild 10-27: Externes Maßkonzept: Einstieg in ein HPV

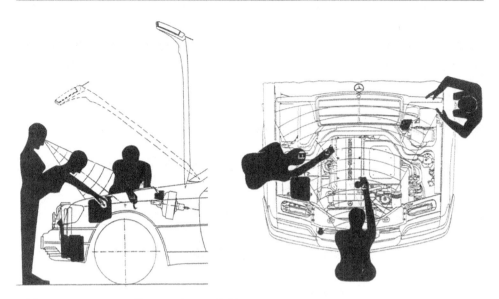

Bild 10-28: Externes Maßkonzept: Zugänglichkeit eines Motorraums

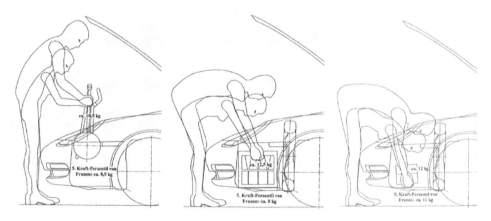

Bild 10-29: Externes Maßkonzept: Beladung eines Sportwagens. Bemessungsgrundlage: Golfbesteck und Golfsack

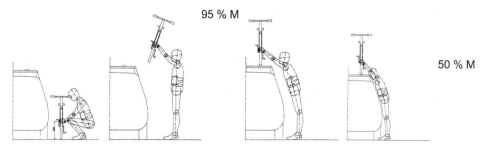

Bild 10-30: Externes Maßkonzept: Dachbeladung eines Pkws

10.5   Karosseriebauweise und -konstruktion und ihre speziellen Darstellungsarten

Unter „Konstruktion" wird die Umsetzung/Lösung der funktionalen Anforderungen an ein Fahrzeug, primär dessen Basisdaten (s. Abschnitt 2) in technischen Baugruppen und in einer typischen oder kennzeichnenden Gesamtgestalt verstanden. Hinzu kommt insbesondere die Fertigung einschließlich der Montage dieser Fahrzeuggestalt. Dargestellt werden diese technischen Sachverhalte der Funktion und der Fertigung üblicherweise in Zeichnungen bzw. einem typbezogenen Zeichnungssatz [10-13].

Die Zeichnung einer italienischen Kutsche des Stuttgarter Hofarchitekten Schickardt aus dem Jahr 1599 gilt als älteste erhaltene Wagenkonstruktionszeichnung (**Bild 10-31**). Neben der Schiffskonstruktion entwickelte sich bis ins 19.Jahrhundert eine eigenständige Wagenkonstruktion, die das Fachwissen der Wagnermeister darstellte. Daneben gab es aber auch für viele Fahrzeugtypen Musterzeichnungen über deren Konstruktion aus Rahmen oder Chassis und Wagenkasten (**Bild 10-32/33**). Diese Fachgeschichte war die Grundlage der nachfolgenden Karosseriekonstruktionen des Automobilbaus.

Der industrielle Karosseriebau begann am Anfang des 20. Jahrhunderts: bei Daimler 1905 nach dem Umzug nach Stuttgart-Untertürkheim, bei Benz 1909 nach dem Umzug nach Mannheim-Waldhof. Vorher fertigten die Erfinder des Automobils nur fahrfertige Chassis, und die Karosserien wurden von Zulieferern hergestellt. Bei Daimler war dies z. B. C. Auer in Cannstatt und bei Benz z. B. die Firma Kaltreuther in Mannheim. Die ersten

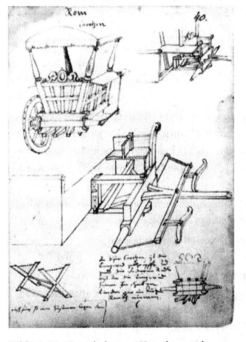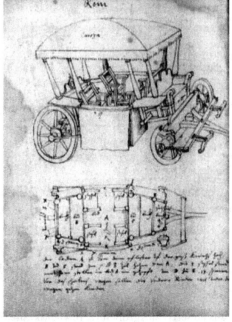

Bild 10-31: Erste bekannte Kutschenzeichnung

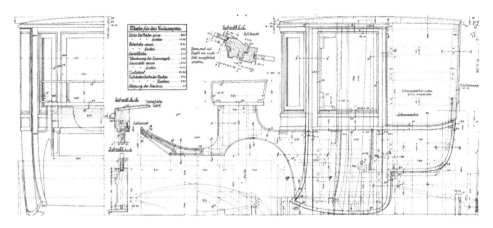

Bild 10-32: Musterzeichnung für einen Coupékasten

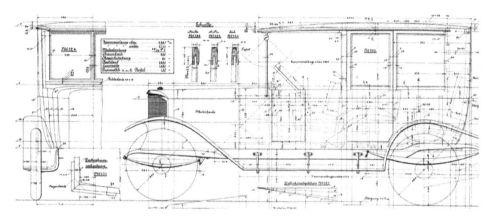

Bild 10-33: Musterzeichnung für eine Limousine

dort gebauten Karosserien waren noch stark an den Kutschen orientiert. Beispiele aus dem Mercedes-Museum: Mercedes-Simplex Reisewagen für Jellinek (1907) und Benz Landaulet (1909). Es ist zu vermuten, dass deren Design nach Vorlagezeichnungen für Kutschen bzw. Entwürfen von Architekten entstand. Beispiel: Designs für Opel-Wagen 1906 von J. M. Olbrich (**Bild 10-34**).

Vorläufer der Fahrzeugkarosserien oder -aufbauten sind – wie dargestellt – die Schiffsrümpfe, Kutschkästen, Fahrradrahmen, Flugzeugrümpfe, Ballongondeln u. a.

Die Fahrzeugkarosserien sind Tragwerke mit einer komplexen Belastung:

– aus der Nutzlast (statisch und dynamisch),
– aus dem Antriebsstrang (Position und Dynamik der Funktionsbaugruppen),
– aus den Betriebskräften (unterschiedliche Lage und Größe der Nutzlast, Fahrbahnstöße, Beschleunigungs- und Bremskräfte u. a.),
– aus äußeren Störgrößen (z. B. Windkräfte, Schneelast u. a.),
– aus den Crashkräften (frontal, seitlich, durch Überschlag) u. a.

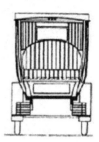

a

b

c

Bild 10-34:
a: Design für Opel von Josef Maria Olbrich (1906)
b: Mercedes Simplex Reisewagen für Jelinek (1907)
c: Benz Landaulet (1909)

Konstruktiv erfolgte die Entwicklung dieser Tragwerke zu einem integrierten Gestalttyp durch den Übergang von der ursprünglichen Rahmenbauweise, z. B. der Leiterwagen, zu einem Flächentragwerk, z. B. der Pontonkarosserie [1-1].

Das erste Tragwerk in der Kraftfahrzeugtechnik war der Fahrzeugrahmen oder das Fahrzeugchassis (**Bild 10-36**). Später kam als zweites Tragwerk der Karosserierahmen dazu. Die dritte Entwicklungsstufe war, dass Chassis und Karosserie zu einem Tragwerk vereinigt wurden.

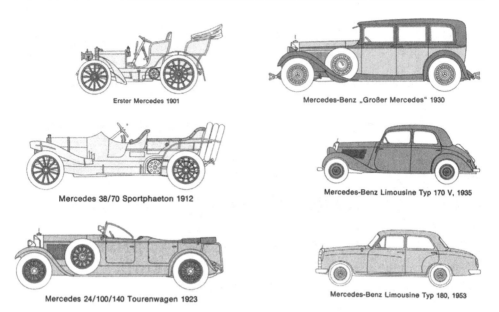

Bild 10-35: Entwicklungsschritte der Pkw-Karosserie von der offenen Rahmenbauweise zur geschlossenen Ponton-Form

Die offene Karosserie entstand aus einzelnen Bauteilen, wie Boden, Spritzwand, Seitenwände, später mit Türen u. a., die auf das Chassis aufgesetzt wurden. Die geschlossene Karosserie bestand aus dem selbsttragenden Rahmen und der Verkleidung (**Bild 10-35**).

Die frühen Karosserien wurden, wie z. B. die Schiffe, in reiner Holzbauweise ausgeführt. Eine der exklusivsten Karosserien des Automobilbaus besaß sicher der Rosenholz-Sportwagen von Hispano-Suiza aus dem Jahr 1924.

Die reine Holzbauweise wurde, in Anlehnung an den Wagenbau und Eisenbahnfahrzeugbau, zugunsten einer gemischten Bauweise aus Holz und Metallteilen weiterentwickelt. Die nichttragenden Verkleidungen wurden in Textil und später in Blech ausgeführt und führten dann zu der reinen Metallbauweise der Karosserien. Der letzte Entwicklungsstand waren und sind die Karosserien in Kunststoffbauweise.

Der Chassisrahmen wurde ursprünglich aus zwei ebenen und parallelen Längsträgern und Traversen als Leiterrahmen aufgebaut, wie ihn schon die Daimler-Lastwagen von 1900 aufweisen. Die Leiterrahmenenden wurden in der Folgezeit einfach oder mehrfach gekröpft, um den Fahrzeugschwerpunkt abzusenken.

Aus dieser topologischen Veränderung entstand der X-Rahmen und später der Chassisrahmen mit Bodenplatte und Plattform (**Bild 10-39**). Aus Leichtbauanforderungen wurde das Fahrzeugchassis auch als Gitterrohrrahmen ausgeführt, z. B. beim Mercedes 300 SL (**Bild 10-37**).

Die geschlossene Karosserie oder der Karosseriekasten hatte, wie schon erwähnt, einen eigenen und damit zweiten Rahmen, zuerst als Holzrahmenfachwerk, das verkleidet oder beplankt wurde. Die getrennt gefertigte Karosserie wurde auf das Chassis oder die

Bild 10-36: Fahrfertiges Fahrgestell (Chassis) von Maybach

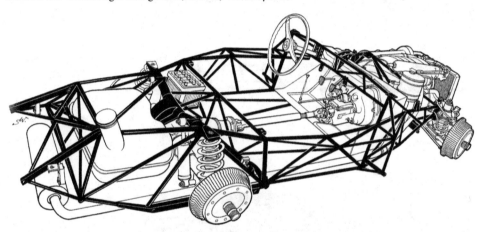

Bild 10-37: Gitterrohrrahmen des 300 SL

Plattform aufgeschraubt. Diese Bauart führte dann, insbesondere in Blechbauweise, zu der selbsttragenden Karosserie ohne Chassisrahmen. Pioniere dieser Bauart (engl. unit body, deutsch auch als „rahmenlos" oder „integral" bezeichnet) waren:
– 1903 Vauxhall mit dem Runabout,
– 1928 Ledwinka,
– 1934 Citroën mit dem Citroën 7.

Den Abschluss dieser Gestaltentwicklung bildete die sogenannte Pontonkarosserie. Diese Bezeichnung verweist auf das entsprechende Vorbild aus dem Schiffbau, denn Schiffe oder – besser – Schwimmkörper waren, funktional begründet, schon immer Schalen oder Flächentragwerke. Diese wurden im Rennwagenbau auch „monocoque" (einschalig) genannt.

Die Pontongestalt bildet das raumökonomische und aerodynamische Ideal des Karosseriebaus mit ihren glatten Seitenflächen ohne Trittbretter u. a.

Die Pontonkarosserie wurde schon 1934 von B. Barényi unter der Bezeichnung Zellenfahrzeug vorgeschlagen (**Bild 10-38**), übrigens mit einem Heckmotor und einem tragenden Boden, und in der deutschen Automobilindustrie 1949 von Borgward erstmals in Se-

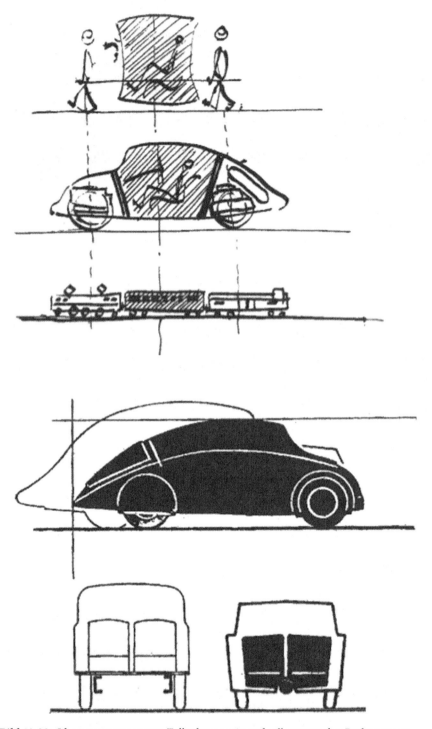

Bild 10-38: Ideen zur sogenannten Zellenkarosserie und selbsttragenden Bodengruppe

Bild 10-39: Die erste in Deutschland serienmäßig gebaute Ponton-Karosserie

rie gebaut (**Bild 10-39**). Mercedes-Benz folgte 1953 mit dem Typ 180 (**Bild 10-35** unten). Als Pioniere gelten heute allerdings die Thunderbolt Dreamcars von 1941 in den USA.

In der Karosserieberechnung gibt es kritische Stimmen, dass trotz dieser grundlegenden Veränderung von Bauart und Bauweise Karosserien zur Erfüllung der Crash-Lastpfade immer noch aus Zweifeldrahmen mit Schubfeldern bestehen. Allerdings wurde schon 1934 der Steyr 100 ohne B-Säule konstruiert und gebaut.

Neue Strukturlösungen, z. B. auch Fronttüren, sind erst bei Veränderungen der Lastpfade zu verwirklichen.

Den Blechbau der Karosserien entwickelten einmal die Wagner, z. B. J. Rothschild & Fils mit den Mitarbeitern Rheims und Auscher in Paris. C. Auer in Cannstatt baute 1911 das erste Metallflugzeug für Hellmuth Hirth. Später entwickelte sich der Beruf des Metallflugzeugbauers, z. B. bei Dornier (**Bild 10-43**). Der Mercedes-Karosseriebau in Sindelfingen entstand nach dem Ersten Weltkrieg ebenfalls aus Erfahrungen im Flugzeugbau. Nach dem Zweiten Weltkrieg erfolgte gleichfalls wieder ein Rücktransfer vom Flugzeugbau zum Automobilbau. So war der erste Mitarbeiter des Designers Lepoix ebenfalls ein Metallflugzeugbauer. Die Karosserie des Mercedes 300 SL wurde ebenfalls von einem Karosseriebaumeister entworfen, der im Zweiten Weltkrieg im Flugzeugbau tätig war. Aus diesem Zusammenhang kann dessen Unterwagen als Rumpf und dessen Aufbau als Kanzel verstanden werden, nicht zuletzt wegen der sehr eng dimensionierten Flügeltüren (**Bild 10-37**).

Der Pionier der Ganzstahlkarosserie war der Amerikaner E. G. Budd (1870–1946). Erste Ideen und Untersuchungen dazu gehen bis in das Jahr 1919 zurück. Eine erste Anwendung erfolgte bei Hupmobile. Ein erstes Patent erhielt Budd 1914 mit Anwendungen bei Buick, Dodge u. a. In Lizenz von Budd baute Citroën 1924 den B10 „tout acier“. Ab 1926 baute Ambi-Budd, Berlin, auch Karosserien für deutsche Firmen (Adler, BMW, Ford). Als erster Pkw mit einem Plattformrahmen und mittragender Karosserie gilt der Chrysler Airflow. In Ganzmetallbauweise wurden ab dieser Zeit auch Eisenbahnzüge und später auch Flugzeuge gebaut.

Diese Entwicklung zu der Pontonkarosserie war gleichzeitig eine Entwicklung der Bauweise (**Bild 10-42**), d. h. von der Misch- oder Kompositbauweise aus Holz, Eisen und Textilien der Kutschen und auch der Lokomotiven zu der reinen Metallbauweise der Dampfschiffe und später der Personenwagen. Diesen Übergang zeigen auch die Mercedes-Lkw-Kabinen (**Bild 10-47**).

Eine Systematik der Bauweisen enthält DIN 43 350 (s. auch **Bild 10-42**).

Hierzu gehören auch, wie aus dem Rennwagenbau bekannt, mittragende Motoren und Getriebe. Dieses Prinzip wird heute auch schon für „integrale Batteriesysteme“ untersucht.

Erste Beispiele für den Leichtbau waren die Zeppeline mit einem Aluminiumgerippe und später Flugzeuge von Junkers, Heinkel und Dornier. Es ist bis heute eine unbeantwortete Frage, ob das Zeppelin-Gerippe (franz. carcasse) aus Ringen und Längsbalken (Stringern) nicht einem gotischen Münsterturm nachempfunden war.

Die Erfahrungen in der Aluminiumbauweise wurden nach dem Ersten Weltkrieg von Zeppelin-Luftschiffbau auch in Autokarosserien angewandt, wie dem SHW-Wagen von W. Kamm.

Eine weitere Begründung der konstruktiven Gestaltintegration erfolgte über die Sicherheitstechnik, die maßgeblich von B. Barényi konzipiert wurde (**Bild 10-38**).

Schon vorher aber waren z. B. die Sitzschienen und die Sitzbeschläge konstruktive Aufgaben, die das variable Sitzen in einem Auto ermöglichen (Reutter – Recaro!).

Menschenbezogen wurde die Sicherheit in folgenden Teilbereichen definiert und bearbeitet:

– Fahrsicherheit durch die Vermeidung von Fahrfehlern,
– Konditionssicherheit durch geeignete Sitze, Sicht und Armaturen,
– Bedienungssicherheit durch sinnfällige Wirkung und Anordnung der Stellteile,
– äußere Sicherheit für Fußgänger, Radfahrer u. a.

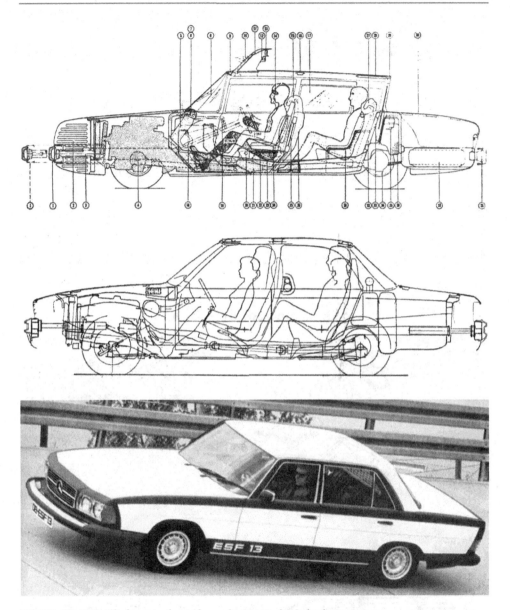

Bild 10-40: Beispiele für amerikanische und europäische Sicherheitswagen

Diese Sicherheitsziele wurden durch folgende Konstruktionsgrundsätze in Angriff genommen: große Gestaltfestigkeit des Fahrgastraumes, der die Insassen schützend umgibt; relativ geringe Gestaltfestigkeit des Vorbaus und des Hecks, um den ersten Aufprall zu dämpfen.

Diesbezügliche Ausführungen waren seit den 50er Jahren die amerikanischen und deutschen Sicherheitsfahrzeuge, wie der Mercedes ESF von 1971. Deren besondere Merkmale im Exterior-Design waren die weit herausstehenden Pralldämpfer (**Bild 10-40**).

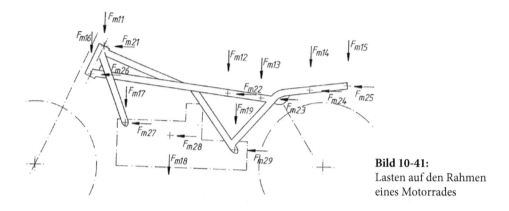

Bild 10-41:
Lasten auf den Rahmen
eines Motorrades

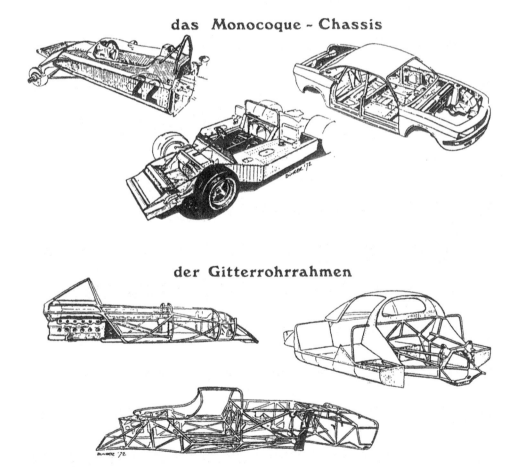

Bild 10-42: Alternative Karosseriebauweisen

Bild 10-43: Früher Metallflugzeugbau

Bild 10-44: Eine der ersten deutschen Kunststoffkarosserien 1954

Ein weiterer Aspekt der Fahrzeugkonstruktion war der Karosserieleichtbau. Hieraus ergab sich die Frage nach der Tragfähigkeit und Berechenbarkeit des Tragwerks Karosserie unter seiner inneren und äußeren Belastung, insbesondere auch unter Einsatz neuer Materialien, wie z. B. der Kunststoffe (**Bilder 10-45/46**).

Erste Ansätze hierzu wurden in der Statik des Luftschiffbaus und des Metallflugzeugbaus entwickelt. Wichtige Grundlagen zu den heutigen Finite-Element-Methoden (FEM) wurden in der 2. Hälfte der 50er Jahre in England z. B. an der „Advanced School of Automotive Design" (ASA) konzipiert und durch Prof. Argyris (später Stuttgart) und Prof. Clough (Berkeley) erprobt und verbreitet (s. auch **Bild 10-18**). Diese und andere Grundla-

Bild 10-45: Früher Kunststoffkarosseriebau

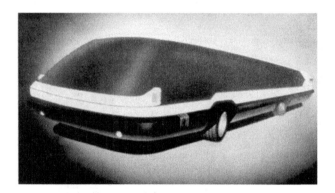

Bild 10-46:
Entwicklungsstufen des NEO-
PLAN-Metroliners in Kunststoff

gen führten dann zur rechnerunterstützten Entwicklung der Fahrzeugkarosserie [10-14].

Grundsätzlich gehören auch die Hauptmaße der Karosserie, insbesondere die Dicken der tragenden Elemente und Partien von Boden, Seitenwand, Dach, Front und Heck, zum Maßkonzept des Gestalttyps dazu. Beispiele (nach C. Vogt):

– Bodendicke   110 mm
– Türdicke   150 mm
– Dachdicke   200 mm

Nicht zuletzt gehören zu diesen konstruktiven Grundlagen auch die Türen. Unter Sicherheitsaspekten wurden die gleichsinnig nach vorne öffnenden Fahrzeugtüren eingeführt. Unter Einstiegs- und Zugänglichkeitsaspekten werden heute wieder verstärkt gegenläufige Türen ohne B-Säule vertreten (s. Opel Meriva). Diese Entwicklung zur gleichzeitigen Lösung aller Anforderungen in einer Fahrzeugkarosserie hat heute dazu geführt, dass auch deren Design nur integriert oder simultan behandelt werden kann.

Zu den modernen Bauweisen für Karosserien und Rümpfe gehören heute auch wieder technische Textilien (z. B. BMW-Projekt Gina). Eine fertigungstechnische Idee von ehemaligen BMW-Mitarbeitern ist der Aufbau eines Pkws nach dem Schuhschachtelprinzip: Eine „offene Schachtel", d. h. der offene Unterwagen, wird von oben „gefüllt" mit allen Funktionsbaugruppen und Interieurelementen. Zum Schluss wird der „Deckel", d. h. das Greenhouse, aufgesetzt.

Zukünftige Tragwerke enthalten voraussichtlich aktive und adaptive Elemente, wie z. B. veränderliche Motorhauben durch Materialien mit Formgedächtnis.

Die Karosseriekonstruktion entwickelte für ihre Belange auch eigene Zeichnungsarten:
– den Formlinienplan (**Bilder 8-36/38**) (**Bild 10-47**),
– den Strak [10-15] (**Bild 10-51/52**),
– die Austragung,
– den Fugenplan,
– die Fenstertonne (**Bild 10-48**),
– den Farbplan (**Bild 12-34**) u. a.;
daneben die ganze Breite des Modellbaus [10-16].

Ausgehend von den frühen Schiffsmodellen zur Ausbildung von Marineoffizieren sind dies heute:
– Ergonomiesitzkisten,
– Clay-Modelle als Präsentations- und Windkanalmodelle,
– Materialdesignmodelle,
– Cubing-Modelle u. v. a. m.

Zu dieser Entwicklungslinie gehört auch der Rechnereinsatz in der Karosserieentwicklung (**Bild 10-50**).

Zum Modellbau besteht zwischenzeitlich der Versuch einer eigenen Theorie [10-17]. Neu ist die Substituierung der realen Modelle durch virtuelle. Interessant ist, dass in diesem Kontext heute schon über „Wahrnehmungsmodelle zur sinnlichen Validierung" gesprochen wird.

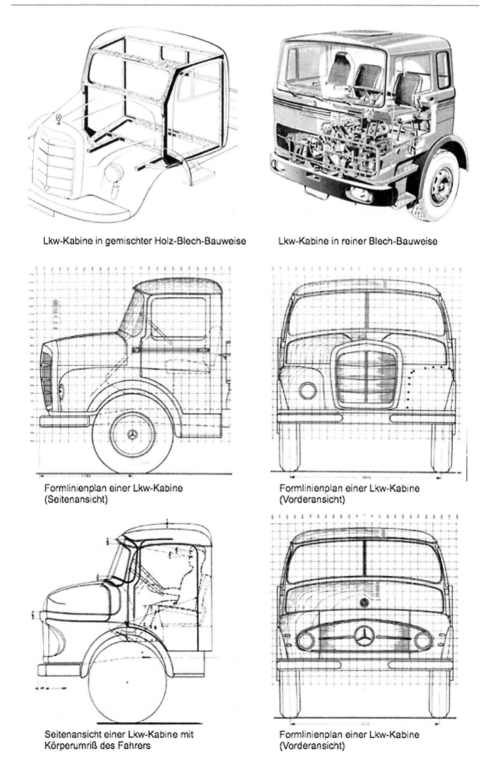

Lkw-Kabine in gemischter Holz-Blech-Bauweise   Lkw-Kabine in reiner Blech-Bauweise

Formlinienplan einer Lkw-Kabine   Formlinienplan einer Lkw-Kabine
(Seitenansicht)   (Vorderansicht)

Seitenansicht einer Lkw-Kabine mit   Formlinienplan einer Lkw-Kabine
Körperumriß des Fahrers   (Vorderansicht)

Bild 10-47: Entwicklungsstufen von Lkw-Fahrerhäusern

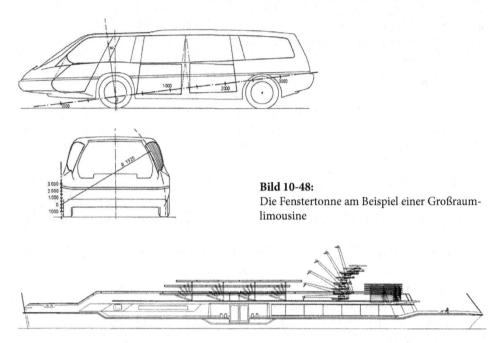

Bild 10-48:
Die Fenstertonne am Beispiel einer Großraumlimousine

Bild 10-49: Variable Schiffsaufbauten

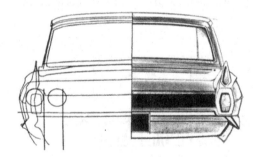

Bild 10-50:
Beispiel für den frühen Rechnereinsatz in Fahrzeugkonstruktion und -design

Zum Übergang auf die aktuellen Themen des Leichtbaus und der Nachhaltigkeit soll zuerst zum Einsatz von Kunststoffen im Karosseriebau eine Antwort versucht werden.

Wichtige Marksteine dieser Entwicklung (**Bild 10-44/46**) sind:

– 1935 Kunststoffkarosserie des DKW F1. Holzspanten und Kunstlederbezug. Das spätere Modell F4 hatte ein Armaturenbrett aus Bakelit.

– 1946 Fiberglaskarosserie des Stout Scarab von 1939 (s. **Bild 10-22**). Dieser hatte übrigens eine Couch, einen Klapptisch und verstellbare Einzelsessel. Er war mit dieser
Inneneinrichtung wohl eines der ersten Wohnmobile.

– 1950 Lloyd LP 300 „Leukoplastbomber", wie DKW F1

– 1953 Chevrolet Corvette mit Kunststoffkarosserie

– 1954 Erste Kunststoffkarosserie von Spohn, Ravensburg; wahrscheinlich mit einer Me-
talltragstruktur, wie auch später der 300 SL (**Bild 10-44**)

- 1955 AWZ P 70 des Automobilwerks Zwickau mit Außenhautteilen
- 1957 Ganzkunststoffkarosserie des Lotus Elite
- 1967 Einteilige Kunststoffbodengruppe, vorgestellt auf der Hannover Messe und auf
  der K'67 Düsseldorf. Entwickelt in Zusammenarbeit von BMW, Gugelot-Design,
  Ulm, und Bayer Leverkusen. Entwicklung 1978 eingestellt. Fahrzeug im Deutschen Museum, München. Parallele Entwicklungen von Autonova-Designteam
  und Aerojet General Corp.
- 1985 Neoplan Metroliner [10-18] (**Bild 10-46**). Entwicklung bis zu einem fahrfertigen
  Serienmodell.

Der Einsatz von Kunststoffen in Fahrzeugkarosserien konzentriert sich in der Gegenwart
auf das CFK, den kohlenstoffverstärkten Kunststoff. Dieser ist fester als Stahl und leichter
als Aluminium und verspricht einen wesentlichen Beitrag zum Leichtbau von Fahrzeugen
[10-19].

Leichtbau ist ein uraltes Ziel der Technik und des Fahrzeugbaus. Auch mit der Fes-
tigkeitsberechnung von Bauteilen und Konstruktionsgestalten verbindet sich das Ökono-
mieprinzip des Aufwands oder das funktionsbedingte Minimum [10-20].

Leichtbau zielt immer auf die Reduzierung des Leergewichts oder der Totlast (s. Abschnitt 2) zugunsten der Nutzlast (auch Transportgewicht oder Ladegewicht) bzw. zur Erhöhung der Relation Nutzlast zu Totlast.

Ein altbewährtes Kriterium des Materialleichtbaus sind die Gewichtskennzahlen, z. B.
die Gewichtskennzahl für die Steifigkeit aus spezifischem Gewicht zu Elastizitätsmodul
[Seeger 2005].

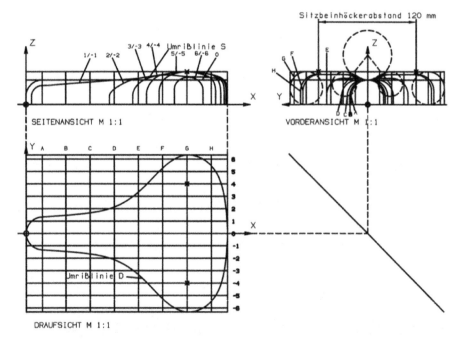

Bild 10-51: Formlinienplan eines Fahrradsattels

Die größte Herausforderung für den Leichtbau sind designorientiert die Human-Powered Vehicles
– Fahrräder,
– Rollstühle,
– Sportboote,
– Dreiräder (s. **Bild 10-27**),
– Leichtflugzeuge u. a.

Bekannte Fahrzeuge aus CFK bzw. mit CFK-Einsatz sind der BMW i3 und i8 sowie der VW XL1 (**Bild 10-53**).

Interessant sind die angegebenen Verbesserungen designorientiert in der Karosserie und in der Ausstattung. Diese gehen maßgeblich zurück auf die leichteren Scheiben, die Lenkhilfe und die Sitze.

Probleme des CFK-Einsatzes sind allerdings die noch zu hohen Fertigungszeiten und ein nachteiliges Recycling, was die spezialisierten Hersteller aber zu lösen versprechen.

Unter Berücksichtigung des hohen Gewichtsanteils der Innenausstattung sind generelle Ansätze ihres Leichtbaus:
– mittragende Innenausstattung,
– Substituierung und Reduzierung der Innenausstattung (s. Abschnitt 15 „Ideen“).

Designorientierte Teilaufgaben einer „nachhaltigen Mobilität“ können sein:
– Passivfahrzeug, d. h. Energieselbstversorger durch Sonnenenergie-Selbstaufladung, z. B. durch Fotovoltaikaußenseite (**Bild 10-6**),

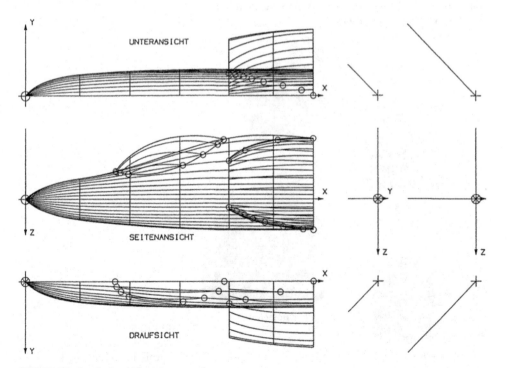

Bild 10-52: Strak eines Flugzeugrumpfes

– extremer Leichtbau aus regenerativen Materialien, hierzu kann auch der neue Einsatz von Holz gehören [10-21].

– 100 % recycelbar, d. h. reine Bauweise, z. B. Stahlbauweise,

– modularer Aufbau mit Langzeitmodul der Rohkarosserie plus Austauschbau der Innenausstattung aus wenigen Großbauteilen.

Es soll zum Schluss nicht unerwähnt bleiben, dass zu der Karosseriekonstruktion heute als eigenständiges Fachgebiet auch die Interior-Konstruktion gehört, die aber an fast keiner Hochschule gelehrt wird.

Das CFK-Monocoque des XL1:

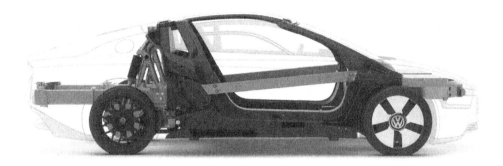

Das Gewicht der Baugruppen des XL1 im Vergleich zu einem Pkw der Kompaktklasse:
(in Kilogramm)

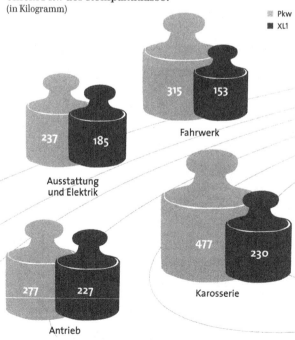

Bild 10-53:
Beispiel für die Gewichtsersparnis durch Kunststoff

Fahrzeugdesign – informativ 11

11.1 Exterior-Design

Voraussetzung für die folgenden Darlegungen ist, dass die Sichtbarkeit einer Fahrzeugge-stalt gegenüber ihrem Hintergrund gegeben ist. Das Gegenteil davon, nämlich die Tarnung oder Camouflage, ist ein sehr altes Designthema. Die prägnante Sichtbarkeit ist demgegen-über bis heute ein Thema der Sicherheitstechnik. Ein spezielles Thema in diesem Zusam-menhang ist das Nachtdesign von Schiffen (**Bild 11-1**). Ein aktuelles Thema ist das Tarnen von Luxusjachten gegen die Angriffe von Piraten und Paparazzi.

Weitere aktuelle Beispiele des Tarndesigns sind die militärischen Roboterflugzeuge, wie z. B. die amerikanische Aufklärungsdrohne Great Horned Owl, auf Deutsch Virginia Uhu (**Bild 11-2**). Dieses analoge Design enthält eine zweifache Analogie: Ein Aufklärungsflug-zeug wird primär verbal als „Drohne" bezeichnet. Diese „Drohne" wird sekundär visuell als „Uhu" designt. Diese Flugzeuggestalt enthält damit eine doppelte Tarnung.

Eine zivile Tarnaufgabe im Fahrzeugdesign sind die sogenannten Erlkönige (**Bild 11-3**) im Unterschied zu einem Exterior-Design mit hoher Wahrnehmungssicherheit (**Bild 11-4**).

Ein aktuelles Beispiel zur Steigerung der Wahrnehmungssicherheit von blau-weißen Polizeiautos bei Nebel ist die zusätzliche Verwendung von signalgelben Flächen analog zu den gelb fluoreszierenden Mänteln.

Wie schon in Abschnitt 5 Designästhetik dargelegt, wirken alle Gestalten informativ, sie erzeugen simultan oder gleichzeitig analoge Bedeutungen und konkrete Informationen. Sie sind eine nicht verbale Sprache. Extrem formuliert: Eine Gestalt ist eine Information, allerdings mehrdeutig, vieldeutig bis meistdeutig. Die folgenden Ausführungen konzent-rieren sich auf die Gestaltmerkmale eines Fahrzeugs als Bedeutungs- und Informations-träger. Häufig werden als Designelemente nur Form und Farbe bezeichnet, was zu einfach und damit nicht richtig ist. Grundsätzlich sind alle Elemente einer Gestalt Bedeutungs- und Informationsträger, nämlich Aufbau, Form, Farbe, Grafik, einschließlich deren Ord-nungen (Symmetrie, Proportion u. a.).

Jede Fahrzeuggestalt besteht grundsätzlich aus Funktionselementen. Alle diese Funk-tionselemente sind gleichzeitig oder „mitreal" (M. Bense) auch Designelemente! Für das Fahrzeugdesign hat nicht zuletzt O. Klose 1991 in seinem Buch „Faszination Autodesign"

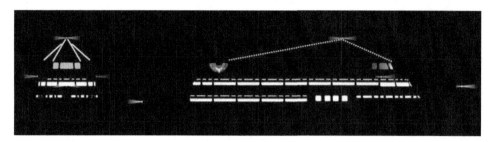

Bild 11-1: Nachtdesign eines neuen Bodensee-Schiffes

Bild 11-2: Getarnte Aufklärungsdrohne

Bild 11-3:
Ein Erlkönig

Bild 11-4:
Studie zu einem Exterior-
Design mit hoher Wahrneh-
mungssicherheit

[11-1] dieses Phänomen behandelt und dafür den Begriff „Semanticline – Semantikform" geprägt (**Bild 11-5**). Diese Beispiele repräsentieren im Fahrzeugdesign schon lange bekannte Prädikate:

– wellenförmig
– geschwungen, fließend
– scharf, spitz, schneidend
– schwertförmig, flügelförmig, keilförmig
– geschlossen, gebunden
– bewegt, lebendig, mit Drive, mit Schwung u. v. a. m.

Eine neue Thematik im japanischen Fahrzeugdesign heißt „Nagare" (Deutsch: Fließen).

Nicht zuletzt die zweifach geschwungene Form der Kotflügel (**Bild 11-5** rechts oben) verweist mit ihrer Fachbezeichnung Vintage-Form, d. h. Form aus den 20er Jahren, darauf, dass es zwischen den Bedeutungen und den Informationen einen nahtlosen Übergang gibt. Ein analoges Design liegt immer dann vor, wenn eine Analogie erkennbar ist (s. Abschnitt 5.1):

– zum Menschen,
– zur Architektur,
– zu Pflanzen,
– zu Tieren,
– zu Gestirnen,
– zu vorbekannten Objekten, z. B. Zeppelin als „Zigarre".

In diesem analogen Bedeutungsraum des Designs kann man ein Fahrzeug „Cayman" (= Kaiman) nennen. Man kann dieses aber auch als Kaiman designen! Eine anthropomorphe Analogie liegt im Fahrzeugdesign bis heute dann vor, wenn mit Formen mit Sex-Appeal operiert wird. Die architektonische Analogie wird bei einzelnen Fahrzeugherstellern gepflegt, zumindest begrifflich, so bei Renault und bei Audi („Architektur" des Interface). Dies verweist möglicherweise auch darauf, dass die Designchefs Architektur studiert haben.

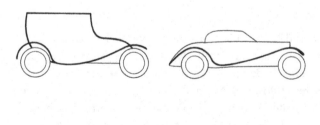

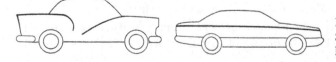

Bild 11-5:
Semantic Lines von Personenkraftwagen

Bild 11-6: Analoge oder biomorphe Formgebung nach dem Vorbild eines Kofferfisches

Eine prägnante Analogie stellen auch die Bezeichnungen von zwei bekannten Mercedes-Wagen dar:
– „Pagode" für den 190 SL,
– „Gullwing" (Möwe) für den 300 SL.

Dieser Zusammenhang von Natur und Technik bildet sich auch in vielen Spitznamen (Käfer, Delphin, Krokodil, Ei) oder Produktnamen (Wal, Libelle, Greif, Panther) historischer Fahrzeuge ab. Ein aktuelles, analoges Fahrzeugdesign ist das Bionic Car von Daimler-Chrysler nach dem Vorbild eines Kofferfisches (**Bild 11-6**). Neben den behandelten analogen Bedeutungen übermitteln alle Fahrzeuggestalten, sofern sie nicht semantisch neutral designt sind, auch konkrete Erkennungsinhalte (s. Abschnitt 5). Da es darüber bis heute keine allgemeine Erkennungstheorie gibt, sind diese in den meisten Fällen nur aus der Kenntnis der historischen Gestaltveränderung oder Metamorphose lernbar und begreifbar.

Ausgangspunkt der Zweckerkennung eines Fahrzeugs ist zuerst dessen im Abschnitt 10 behandelter Gestalttyp (**Bild 11-7**). Hinzu kommt aber als weiteres Erkennungsmerkmal

Bild 11-7: Beispiele für kennzeichnende Funktionselemente

dessen Größe. Beispiel: Einzeller als Van oder als Bus. Die Hauptmaße und die Größe einer Fahrzeuggestalt sind entscheidende Merkmale für die Erkennung ihrer Leistungsfähigkeit oder ihrer Transportkapazität. Beispiel: die Motorhaubenlänge von Sport- und Rennwagen (Boliden). Extreme Größensteigerungen sind Gegenstand der sogenannten Megalomanie (**Bild 11-8**).

Eine typische (statische) Leistungskennzeichnung ist bei VW die Abstützung der C-Säule auf das Hinterrad.

Bei den Landfahrzeugen sind die Räder funktionaler Bestandteil des Gestalttyps und damit ein fundamentales Designelement. Aus der Designgeschichte bekannt sind Gestaltungsmerkmale und -prinzipien, wie (**Bild 11-9**):

– Art (Reifen und Felge) und Größe (Geschwindigkeit!) der Räder,
– senkrechtes Aufstellen oder schräges Ausstellen der Räder (Sturz),
– Freistellen der Räder,
– Betonen/Artikulieren der Räder durch Radausschnitt und Radkasten u. a.

Bild 11-8: Beispiel einer megalomanen Fahrzeuggestalt als Merkmal seiner Leistung

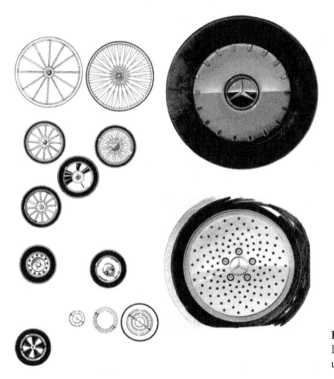

Bild 11-9:
Designvarianten von Felgen
und Rädern

Das gegenteilige Designprinzip ist das Abdecken der Räder und damit die Anonymisie-
rung eines Fahrzeugs. Ein diesbezügliches Beispiel war der Lotus Esprit als Unterwasser-
Auto mit Flossen anstelle der Räder in dem Film „Der Spion, der mich liebte" (1977).
Im übertragenen Sinn finden sich diese Designprinzipien auch bei den Schaufelrädern
und Radkästen von Schiffen einschließlich deren Schornsteine, wobei sich Zitate von Rad-

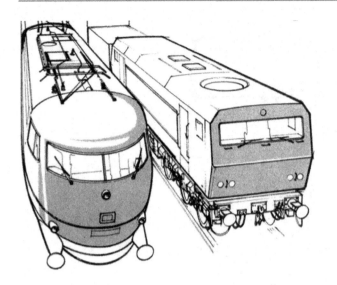

Bild 11-10:
Beispiel für unterschiedliche Erkennbarkeit von Zweck, Leistung, Prinzip und Preis eines Fahrzeugs aus seiner Gestalt

kästen und Schornsteinattrappen noch bei modernen Schiffen aus der jüngsten Vergangenheit finden. Ein Zitat kann auch die Proportion eines Vorgängertyps sein (Beispiel: Zeppelin NT).

Die Radgröße kann auch die Zeitkennzeichnung eines Fahrzeugs sein. Beispiel: unterschiedliche Radgrößen bei alten Schleppern und gleiche Radgrößen bei modernen landwirtschaftlichen Geräten. Lampenform und Lichtfarbe sind gleichfalls Elemente der Zeitkennzeichnung. Die Faszination von Speichenrädern beruht auf ihrem Leichtbaukontrast zu einer massiven Karosserie oder einem Schiffsrumpf. Die gewölbten (bombierten, gespannten) Formen kamen als Rundspantform sowie als (positiver und negativer) Decksprung aus dem Schiffsbau in den Fahrzeug- und Flugzeugbau. Ursprünglich verwirklichten sie eine besondere Gestaltfestigkeit und visualisierten diese auch. Sie erhielten über die Strömungsmechanik und Aerodynamik später ihre besondere wissenschaftliche Begründung (**Bild 11-10**).

Das Streamlining wurde dadurch zum Merkmal von Modernität, Stabilität, Leistung, Hightech und im modernen Sinn auch von niederem Kraftstoffverbrauch. Hierzu gehören auch alle Arten von Pfeilungen. Das gegenteilige Gestaltungsprinzip ist aus dem Schiffbau: die Knickspantbauweise aus planen Flächen, nicht zuletzt für eine einfache und preiswerte Fertigung. Zu der Komforterkennung eines Fahrzeugs gehören natürlich auch die Scheiben (Panoramascheibe), die Türen (Größe und Einstiegsrichtung, z. B. Stepdown), die Klappen für Motorraum und Gepäckraum u. a. Verbunden sind mit allen diesen Öffnungen die Fugen und damit das Fugenbild einer Karosserie oder eines Wagenkastens, und zwar innen und außen.

Zur Formgebung von Karosserien kann auch das seitliche Taillieren gehören, um diese kleiner, schlanker oder richtungsorientiert erscheinen zu lassen. Ein Leichtbau sollte dementsprechend auch leicht aussehen.

Die Herkunftskennzeichnung, speziell die Herstellerkennzeichnung, von Personen- und Nutzfahrzeugen wird insbesondere durch die Kühlermasken (Rolls-Royce, BMW-Niere, Alfa Romeo u. a.) verwirklicht (**Bild 11-11**). Kühler sind typische Beispiele für

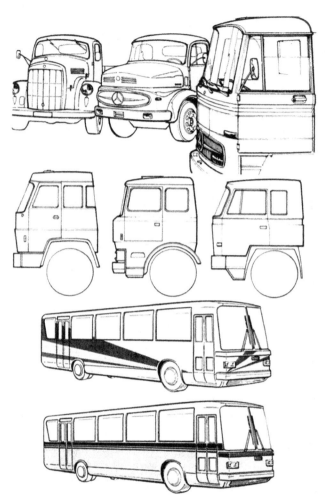

Bild 11-11:
Beispiele für die Erkennbarkeit von Zeit, Hersteller sowie
Verwender eines Fahrzeugs aus
seiner Gestalt

Bild 11-12:
Entwicklungslinie des Corporate Designs

Funktionselemente, die im Laufe ihrer Entwicklung ihre technische Funktion verloren haben, aber als Informationsträger weiterhin ihre Existenzberechtigung haben (**Bild 11-12**). Die Charakterlinien entwickelten sich z. B. bei den NSU-Pkw aus einer umlaufenden Leiste, die den Stoß der beiden Karosseriehälften abdeckte. Ein typisches Formmerkmal ist die „Schulter" oder der Absatz zwischen Unterwagen und Aufbau aller aktuellen Volvo-Fahrzeuge, das natürlich auch zur Steifigkeit der Karosserie beiträgt.

Wie schon in Abschnitt 5.4 behandelt, ist das Corporate Design eine der wichtigsten Aufgaben der Designpraxis (**Bilder 11-13/15**). Bei Oldtimern ist bekannt, dass schon deren Fugenabdeckleisten herstellerkennzeichnend waren, z. B. für den französischen Karosseriebauer Rothschild.

Ein modernes Element des Corporate Design sind auch die Charakterlinien [11-5]. Es ist in letzter Zeit bei verschiedenen Pkw-Herstellern üblich geworden, die Schwelleroberkante oder die Diffusorlinie nach oben zu der Charakterlinie steil hochzuziehen – als Balance-Line (Mercedes Design). Entgegen allen Regeln der Aerodynamik und der formalen Schlüssigkeit ist aber auch semantisch unklar, was damit eigentlich balanciert werden soll.

Zur Herkunftskennzeichnung von Fahrzeugen gehört auch das sogenannte Autorendesign. Beispiel: L. Colani. Doch schon vor diesem wurden bestimmte Karosserieformen

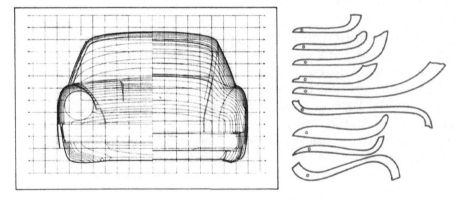

Bild 11-13: Formlinien und Kurvenlineale eines Corporate Designs

Bild 11-14: Alkoven-Hochdach eines Wohnmobils im Corporate Design

Bild 11-15: Alkoven-Hochdach eines Wohnmobils im Corporate Design

nach ihrem Erfinder und/oder Designer benannt. Beispiel: N^2-Parabol, d. h. die parabolische Einwölbung der Karosserieteile durch Neumann-Neander 1924 zur Verbesserung der „nackten" Zweckform.

Ein selbstständiges Designelement sind heute auch die Scheinwerfer, wobei die Heckleuchten vielfach der Ausgangspunkt der Charakterlinie sind.

Die Informationsfunktion von Aufbau und Form eines Fahrzeugs lässt sich gleichfalls bei dessen Farben, Oberflächen und Schriften belegen, wie z. B.

– Ackerschlepperfarben,
– Lastkraftwagenfarben,
– Baumaschinenfarben,
– Touropa-Kobaltblau,
– Feuerwehrrot,
– Bundeswehrolive u. v. a. m.

Das Farbdesign eines Fahrzeugs kann bis zum Künstlerdesign (Art Cars) gesteigert werden. Beispiele: BMW 635 CSi Art Car von E. Rauschenberg 1986; Bemalung der Yacht des Kunstsammlers D. Zoannou durch J. Coons 2013.

Einen umfangreichen „Designatlas" dieser kennzeichnenden Karosserieelemente, allerdings aus der Vergangenheit, enthält das Buch von Braess und Seiffert über „Automobildesign und Technik" (2007, [1-2]). Interessante, aber auch schwierige Designaufgaben ergeben sich in Zukunft bei neuen Fahrzeugen ohne bekannte Funktions- und damit Kennzeichnungselemente, wie z. B. Elektroantrieb ohne Kühlluftöffnung oder Auspuff. Durch die Mehrdeutigkeit der Bedeutungen und Informationen einer Gestalt wird jede Entscheidung zwischen zwei und mehr Kennzeichnungen zu einem Bewertungs- und Optimierungsproblem, das in der Praxis die vielen, teilweise unzähligen Lösungsskizzen, -zeichnungen und -modelle begründet.

Trotz des heutigen Wissensstandes sind viele Gestaltelemente von Fahrzeugen weiterhin mehrdeutig. Ein rund gewölbtes Frontend („Schnauze") eines Fahrzeugs ist entweder strömungstechnisch oder sicherheitstechnisch begründbar, oder kann beiden Anforderungen entsprechen (s. Anwendungsbeispiel).

Es ist verständlich, dass in Fachkreisen eine Diskussion über das Design der E-Mobilität entstanden ist. Wie schon erwähnt, werden die Elektrofahrzeuge klassische Automobildesignmerkmale nicht mehr haben:

- keine (über)langen Motorhauben,
- keine großen Lufteinlassöffnungen und (Pseudo-)Kühlermasken,
- keine Auspufftüten/Auspuffkult.

Die aerodynamische Fahrzeugform, nicht zuletzt der One-Box-Typ, erweitert die klassischen Bedeutungen des Steamlining (s. Abschnitt 4)

– neu,
– modern,
– demokratisch, antibourgeois,
– fortschrittlich,
– jazzig,

Bild 11-16:
Ökologisch und aerodynamisch orientiertes
Exterior-Design

um die neuen Bedeutungen
– ökologisch / niedrige Umweltbelastung,
– ökonomisch / niedriger Kraftstoffverbrauch,
– reduktive Moderne (H. Welzer) i. U. expansive Moderne.

Ein neues aerodynamisches Merkmal wird in Zukunft das Steilheck mit Cusp werden. Ein aerodynamisches Zitat ist wohl auch die Dropline (Mercedes CLA).

Zur „grünen" Technologie passt natürlich idealerweise auch die Farbe Grün, die auch die Trendfarbe des Jahres 2013 ist [11-2].

Die E-Mobilität enthält neue Funktionselemente, die ihre neuen Merkmale werden können:
– die Radnabenmotoren,
– die Unterfluranordnung der Antriebstechnik,
– die Energiespeicherelemente, u. a.

Ein prägnantes Beispiel dieses neuen „Efficiency-Designs" mit „Aeroline" ist der MAN Lion's City Hybrid (**Bild 11-16**).

11.2 Interior-Design einschließlich Bedeutungsprofil

Grundlage des Interior-Designs sind die durch ein Fahrzeugkonzept vorgegebenen Räume:
– bei Pkw ein Kombiraum für Fahrer und Passagiere,
– bei Schiffen ein Raumprogramm aus Steuerhaus, Passagierräumen, Restaurant, Küche, Sanitärbereich, Eingangs- und Garderobenbereich u. a.

Die folgenden Überlegungen gelten schwerpunktmäßig für den Innenraum von Pkw. Dieser Raum ist nach Abschnitt 8.3 inhomogen, d. h. er enthält den Fahrer(arbeits)platz und die Fahrgastplätze, und er ist anisotrop, d. h. richtungsorientiert. Hieraus ergeben sich die Gestaltungsalternativen des Interior-Designs:
– differenzierte Betonung und Kontrastierung der beiden Raumbereiche („Cockpit" und „Spielwiese") oder
– Harmonisierung oder Ausgleich der beiden Raumbereiche zu einem einheitlichen Raumeindruck.

Die funktionale Alternative zu allen Arten von „Wohnerlebnis" oder „Wohlfühl-Ambiente" ist ein farbneutraler Raum (unbunt und monochrom) für den Fahrer und seine Konzentration auf Instrumente und äußere Fahrsituationen.

Nicht zuletzt im Cockpitdesign von Flugzeugen wurde schon früh eine Neutralfarbe eingeführt, um die Blendfreiheit und den Kontrast der Farbmarkierungen zu gewährleisten.

Ab 1936 wurde in Deutschland hierfür das RLM-Grau 02, ein Grünlichgrau, für die Innenflächen eingeführt sowie ein Schwarzgrau 66 für die Instrumententafeln und ein Rot 23 für alle Notbetätigungen, Warnhinweise und Grenzmarken.

Ein schwieriges Entscheidungsproblem entsteht dort, wo beide Raumbereiche einen harmonischen Gesamtraum bilden sollen, sowohl für ein konzentriertes Fahren, wie für einen entspannten Aufenthalt der Passagiere.

Bei kleinen Räumen steht einer farblichen Raumtrennung häufig die Anforderung entgegen, diesen Raum möglichst groß und auch „lebendig" erscheinen zu lassen.

Invarianten für die Formgebung und Gliederung eines Fahrzeuginnenraums sind die ergonomisch vorgegebenen anthropomorphen Gegenformen (auch Negativformen, Kontraformen, Stützflächen u. a.):

– Sitzflächen,

– Greifraum,

– Kopfkreis,

– Armauflagen,

– Fußraum („Pferdedecke" besser „Kutscherdecke"),

– Sehstrahlen u. a.

Alle diese Formen sind abhängig von den Körpergrößen und Körperbewegungen, ggf. auch der Somatotypen von Fahrer und Fahrgästen.

Nicht zuletzt bei Sitzen bilden diese invarianten Formen eine komplexe Funktionsgestalt aus (s. **Bild 8-11**):

– Sitzfläche,

– Sitzteil,

– Sitzseitenwulste,

– Lehnenlordose (Ausbuckelung) mit Lordosenstütze (auch Åkerblom-Knick),

– Lehnenkyphose (Einsattelung),

– Lehnenseitenwulste,

– Kopfstützenlordose.

Sitze, die diese funktionalen Invarianten nicht gewährleisten, sind entweder Sitzskulpturen oder überformalisierte Sitze.

Neue Funktionsformen für Sitze können die Ausbuckelung im Bereich der Brustwirbelsäule und die Einsattelung für den Gasfuß sein.

Ein gutes Interior-Design gewährleistet diese anthropomorphen Invarianten, ist also partiell anthropomorph geprägt. Zu der Relation von Kopplungsgrad und Beweglichkeit gelten analog die gleichen Überlegungen wie für „gute Gebrauchsgriffe" (s. Abschnitt 9.5). Ein 100%iger Kopplungsgrad und damit eine weitgehend unbewegliche Haltung ist höchstens bei Rennwagensitzen sinnvoll. Für den Normalfall gilt wohl auch ein Kopplungsgrad von 50 % und eine entsprechende Bewegungsfreiheit.

Erkennungsdimensionen	Allgemeine Erkennungsinhalte	Analoge u. konkrete Erkennungsinhalte des Bedeutungsprofils	
		3 2 1 0 1 2 3	
Syntaktische Dimension	Sichtbarkeit Innenansicht total	z.B. klar unterscheidbar	z.B. nicht unterscheidbar
zweckfrei/ ästhetisch Mitfahrer		z.B. ruhig	z.B. unruhig
zweckori. / informativ Fahrer Mitfahrer	total partiell	z.B. übersichtlich z.B. konzentriert	z.B. unübersichtlich z.B. diffus
zweckfrei/ ästhetisch Mitfahrer	Ausblick total	z.B. Panorama Film/ Kino/ Show	z.B. Beschränkte Sicht
zweckori. / informativ Fahrer Mitfahrer	total (partiell)	z.B. Rund um Sicht (Übersicht, Rücksicht, Seitensicht)	z.B. Begrenzte Sicht
Erweiterung: Multisensorische Wahrnehmbarkeiten			
Semantische Dimension			
zweckfrei/ ästhetisch	Analogien (Interface)	z.B. gemütlich z.B. warm z.B. beruhigend z.B. Mäusekino	z.B. umgemütlich z.B. kalt (eis-) z.B. aufregend z.B. Messinstrument
zweckorient. / informativ	konkrete Erkennungsinhalte Zweckerkennung	z.B. Reisewagen	z.B. Transporter
	Prinziperkennung	z.B. mechanisch	z.B. automatisch
	Leistungserkennung	z.B. High-Tech-Produkt z.B. sicher z.B. komfortabel	z.B. Low-Tech-Produkt z.B. unsicher z.B. unkomfortabel
	Material u. Fertigungs-Erkennung Preis- und Kostenerk.	z.B. Kunststoff z.B. Einzelfertigung z.B. billig	z.B. Naturstoff z.B. Serienfertigung z.B. wertvoll
	Zeiterkennung	z.B. Future-Design	z.B. Retrolook
	Herstellererkennung	z.B. typ. Fahrzeug aus...	z.B. Konkurrenzprodukt aus...
	Formale Qualitäten	z.B. geordnet z.B. einfach z.B. rein	z.B. ungeordnet z.B. kompliziert z.B. unrein
Pragmatische Dimension			
zweckfrei/ ästhetisch Mitfahrer	Analogien	z.B. Handschmeichler	z.B. Schmerzerzeuger
zweckorient. / informativ Fahrer Mitfahrer	Zustandserkenn. Handlungsanweisung	z.B. eingeschaltet z.B. Ziehen	z.B. ausgeschaltet z.B. Drücken
		deutlich erkennbar erkennbar undeutlich erkennbar unkenntlich	deutlich erkennbar erkennbar undeutlich erkennbar

Bild 11-17: Bedeutungsprofil einer Fahrzeuginnengestalt

Im Fahrzeug-Interior-Design gab und gibt es natürlich Lösungen, die komplett der anthropomorphen Formgebung folgen. Diese wird meist mit Prädikaten beschrieben, die zu der „Formphilosophie" von L. Colani gehören: organisch, weich, rund, weiblich, biomorph, sphärisch u. a. Gegen dieses Autorendesign von Colani, z. B. mit der totalen Einhausung eines Motorradfahrers in eine Verkleidung, gelten die vorstehenden Bedenken. Hinzu kommt, dass viele der zitierten Prädikate semantisch nicht positiv wirken. Bei der Designikone DS 19 führte dies dazu, dass deren Interior-Design den Spitznamen „Boudoir" erhielt!

Wie schon vorne dargestellt, gilt insbesondere für das Interior-Design „Form follows Content", d. h. für die Interior-Gestaltung (Form, Oberfläche, Farbe, Licht u. a.) empfiehlt es sich, zuerst das Motto, den Inhalt, die Semantik festzulegen. Beispiel: Das Interior-Design der MS Graf Zeppelin (**Bild 12-34**) war auf das „Lokalkolorit Bodensee" und das der MS Königin Katharina (**Bilder 12-33/35**) auf „Reichenau" und die Wellenkreise bezogen.

Eine diesbezügliche Orientierung können auch die Bezeichnungen der einzelnen Designlinien sein. Beispiel SMART: pure, pulse und passion.

Die diesbezüglichen Prädikate und Bedeutungen (s. Abschnitte 5 und 8) werden sinnvollerweise in einem Bedeutungsprofil bewertungsgerecht dargestellt (**Bild 11-17**). Beispiele sind aus der jüngeren Fahrzeugdesigngeschichte bekannt (Volvo, Mercedes u. a.) [5-21/22]. Ein aktuelles, aber wissenschaftlich ungelöstes Problem ist das der Bedeutungsschnittmenge zwischen Interior- und Exterior-Design, z. B. in der Herstellererkennung. Ein gemeinsames Element der Außen- und Innengestalt der Fahrzeuge sind z. B. auch die Holme mit ihrer Informationsfunktion bezüglich der Fahrtrichtung.

Die Designteilaufgaben des Color & Trim [11-23] führen auf dieser Grundlage zu
– den Stoffarten und -mustern, z. B. Sportkaros,
– der Haptik der Innenraummaterialien, z. B. Lederaderungen, offenporige Esche, das Feeling von gebürstetem Alu,
– dem Licht als visueller „Wohlfühlfaktor" oder als „Lichtambiente" für unterschiedliche Stimmungen.

Die Farbnamen sind Musterbeispiele für analoge Bezeichnungen, z. B. Kaffeebraun, Eissilber u. a.

Zur Generierung von Texturen und Musterungen lassen sich die in dem nachfolgenden Abschnitt behandelten Linien- und Strahlenbündel wechselseitig überlagern. Daraus entstehen hochkomplexe Form- und Farbmuster, die H. Hinterreiter als Schweizer Vertreter der konkreten Kunst schon lange als „Form- und Farborgel" anwendet [11-4]. Im Interior-Design ergeben diese Linien- und Strahlenbüschel sehr moderne und dynamisch wirkende Formen und Muster.

Zum Farbdesign ist die Begrenzung der Farbpalette auf eine Leitfarbe oder einen „Farbklang" ein wichtiges Gestaltungsprinzip (s. **Bild 11-33**).

Bei der häufig schnellen Idee, einen Raum „uni" zu designen, muss gesagt werden, dass die Monochromie in unterschiedlichen Materialien eine besonders schwierige Designaufgabe ist.

Zu der Variantenbreite des Interior-Designs zählt heute auch wieder das Luxusdesign, das z. B. bis zu „Luftschlössern" in Flugzeugen reicht oder exklusive Materialien beinhaltet. Beispiel: ein Kirschbaum-Riemenboden im Mercedes CLS.

Fahrzeugdesign – formal 12

12.1 Exterior-Design

Unter der formalen Gestaltung des Exterior-Designs eines Fahrzeugs wird im Folgenden die Zusammenfassung der in den Abschnitten 10 und 11 behandelten funktionalen und informativen Elemente zu einer prägnanten und geordneten Gestalt verstanden. Dieser wichtige Vorgang findet sowohl auf der Ebene der Gestaltelemente (Aufbau, Form, Farbe, Oberfläche, Grafik) statt, wie auf der Ebene der Gestaltordnungen (Symmetrien, Proportionen, Zentrierungen, Bündigkeiten, Kontraste u. a.).

Wenn man diesem Gestaltungsvorgang den im Abschnitt 5.3 dargelegten Birkhoff'schen Quotienten zugrunde legt, dann ist das Gegenteil einer „guten", d. h. prägnanten und geordneten Gestalt eine chaotische Gestalt mit folgenden formalen Qualitäten:
– hohe Komplexität = hohe Artenzahl x hohe Anzahl an Gestaltelementen (**Bild 12-3**)
– unrein, Synonym: stillos, nicht selbstähnlich
– ungeordnet, niedere Anzahl an Gestaltordnungen, im Extrem keine Gestaltordnung
– ästhetisches Maß klein bzw. null durch niederen Ordnungsgrad und hohe Gestalthöhe.

Diese formalen Gestaltqualitäten müssen nicht generell negativ verstanden werden, sondern können positiv das bestimmen, was man auch als freie (Synonym: künstlerische, ungebundene, informelle, dekonstruktive) Gestalt bezeichnen kann (**Bild 12-1**). Im Fahrzeugdesign wurde das auch schon als „Formel-I-Design" bezeichnet.

Diese Gestaltungsrichtung beginnt in den Beispielen aus der Designgeschichte häufig mit dem Durchbrechen oder Auflösen der Haupt(längs)symmetrie eines Fahrzeugs. Beispiel: asymmetrische Fronten für Mercedes-Lkw von P. Bracq. Interessante Fahrzeugdesigns wurden in diesem Zusammenhang auch von Anthroposophen gestaltet ([12-1] und **Bild 12-2**).

Die folgenden Ausführungen konzentrieren sich demgegenüber auf die geordnete Formgebung einer Fahrzeuggestalt. Wenn man davon ausgeht, dass diese in ihrem Aufbau ein 1-Zeller oder ein 2-Zeller, z. B. eine Steilhecklimousine, ist, dann hat diese zusammen mit 4 gleichen Rädern schon eine hohe Selbstähnlichkeit, die sowohl positiv als auch negativ beurteilt werden kann. Alternativ zu einer „chaotischen" Gestalt ist eine „gute" Gestalt durch folgende formale Qualitäten gekennzeichnet:

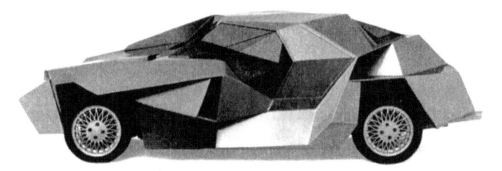

Bild 12-1: Chaotische oder dekonstruktivistische Außengestalt einer Autokarosserie

Bild 12-2: Anthroposophisches   **Bild 12-3:** Aufwändig facettierte Karosserieform
Fahrzeugdesign

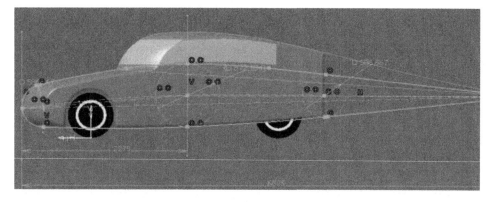

Bild 12-4: Die Herkunft der Aufbauproportion 1 : 2 aus der Flügeltheorie der Aerodynamik

– einfache, d. h. niedere Komplexität durch niedere Anzahl x niedere Artenzahl an Gestaltelementen,

– rein, synonym: stilvoll, selbstähnlich durch niedere Artenzahl an Gestaltelementen („Einheit in der Vielheit"),

– geordnet oder hoher Ordnungsgrad durch hohe Anzahl an Gestaltordnungen,

– hohes ästhetisches Maß durch hohen Ordnungsgrad und niedere Gestalthöhe (**Bild 5-10**).

Beispiele dieser Gestaltungsauffassung waren und sind nicht zuletzt die Zeppeline (**Bild 5-9**) und auch Fahrzeugdesigns aus dem Wirkungsbereich der ehemaligen HfG Ulm, z. B. Fahrzeuge mit einer Längs- und einer (Quasi-)Quersymmetrieebene.

Nicht zuletzt die Symmetrien als wichtige Gestaltordnungen lassen sich nicht nur wahrnehmungspsychologisch begründen, sondern auch (fertigungs- und berechungs) technisch, wie auch wirtschaftlich (Gleichteile, Wiederholteile). Im aktuellen Fahrzeugdesign wird häufig die Grundproportion Wagenaufbau (Greenhouse) zu Unterwagen mit 1/3 zu 2/3 angewandt. Diese ist interessanterweise ein Erbe der Jaray'schen Flügeltheorie. Sie ergibt sich, wenn auf das Flügelprofil des Unterwagens ein halber Flügel gelegt wird, d. h. wenn die Skelettlinie des unteren Flügels identisch ist mit der Unterseite des oberen Flügels bzw. die Oberseite des unteren Flügels identisch ist mit der Skelettlinie des oberen Flügels (**Bild 12-4**).

Als Zwischenlösung zwischen den beiden dargelegten Gestaltungsprinzipien können die sogenannten additiven Fahrzeuggestalten gelten. Aktuelles Beispiel: Smart Forfour.

Im Abschnitt 10 wurde die Zusammenfassung der Teilgestalten Motorraum, Fahrgastzelle und Gepäckraum zu einer Gesamtgestalt erstmals dargelegt, bis zu der sogenannten Pontonkarosserie. Vor der vollständigen Integration der Radkästen in die Karosserie finden sich aber Gestaltungsprinzipien der Zusammenfassung, die bis heute gültig sind. Dies ist einmal die Vereinigung der Kotflügel mit dem Trittbrett und später der Radkästen mit dem Schweller (**Bild 10-35**). Diese Zusammenfassung wurde 3-dimensional oder umlaufend, als sie mit den Stoßfängern in Bug und Heck vereinigt wurde. Die Suche nach einer einheitlichen Formgebung, wie z. B. der Horizontalbetonung, lässt sich auch im Schiffsdesign finden (**Bilder 12-6/7**).

12.2 Die Linea Serpentina

Von verschiedenen Autoren wurde die einheitliche Formgebung einer Fahrzeuggestalt als „Designgeometrie" behandelt [12-2], allerdings meist nur 2-dimensional oder eben. Ein früher Ansatz zu einer Formenlehre war auch die „Harmonie der Formen" von W. Ostwald, 1922 [12-3]. Danach ist die Stetigkeit eine formale Qualität der „harmonischen Formen". Ostwald leitete danach eine Rangfolge für Linien mit abnehmender Stetigkeit her:

– Gerade,

– Kreis,

– stetige Linie,

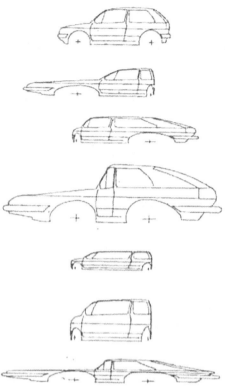

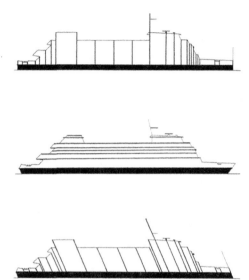

Bild 12-6: Unterschiedliche Binnengliederungen eines Schiffstyps

Bild 12-5:
Der Karosseriegrundtyp als Gestaltinvariante eines Fahrzeugs

Bild 12-7:
Unterschiedliche Binnengliederungen von aktuellen Schiffen

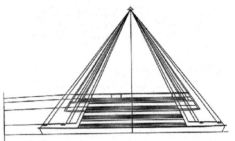

Bild 12-8: Variante einer Fähre mit asymmetrischem Steuerhaus und Solarfassade

Bild 12-9: Symmetrische Formzentrierung der Aufbauten einer Fähre

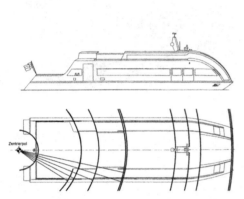

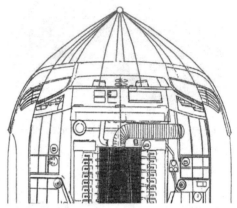

Bild 12-10: Formzentrierung eines neuen Katamarans

Bild 12-11: Zentrierung des Motorraumdesigns nach dem Pol des Exterior-Designs

– Linie mit Stoß,
– Linie mit Knick,
– Linie mit Sprung.

Das Zeichnen einer stetigen Linie oder einer harmonischen Kurve erfolgt durch das Straken.

Im Folgenden soll ein „topologischer" Ansatz entwickelt werden, der zu 3-dimensionalen Lösungen und als Idealfall zu einer Ähnlichkeit von Gestalttyp und Charakterlinie/-element führt. Letztere soll – in Anlehnung an eine historische Skulpturauffassung – Linea Serpentina genannt werden. Basis dazu ist der Karosseriegrundtyp als Gestaltinvariante (**Bild 12-5**).

Ein historischer Ansatz dazu ist auch die „Linientheorie" von Paul Klee, die er maßgeblich am Bauhaus entwickelte und lehrte [5-2]. Auch die „Dynamik der Linie" von H. v. d. Velde gehört in diesen Zusammenhang.

Gliederungs- und Verbindungselemente im Karosseriedesign waren und sind: Linien, Leisten, Wülste, Falzkanten, Flächenabsätze, Fugen, Stöße, Fasen, Bänder u. a. (**Bilder 12-12 ff.**). Das Urelement war wohl die Gürtellinie, die funktional aus dem Motorhau-

Bild 12-12: Partiell geschlossene Karosserielinien und -flächen

Bild 12-13: Geschlossene und zweifach umlaufende Karosserielinien

Bild 12-14:
Umlaufende Karosseriewülste

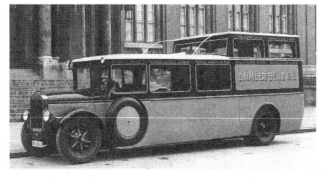

Bild 12-15:
Beispiel für die Führung von
Zierleisten an Omnibus-Karos-
serien

Bild 12-16:
Beispiel für die Führung von
Zierleisten an Omnibus-Karos-
serien

Bild 12-17:
Beispiel für die Führung von
Zierleisten an Omnibus-Karos-
serien

benscharnier entstand (Rolls-Royce-Wagen). Die Gürtellinie lief deshalb zuerst nur über
die Motorhaube, wurde später über die Wagenkantenseite fortgesetzt und zuletzt über das
Heck mit der anderen Seite verbunden. Eine ähnliche Entwicklung nahm die Scheuerleiste
oder Rammschutzleiste bei Schiffen.

Ein spezielles „topologisches" Gestaltungsproblem war der Knoten an der A-Säule, wo
häufig bis zu 4 Linien räumlich zusammenstießen (**Bild 12-14**). Eine ähnliche Entwicklung
lässt sich an den sogenannten Zierleisten an Omnibussen beobachten (**Bilder 12-15/17**).
Viele dieser Bandmotive gibt es bei Omnibussen oft leider nur als dekoratives Zierelement,
als „Bandelwerk" oder als Applikation. Aus diesem Gestaltungsprinzip erhielt das Styling
seine vielfach negative Bedeutung. Funktional ist an Fahrzeugkarosserien das größte umlaufende Band meist das Fensterband, das auch Exterior- und Interior-Design miteinander
verbindet. Dieses Fensterband kann man auch als „Schwester" der Bandfenster von Le
Corbusier verstehen und damit als ein typisches Stilmittel der klassischen Moderne.

Eine Weiterentwicklung dieser nur partiell geschlossenen Linien und Flächen waren
geschlossene und umlaufende Karosserielinien und -wülste, wie z. B. an dem KdF-Wagen
von 1936 mit zweifach umlaufenden Kanten (**Bild 12-13**). Dieses innovative Design von
E. Komenda wurde 1937 mit dem sogenannten Brezelfenster aufgegeben und zu der heute
noch bekannten Formgebung des VW verändert. Allerdings sollte diese Formgestaltung

Bild 12-18: Fasen, Bänder und Streifen an Eisenbahnfahrzeugen

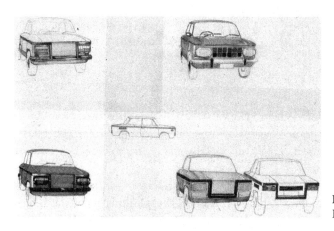

Bild 12-19:
Designideen für den NSU-TT

Bild 12-20:
Der Porsche-Targa-Bügel

maßgeblich der Steifigkeit und dem Leichtbau der Karosserie dienen. Dieses Beispiel zeigt deutlich die Mehrwertigkeit der Gestaltelemente im Design:

Zierleisten dienen der Abdeckung von Fugen oder von Fertigungsungenauigkeiten und gleichzeitig der formalen Zusammenfassung. In gleicher Weise dienen Sicken sowohl der Steifigkeit und dem Leichtbau und gleichzeitig der formalen Ordnung. Dieses Formprinzip der Zusammenfassung kann noch potenziert werden durch die Verbreiterung der Linie zum Band und zur Fläche (**Bild 12-18**), was sich ansatzweise im Lokomotivdesign der DR und der DB findet.

Ein einfaches und partielles Band ist auch der im Karosseriedesign bekannte „Targa-Bügel", d. h. ein zweifach abgewinkeltes „Band", das vom Unterwagen quer über das Dach zum Unterwagen zurück läuft (**Bild 12-20**). Zwei längs stehende „Targa-Bügel", die den Rahmen und den Aufbau miteinander verbinden, bestimmen die Form der E-Lok E152 der DB. Einen weiteren räumlichen Ansatz gibt die Designstudie für den NSU TT mit einer umlaufenden Stoßleiste wieder (**Bild 12-19**).

Eine Systematisierung dieser historischen Ansätze der Formgebung kann folgendermaßen erfolgen: Das einfachste Formelement zur Verbindung der Teilgestalten Motorabdeckung, Fahrgastzelle und Gepäckraum ist die durch- oder umlaufende Gürtellinie (Synonym: Banderole, Bauchbinde). Diese liegt auf einer horizontalen oder geneigten Ebene und hat vier Ecken oder ebene Abwinkelungen (**Bild 12-21**). Diese Gürtellinie erfüllt aber noch nicht die oben genannte Bedingung der Integration von Unterwagen und Aufbau. Dies erfolgt erst, wenn man diesen Linienzug über zueinander geneigte Flächen des Karosseriegrundtyps laufen lässt.

Bei einem aktuellen Entwurf für einen Volkssportwagen an einer deutschen Designschule wird das Exterior-Design aus mehreren, vertikal quer geführten Bändern gebildet.

In einer einfachen Systematik entstehen Formlösungen
  - in zwei Ebenen und mit sechs Ecken
  - in drei Ebenen und mit acht Ecken
  - in vier Ebenen und mit zehn Ecken (**Bild 12-21**).

Diese Linienzüge heißen im Karosseriedesign Formleitlinien oder -hauptlinien. In der speziellen Fachsprache auch Feature-Line oder Charakterlinie (nach Wickenheiser).

In dieser Liniensystematik ist auch die 2-fach symmetrische 8-Eck-Linie enthalten, für das klassische und charakteristische Einsetzen des kompletten Aufbaus (Kofferraumdeckel, Greenhouse, Motorhaube) in den Unterwagen (Plattform und Seitenwände) bei den Rolls-Royce-Fahrzeugen.

Diese räumlichen Linienzüge kann man geometrisch zu den Mäandern [12-4] zählen oder sie als eine moderne Version des alten Gestaltungsmotivs der Figura Serpentina interpretieren. Diese Idee entstand in der italienischen Kunsttheorie im 16. und 17. Jahrhundert und wurde im 18. Jahrhundert von William Hogarth als „Line of Beauty and Grace" [12-5] publiziert. Das Ideal dieser Formintegration einer vorgegebenen Grundgestalt könnte sein, dass alle Flächen durch solch eine „Linea Serpentina" verbunden werden. Solche Kurven auf Flächen sind – modern ausgedrückt – ein Thema der Differentialgeometrie.

Ein weiterer Entwicklungsschritt zu einer „höheren Formgebung" ist die Veränderung der ebenen oder planen Linien zu gewölbten, gedrehten oder verwundenen Flächen. Hier-

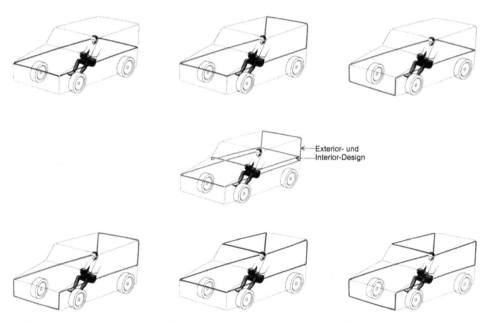

Bild 12-21: Umlaufende und geschlossene Karosserielinien unterschiedlicher Komplexität

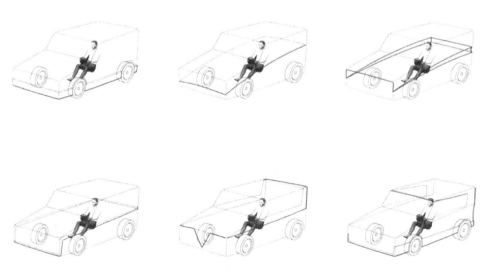

Bild 12-22: Weiterentwicklung der Karosserielinien nach **Bild 12-21**

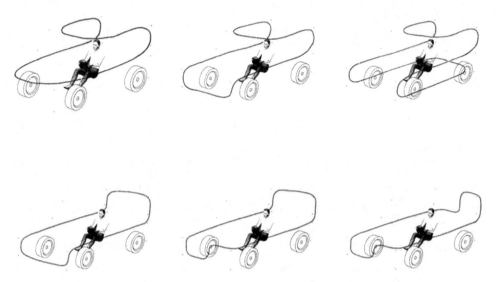

Bild 12-23: Weiterentwicklung der Karosserielinien nach **Bild 12-21** zu Schleifen und Serpentinen mit unterschiedlichem Ordnungsgrad

durch erhält der Begriff Serpentine / serpentina erst seinen richtigen Ausdruck (**Bilder 12-22/23**). Ein Entwicklungsschritt kann dabei auch die Ordnungsauflösung, z. B. durch Reduzierung der Symmetrie, sein. Das Ideal eines gedrehten Bandes könnte das in der Geometrie und Kunst bekannte Möbius'sche Band sein, d. h. ein Band, das gedreht in sich zurückläuft (**Bild 12-24**). Dessen Anwendung im Karosseriedesign ist allerdings bis heute nicht bekannt. Ein Band „höherer Ordnung" ist auch die sogenannte Doppelhelix-Struktur (**Bild 12-24**), die der Gestalt des neuen Mercedes-Museums zugrunde liegt. Es soll nicht unerwähnt bleiben, dass das primäre und größte Band einer Autokarosserie das Fensterband ist. Je „runder" eine Karosseriegestalt modelliert wird, umso schwieriger ist es aber, diese zu ordnen.

Alle diese formalen Ansätze könnten neue Grundlehreübungen für das Karosseriedesign ergeben. Das höchste Ideal einer Linea Serpentina konnte sein, wenn diese in einem Zug das Interior mit dem Exterior verbindet (**Bild 15-20**). Hierzu gehört auch die „höhere" Formordnung mit virtuellen Bündigkeiten und Zentrierpolen.

Als „Weiche" für den Übergang einer Linea Serpentina vom Exterior-Design zum Interior-Design bietet sich der Heckscheibenrahmen an (s. Anwendungsbeispiel).

Die formale Qualität einer Gestalt betrifft sowohl deren Elemente wie die Relationen dieser Elemente, d. h. deren Ordnungen. Diese Wechselwirkungen wurden an Fahrzeuggestalten eingehend in der Dissertation von R. Balzer untersucht und dargestellt [12-5].

Interessant an der Untersuchung von Balzer ist die Erkenntnis, dass es im Fahrzeugdesign nicht nur herstellerkennzeichnende Elemente, sondern auch diesbezügliche Proportionen gibt.

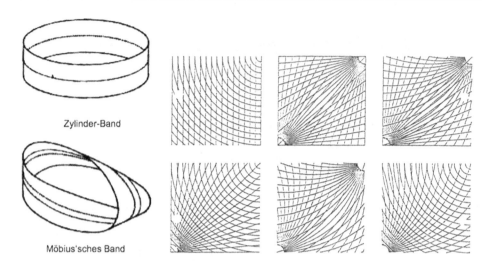

Bild 12-24: Unterschiedliche Bänder aus der Geometrie

Zylinder-Band

Möbius'sches Band

Bild 12-25: Strahlenbüschel für die Formzentrierung mit Überlagerung

Wie schon im Abschnitt 10 angesprochen, entstanden die Zentrierpole aus aerodynamischen Gründen und waren in der Bug- und Heckspitze der Zeppeline real vorhanden. Das Leitbild von Jaray war wohl die Bug- und Heckform von Schiffen gewesen. Durch das K-Heck wurde der reale Heckzentrierpol zu einem virtuellen Pol. In der nachfolgenden Entwicklung des Karosseriedesigns werden die Zentrierpole aber nicht nur aus aerodynamischen Gründen, sondern auch als formale Ordnungen eingesetzt, z. B. zur Zentrierung der Dachholme (**Bild 12-26**). Ein Quader mit 6 Seiten kann danach auch 6 Zentrierpole haben. Dadurch wird natürlich die Orthogonalität der Flächen und Kanten aufgelöst, und es bilden sich Strahlen- oder Kurvenbüschel (**Bild 12-25**) bzw. gewölbte Flächen.

Die Polzentrierung liegt auch dann vor, wenn es in der Designpraxis heißt, prägnante Umrisslinien, wie die Dachlinie, die Schulterlinie, die Charakterlinie und die Diffusorlinie, sollen „zueinander harmonisch laufen". Der Startpunkt der Gürtellinie war ursprünglich das Haubenscharnier am Kühler. Heute beginnt die Charakterlinie vielfach an der Heckleuchte.

Neben der Polzentrierung ist im Fahrzeugdesign eine Zentrums- oder Zentralzentrierung von konzentrischen Kreisen, nach dem Prinzip sich ausbreitender Wellen, bekannt (**Bild 12-10**).

Ein Musterbeispiel für eine Polzentrierung ist das zur Bugspitze zentrierte Design von Motorbooten und Motoryachten.

In gleicher Weise gibt es im Karosseriedesign heute auch virtuelle Bündigkeiten, d. h. unterbrochene Linien, z. B. Gürtellinien, die sich aber wieder virtuell schließen. Diese Ordnungsprinzipien können als Anwendung der psychologischen Gesetze einer „guten" Gestalt verstanden werden.

Diese unterbrochenen Linien, auch fragmentierte oder Split-Linien, kann man auch als Auflösung von geschlossenen Linienzügen verstehen. Der Übergang von einer geordneten

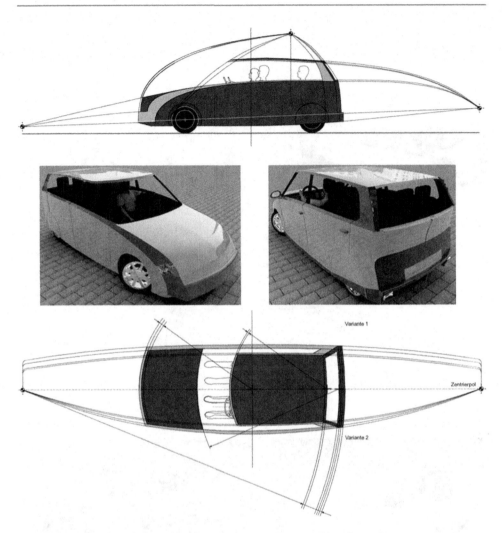

Bild 12-26: Studie zu einer geschlossenen und zentrierten Karosserieformgebung

Form, auch „gebunden" u. a., zu einer ungeordneten Form, auch „frei" u. a., und umgekehrt entspricht in der formalen Ästhetik der Fragilität der ästhetischen Zustände.

Das Serpentinenband kann natürlich auch Bestandteil der gesamten Formzentrierung sein und erhält dadurch einen schwellenden oder gepfeilten Charakter. Die höchste „Kunst" des Karosseriedesigns ist dann gegeben, wenn solch ein formales Motiv durch einen Formenwechsel oder -kontrast von konvex gewölbt zu konkav gewölbt noch besonders betont wird. Hierdurch entstehen auch besonders prägnante Kanten oder Formränder. Diese Thematik findet sich in der traditionellen Sprache des Karosseriebaus auch im sogenannten S-Schlag der A-Säule (nach W. Kraus) in [1-2].

Es ist erwähnenswert, dass es in der Architektur neben der Linea Serpentina auch die sogenannte Bandfassade gibt (**Bild 12-29**).

Bild 12-27: Anwendungsbeispiel der Linea Serpentina

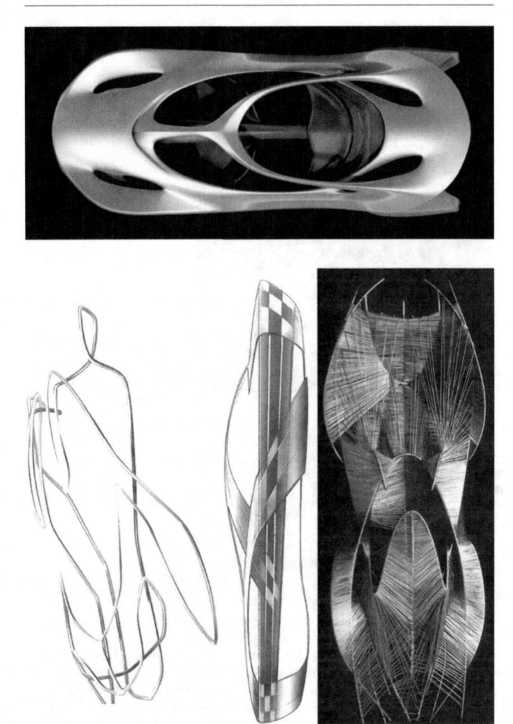

Bild 12-28: Studie aus dem Advanced Design für die Metamorphose einer Karosserie zur Skulptur

Bild 12-29:
Beispiel für eine architektonische Bandfassade

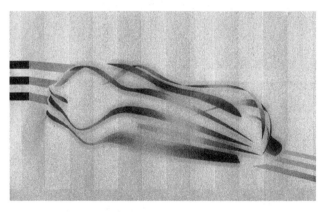

Bild 12-30:
Formale Ideenskizze zu einem Sportwagen

Dieses Motiv findet sich auch in Studien des Advanced Designs (**Bilder 1-28** und **1-30**). Ein originelles Banddesign ist auch die Mojito-Sandalette.

In der Architektur wird heute auch schon mit Graffiti-Fassaden experimentiert. Dies könnte auf das Fahrzeugexterior übertragen zu einem Graffiti-Design, d. h. einer extremen Formauflösung, führen.

Die Grenze zwischen geordneter und chaotischer Form ist dadurch gegeben, wenn letztere noch eine Ordnung „durchschimmern" lässt, z. B. als Selbstähnlichkeit, virtuelle

Bündigkeit u. a. Analog dazu kann im Karosseriedesign die Linientopologie auf die Linienteilung und die Linienvereinigung erweitert werden: In einem Punkt können sich eine Linie teilen oder zwei Linien vereinigen. In einem Punkt können sich auch zwei Linien kreuzen. Der Zu- oder Abnahme der Formkomplexität ist damit keine Grenze gesetzt. Allerdings wird das Modellieren der Verbindungsflächen umso schwieriger, je komplexer eine Linienführung konzipiert ist.

Die Anwendung der beschriebenen Formgebungsprinzipien auf den Karosseriegrundkörper zeigen die **Bilder 12-26/27** (s. auch Anwendungsbeispiel, Abschnitt 15).

Eine reine Formgebung entsteht dabei durch die Repetition der gleichen Elemente (Linien, Fugen, Kanten, Flächen) als Feature-Line. Den Abschluss dieser Entwicklung bildet heute eine integrierte und geordnete Formgebung. Die Linien- und Flächenführung betont den Karosseriegrundtyp und ist vielfach zentriert.

Praktische Beispiele für die geschilderten Gestaltungsprinzipien für ein Karosseriedesign mit hoher formaler Qualität finden sich z. B. bei Opel, GM oder Lancia. Bei Maserati finden sich formal besonders integrierte Elemente, wie z. B. die Heckleuchten. „Weltmeister" im Formzentrieren ist heute sicher Alfa Romeo.

Nicht zuletzt aus Gründen eines eigenständigen Corporate Designs (s. Abschnitt 11) werden in der Praxis unterschiedliche Gestaltungsprinzipien gleichzeitig oder simultan zur Anwendung gebracht (Beispiel: Mercedes GLK von 2008). Hinzu kommt, dass jedes einzelne Gestaltungsprinzip in unterschiedlichen Deutlichkeitsgraden modelliert werden kann, von skulptural „piano" bis „fortissimo" [12-7]. Hieraus ergibt sich der unendliche Lösungsraum des Exterior- wie auch des Interior-Designs. Eine sinnvolle Begrenzung dieser Unendlichkeit bilden – sofern strategisch gewollt – die Ähnlichkeiten zwischen Interior- und Exterior-Design, einschließlich derjenigen zwischen Vorgänger- und Nachfolgemodell. Eine praktische Hilfe dazu können die Gleichteile aus den im nächsten Abschnitt 13 beschriebenen Baukästen sein.

12.3 Interior-Design

Grundsätzlich gelten alle Gestaltungsprinzipien aus dem Exterior-Design auch für das Interior-Design. Ein direkter Bezug besteht in folgenden Sachverhalten: Es ist eine allgemeine Erkenntnis im Interface- und Interior-Design, dass die Armaturenträger oder Dashboards der allgemeinen Gestaltsystematik des Designs folgen (**Bilder 9-51** und **12-31/32**). Dieser Ansatz lässt sich um die Mittelkonsolen und -tunnel, die Fensterbrüstungen und andere Elemente erweitern und ergibt dann Gestalten höherer Ordnung, analog zu der „Linea Serpentina" [12-8]. Wie schon früher erwähnt, ist die Ähnlichkeitsthematik zwischen Exterior- und Interior-Design eines Fahrzeugs bis heute nicht befriedigend gelöst. Ein formaler Ansatz hierzu könnte sein, dass in beiden Teilgestalten der gleiche Gestalttyp auftritt; im einfachsten Fall eine umlaufende „Gürtel"-Linie oder ein „Gürtel"-Band außen und ein „Gürtel"-Rahmen innen (**Bild 12-32**). Verallgemeinert ausgedrückt geht es bei dieser formalen Gestaltung um die Repetition gleicher Elemente in der Außen- und In-

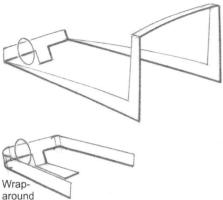

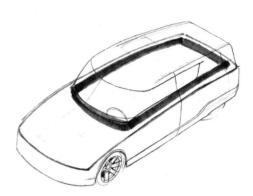

Bild 12-31: Unterschiedliche Grundgestalten für das Interior-Design

Bild 12-32: Einfachster Fall der formalen Koordination von Interior- und Exterior-Design mittels Fensterband, Gürtellinie und Brüstungsrahmen

nengestalt. In diesem Sinne ist z. B. zu überlegen, ob die Charakterlinie des Anwendungsbeispiels auch im Interior angewandt werden könnte. Ein weiterer Anwendungsfall dieser formalen Repetition im Interior-Design ist die Wiederholung, besser die Spiegelung, eines Bodenmotivs in der Decke oder umgekehrt. Beispiel: Wellenmotiv im Interior-Design der MS Königin Katharina (**Bild 12-34** Mitte).

Die Repetition wirkt aber nicht nur formal-syntaktisch, sondern kann auch semantisch eingesetzt werden. Beispiel (**Bild 12-36**): das Motiv des Kofferfischs im Interior-Design des Bionic Cars (**Bild 11-6**).

Wie schon erwähnt, könnte es angeregt durch **Bild 12-28** das höchste Ideal einer Linea Serpentina sein, wenn diese in einem Zug das Interior mit dem Exterior verbindet (**Bild 15-20**). Die Fortsetzung dieses Ansatzes könnte eine neue Studie zum Fahrzeug-Interior-Design ergeben. Diese Thematik ist aber sehr schwierig durch die im Fahrzeuginterior vorhandenen anthropomorphen (Gegen-)Formen, wie z. B. Armauflagen, Sitzflächen u. a., aus Gründen des Bedienungskomforts und der Sicherheit.

Ein weiterer Lösungsansatz könnte die Stülpung zwischen Interior und Exterior sein, wie dies 1929 von dem Anthroposophen Paul Schatz (1898–1979) bei den Platonischen Körpern entdeckt wurde.

Der Gestaltungsansatz über die Ähnlichkeit zwischen einer äußeren und inneren Linea Serpentina erfasst die Ähnlichkeitsbeziehungen des Interior-Designs nicht vollständig, sondern es treten in einer systematischen Betrachtung weitere sowohl bedienungstechnische wie auch semantische hinzu. Das Interior-Design ist damit gegenüber dem behandelten Exterior-Design um eine Vielzahl variantenreicher und komplexer. Entscheidend für die Ähnlichkeit – oder eine stilvolle Gestaltung – sind die Gleichteile in Aufbau, Form, Farbe und Grafik zwischen zwei und mehr Gestalten einschließlich ihrer Ordnungen.

Im einfachsten Fall lassen sich Gleichteile bei der Grafik und beim Farbdesign erzielen, indem die Festlegungen eines Corporate Designs auf der inneren und äußeren Produkt-

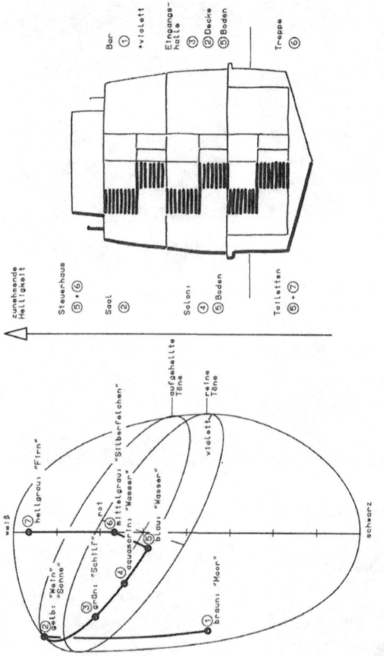

Bild 12-33: Farbkonzept zum Interior-Design eines Fahrgastschiffes

MS Graf Zeppelin

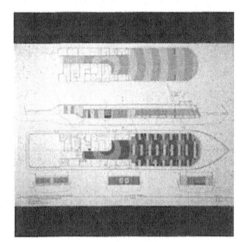

MS Königin Katharina

Studie Katamaranfähre

Bild 12-34: Interior-Designs von Schiffen

Bild 12-35: Entwurf, Modell und Ausführung des Interior-Designs eines Binnenschiffes mit dem analogen Thema „Reichenau"

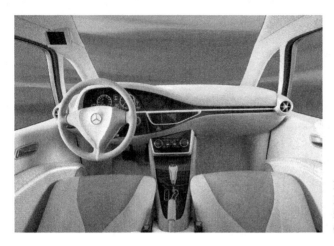

Bild 12-36:
Das Motiv des Kofferfischs
im Interior-Design des Bionic
Cars (**Bild 11-6**)

Bild 12-37:
Modernes Interior-Material-
konzept mit integrierten
Displays

gestalt angewandt werden, z. B. eine einheitliche Schriftfamilie, gleiche Piktogramme und gleiche herstellerkennzeichnende Farben. Eine Steigerung der Ähnlichkeit bringen Gleichteile in Aufbau und Form der beiden Teilgestalten. Beispiele für gleiche Interfaces sind bei Schiffen der innere Hauptsteuerstand und die äußeren Nock-Steuerstände, allerdings mit einer ordnungserniedrigenden Konsequenz.

Zum Abschluss des Color and Trim im Interior-Design folgt ein fundamentales Detailproblem, die Gestaltung der Fugen (Passfugen, Schattenfugen, Schindelungen u. a.) zwischen den einzelnen Einbauelementen und -materialien. Ein spezielles Hilfsmittel zur Beherrschung dieses Detailproblems ist der Fugenplan.

Das zukünftige Fahrzeug-Interior-Design wird durch einen integrierten Materialmix z. B. auf der Basis von Polycarbonat (**Bild 12-37**) gebildet werden. Unterschiedlich strukturierte Oberflächen für 3-dimensionale Bauteile können gleichzeitig neue Displays mit scharfer Anzeige und hoher Leuchtkraft enthalten.

Kundenorientierte Designs aus Fahrzeugbaukästen

13

13.1 Historische und praxisbezogene Einleitung

Die postmoderne Gegenwart ist nicht zuletzt durch die Gleichzeitigkeit alternativer Produktdesigns gekennzeichnet. So gibt es heute Future-Design neben Nostalgie-Design oder Retro-Look (**Bilder 13-1/2**). Als Beispiel sei das Mercedes-Pkw-Design aufgeführt, mit vier Designvarianten (s. Abschnitt 7).

Hinzu kommen in der industriellen und globalen Praxis auch das hyperindividuelle Customization-Design (Bild 13-3) und das Ethno-Design (**Bild 13-4**). Diese Differenzierung der Serienproduktion hat in der Nachkriegszeit sehr einfach begonnen, z. B. 1956 mit der BMW-Isetta in Standard- und Exportausführung [13-1]. Demgegenüber baute ein bekannter deutscher Nutzfahrzeughersteller um 1980 schon 212 Lkw-Grundtypen in 280 Varianten mit 27.000 Sonderwünschen.

Das komplexeste Beispiel der Variantenvielfalt bildete der VW Passat (Stand 1974) in folgender Ausprägung (nach [13-2]):

Karosserie-, Aggregatevarianten und Ausstattungspakete bedeuteten bereits 8 x 10 x 5	400 Varianten
Die 20 Zusatzausstattungen bringen $\sum\limits_{n=1}^{20}\binom{20}{n}$	1.048.575 Varianten
Ohne Farben ergeben sich somit schon	419.430.000 Varianten
Mit 50 Farbenvarianten erhält man	2.097.150.000 Varianten
Die unterschiedliche Gesetzgebung vergrößert die Variantenvielfalt für den weltweiten Export auf	41.943.000.000 Varianten

Es ist Bestandteil der industriellen Fahrzeugfertigung, dass die ursprünglich handwerklich oder manufakturell gefertigten Einzelstücke durch eine Individualität aus der Serie ersetzt wurden.

Bild 13-1:
Modernes Lkw-Programm in
einem Corporate Design

Bild 13-2:
Lkw-Varianten eines Herstellers in ländertypischen Designs

Bild 13-3:
Individuelles Truck-Design

Bild 13-4: Nutzfahrzeuge im Ethno-Design

Die „höhere Kunst" der konstruktiven Entwicklung von Fahrzeug- und Designvarianten ist die mittels
– Baukästen,
– modularen Systemen,
– Plattformstrategien.

Als historisches Beispiel für Typenvereinheitlichung, Baukastentechnik und Serienbau sei aus dem militärischen Bereich am Ende des Ancien Régime in Frankreich das System des Général de Gribeauval (1715–1789) mit
– der Reduzierung der Kalibervielfalt,
– der Normung der Lafettierung, der Radgrößen und der Spurweiten von Kanonen genannt, eine Entwicklung, die schon bei den Pistolen des Typs M 1777 begonnen hatte.

Aus der Serienfertigung von Militärkleidungen stammt auch der Begriff der Uniformierung, die im Design, je nach Blickrichtung, eine ganz unterschiedliche Wertung erhält.

Allerdings waren die Modularisierung und der Austauschbau von Schiffen schon bei den Ägyptern und bei den Phöniziern bekannt. Dieses Werk enthält darüber hinaus viele Beispiele für das Baukastenprinzip bzw. für Wechselaufbauten.

Mit dem Austauschbau verbunden ist die Erkenntnis, dass technische Objekte aus „Elementen" bestehen, im Unterschied zu der älteren Auffassung von „Organen" (analog zu Lebewesen), die nicht ausgetauscht werden konnten.

Diese Konzeptionsprinzipien ergaben sich aus dem Aufbau der Wagen aus Fahrwerk (auch Fahrwerksrahmen, franz. Chassis) und Wagenpritsche oder Wagenkasten (s. **Bild**

Bild 13-5: Einheitskutschkasten König Ludwigs II. von Bayern auf einem Fahrgestell und auf einem Schlitten

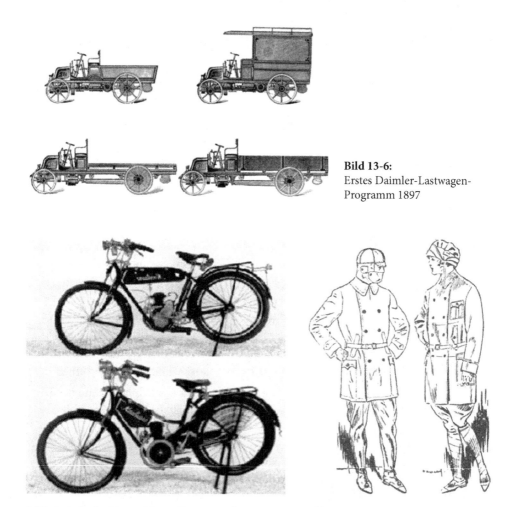

Bild 13-6:
Erstes Daimler-Lastwagen-Programm 1897

Bild 13-7: Frühe Motorräder in Frauen- und in Männer-Ausführung

Bild 13-8: Maybach-Wagen in Zivil- und in Polizei-Ausführung (rechts)

Bild 13-9: Saurer-Lkw mit Wechselaufbau

Bild 13-10: Sport-Phaeton mit offener und geschlossener Wechselkarosserie

13-5). Hieraus ergaben sich die Kutsche und der Schlitten von Ludwig II. als Baukasten mit dem Kutschkasten als Gleichteil.

Die ersten Automobilbauer lieferten zuerst nur fahrfertige Chassis, auf die die Karosseriebauer die Karosserien setzten. Beispiele:
– das erste Daimler-Lastwagenprogramm (1897) als Vorform einer Baureihenkonzeption (**Bild 13-6**),
– die Wechselaufbauten für Nutzfahrzeuge und Personenwagen (**Bilder 13-9/10**).

Die einfachste Baukastenvariante war eine farbliche Differenzierung (**Bild 13-8**). Wesentlich aufwendiger war die Differenzierung über unterschiedliche Rahmen, z. B. frühe Motorräder in Männer- und in Frauenausführung (**Bild 13-7**).

Für die amerikanische Automobilindustrie wird vielfach das FORD-Modell T – mit dem Spitznamen „Tin Lizzy" – als Musterbeispiel eines Großserien-Einheitsmodells bezeichnet. Dies mag für die Einheitsfarbe schwarz richtig sein. Ergänzend soll aber darauf

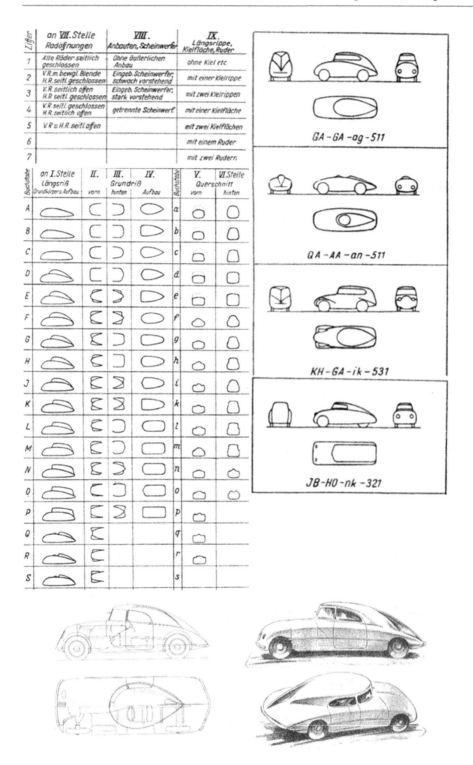

Bild 13-11: Karosseriebaukasten von P. Jaray

Bild 13-12:
Karosserievarianten auf Basis
des späteren VW

hingewiesen werden, dass es das Modell T als Roadster, als 2/2-Coupé, als Modell Tudor
mit 2 Türen und als Modell Phaeton mit 4 Türen gab. Man kann davon ausgehen, dass
alle diese Modellvarianten über einen Baukasten produziert wurden, dessen Gleichteil das
Chassis war. Auch die vielen amerikanischen Marken in der Zeit zwischen den beiden
Weltkriegen (allein 8 bei GM) waren Baukastenvarianten.

Bei GM wurde damals schon das praktiziert, was dann später Markendifferenzierung
ganz am Ende der Fertigungslinie hieß.

Ein Plattformrahmen und eine mittragende Karosserie, beide in Stahlbauweise, wurden
erstmals 1934 von der amerikanischen Budd Company im Chrysler Airflow verwirklicht.

Im deutschen Automobilbau war ein großer Baukasten zur kombinatorischen Bildung
neuer Fahrzeugtypen der Karosseriebaukasten von P. Jaray (**Bild 13-11**).

Obwohl der KdF-Wagen bis zum Ende des Zweiten Weltkriegs nie als „Volkswagen"
gebaut wurde, entstanden alle seine militärischen und sportlichen Sonderausführungen
(**Bild 13-12**) aus einem Baukasten. Zu diesem gab es sogar einen umfangreichen Variantenbaum (**Bild 13-13**).

Die wissenschaftliche Auseinandersetzung mit Produktmodellreihen, Typnormung,
Baukästen u. a. geht bis in die Zeit des Ersten Weltkriegs zurück (Rüdenberg u. a. [13-3]).
Besondere Verdienste haben sich auf diesem Forschungsgebiet Prof. Dr. O. Kienzle, TH
Hannover, und seine Mitarbeiter erworben [13-4].

Schon früh wurde von O. Kienzle darauf hingewiesen, dass Baukästen gleichzeitig wirtschaftliche Kriterien wie auch ästhetische Kriterien erfüllen. Der zweitgenannte Kriterien-
bereich beinhaltet einmal das Corporate Design sowie rein formal auch die Selbstähnlichkeit einer Gestalt.

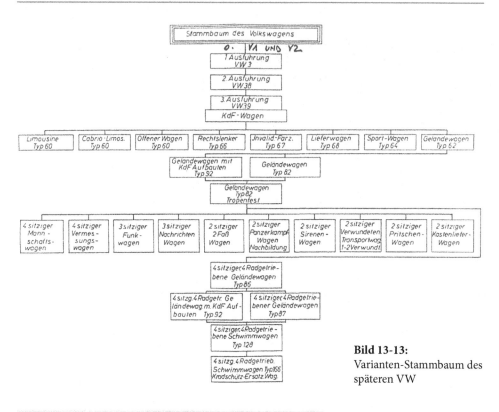

Bild 13-13:
Varianten-Stammbaum des späteren VW

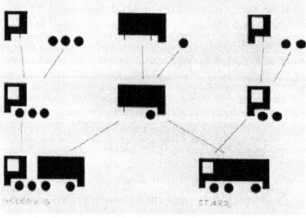

Bild 13-14:
Ergebnisse einer Projektarbeit über Fahrzeugbaukästen an einer Designschule

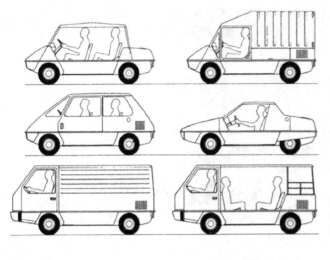

Bild 13-15:
Fahrzeugbaukasten eines
Designbüros

Bild 13-16:
Baukastenstudie für vier
Motorradvarianten

Über Konzeption und Konstruktion von Baukästen liegen bis heute sehr wenige Grundlagen vor. Weiterhin ist die Dissertation von Borowski aus dem Jahr 1961 an der TU Hannover eines der Standardwerke [13-5], das aber die Fahrzeugbaukästen weder erwähnt noch behandelt! Aus dem gleichen Jahrzehnt stammt das Buch von K. Gerstner „Programme entwerfen" (1968) in Architektur, Grafik-Design u. Kunst [13-6]. In einem der neuesten Handbücher der Kraftfahrzeugtechnik werden Baukasten- und Plattformstrategie wohl erwähnt, aber auch nicht systematisch behandelt. Zur gleichen Erkenntnis führt eine neuere Dissertation über „moderne Fahrzeugfamilien" [13-7].

Praxisbeispiele für Fahrzeugbaukästen in der Nachkriegszeit: z. B. das Allgaier-Porsche-Schlepperprogramm oder auch das Programm der BMW K 100 (**Bilder 13-16/18**). Es soll nicht unerwähnt bleiben, dass das Baukastenprinzip das besondere Gestaltungsprinzip des Nachkriegsfunktionalismus war und an den Designschulen, ausgehend von der HfG Ulm, gelehrt und geübt wurde (**Bilder 13-14/15**).

Viele der hier angesprochenen Entwicklungslinien begannen sehr einfach. Den Mercedes 180 mit der Pontonkarosserie gab es seit seiner Einführung im Jahr 1953 in 5 verschiede-

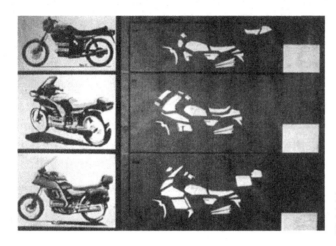

Bild 13-17:
Designmerkmale der Modell-
palette der BMW K100

Bild 13-18:
Die BMW K100 als modernes
Motorrad mit einer Teilver-
kleidung

nen Außenlackierungen, im Jahr 1956 aber schon in 26 Einfarb- und 23 Zweifarb-Außen-
lackierungen sowie Varianten der Sitzbezüge und der Innenausstattung.

Die Explosion der Designvarianten im Fahrzeugbau und damit die Anwendung der
konstruktiven und produktionstechnischen Baukastenstrategien kann auf die 2. Hälfte der
60er Jahre datiert werden, eine Zeit, in der interessanterweise die Aktion Gute Form zu
Ende ging und auch die HfG Ulm geschlossen wurde.

Um 1961 herrschte bei Daimler-Benz noch eine „Monokultur", d. h. 92 % der produzierten Pkw- und Kombi-Einheiten gehörten zu einem Modell. Seit Anfang der 70er Jahre
entstand die erweiterte Modellpolitik, der sogenannte Modell-Mix, d. h. innerhalb einer
Modellreihe bestanden ca. 20 Millionen Fahrzeugvarianten. Pfeiffer, der Chefdesigner, er-
klärte in einem Referat 2003, dass von den jährlich 300.000 produzierten E-Klasse-Model-
len nur durchschnittlich 3 identisch sind.

Nach Jacobi verdreifachte sich 1976–1986 das Teilevolumen. Dies führte 1978 zur Einführung einer Gleichteile- und Baukastensystematik, später „Variantenmanagement".

1993 wurden die in der Einleitung zu diesem Abschnitt beschriebenen vier Designlinien der C-Klasse eingeführt und später um „Avantgarde" und „Disegno" erweitert. Das Design wurde damit zu einem Bestandteil der „kundenorientierten Produktgestaltung" mittels Baukästen.

Fahrzeug- bzw. Karosseriebaukästen repräsentieren in ihren sichtbaren Gleichteilen die Herstellerkennzeichnung oder das Corporate Design und in ihren Variantenteilen das kundenorientierte Design, im Extremfall ein singuläres Customization-Design in der Stückzahl 1. Insbesondere die Gleichteile verbinden das Design mit dem wirtschaftlichen Ziel einer kostengünstigen Teileproduktion. Als teuerste Karosseriebauteile gelten heute die Türen. Die schwierigste Konstruktions- und Designaufgabe ist es, Designvarianten aus einer möglichst hohen Anzahl unsichtbarer Gleichteile zu entwickeln.

Zur Optimierung der Produktionskosten wird heute vielfach eine Gleichteilestrategie eingesetzt. Ein diesbezügliches Prinzip ist: Alles was der Kunde sieht, sollte individuell sein. Alles was der Kunde nicht sieht, sollte aus Gleichteilen bestehen. Ein aktueller Trend ist zudem die Reduzierung der Vielzahl an Varianten (neudeutsch: Derivate). Beispiel: Smart.

13.2   Klassische Fahrzeugbaukästen und -baureihen

Nach der Kundenbeschreibung im Abschnitt 7 können Fahrzeugprogramme designorientiert systematisiert werden in
– demografisch und geografisch orientierte Programme und
– psychografisch orientierte Programme.

Beide Gliederungen können wieder zu einer Programmmatrix und zu einem „Modell-Mix" vereinigt werden.

Beispiele für geografisch orientierte Fahrzeugvarianten bzw. -programme werden in der jüngeren Vergangenheit
– Nutzfahrzeuge für Europa im Unterschied zu Exportausführungen für Afrika oder Sibirien,
– 1994 Family Car China (FCC) von Mercedes mit einer Grundversion für 5 Personen, einer Großraumlimousine für 7 Personen, einem Pickup mit 5 Sitzplätzen, einem Kastenwagen für 2 Personen.

Einen Baukasten für ein Elektrofahrzeug unter Berücksichtigung von Fahrer-Somatotypen zeigt **Bild 13-49**.

Nach der klassischen Definition von Kienzle [13-4] u. a. besteht ein Baukasten aus
– mindestens 1 Gleichteil,
– mindestens 2 Variantenteilen,
– 1 Baumusterplan der 2 Varianten.

Eine Baureihe besteht aus
– mindestens 2 Baugrößen, deren Größenunterschied mindestens 1 Hauptmaß oder 1 Maßproportion ist.

Die in der Praxis vielfach vorhandene Mischung oder Kombination von Baukasten und Baureihe besteht demnach aus
– mindestens 1 Gleichteil (konstanter Größe) und
– mindestens 2 Variantenteilen unterschiedlicher Baugröße (z. B. 2 Pritschen).

Baureihen entstanden in der Fahrzeugentwicklung nicht nur bezüglich der Größe oder der Hauptmaße, sondern auch bezüglich der Elementmengen einer Fahrzeuggestalt, z. B. der Interface-Elemente (s. **Bilder 13-35/36**).

Fahrzeugprogramme und -baukästen mit „starken" Designvarianten setzen beim Gestaltaufbau und -typ an und nicht erst bei Form, Farbe und Grafik.

Antriebsstrang

```
.......................  Steuerung / -varianten
                         Räder / -varianten
                         Getriebe / -varianten
                         Motor / -varianten

                         Chassis / -varianten bzw.
Karosserie               Rohkarosserie / Tragwerk /
                         Rahmen / -varianten

                         Außenhaut / Verkleidung /    Exterior-Design-Pakete
                         -varianten

                         Innenausbau / -varianten     Interior-Design-Pakete
.......................  Interface / -varianten
```

Sonderausstattungen   ....

Die folgenden 4 Studienarbeiten zu Fahrzeugbaukästen repräsentieren folgende Variantencharakteristik:

1. Programm RS 68 (1968) mit 2 Varianten für einen Stadtwagen und einen Reisewagen (**Bild 13-19**):
   – Gleichteile: Fahrgastzelle für 4 Personen
   – Variantenteile: Antriebsstrang und Karosserievorder- und -hinterwagen
   Diese Studienarbeit erhielt 1968 im FORD-Wettbewerb „Das Auto von morgen" einen ersten Preis. Dieses Programm wurde später von VW aus Golf und Jetta realisiert.

2. Programm eines Großraum-Pkws (1969) mit 3 Karosserievarianten (**Bild 13-20**):
   – Gleichteile: Antriebsstrang, Karosserievorder- und -hinterwagen
   – Variantenteile: Fahrgastzelle zwischen den Targa-Bügeln
   Geplant war noch ein neuer Staatswagen für den damaligen Ministerpräsidenten von Baden-Württemberg.

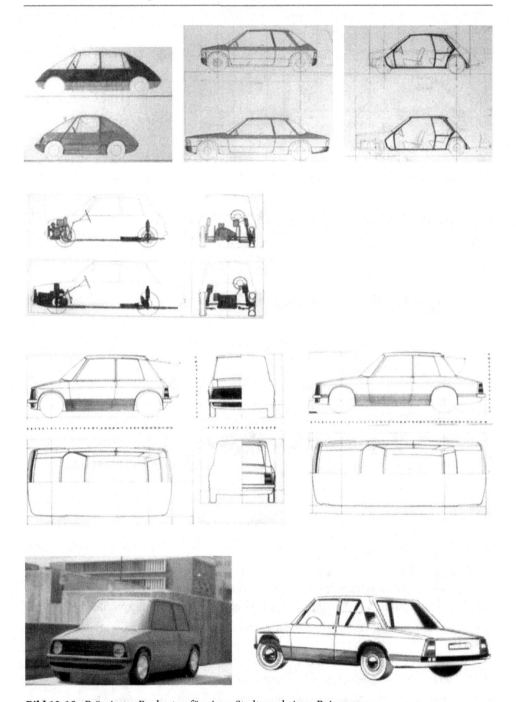

Bild 13-19: Prämierter Baukasten für einen Stadt- und einen Reisewagen

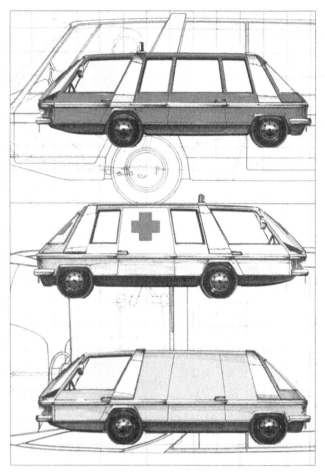

Bild 13-20:
Studie für eine Großraumlimousine in einem Baukasten
mit drei Varianten

3. Erste Studienarbeit (1980) zur Kölner Kundentypologie (s. Abschnitt 8) mit 8 Karosse-
rie-Exterior-Varianten (s. **Bild 13-21**):
   – Gleichteil: Stadtwagen aus Beispiel 1
   – Variantenteile: Karosserieaußenhaut einschließlich
                      Farbdesign und Variantennamen
   Der Test von Design- und Namenvarianten erfolgte über Bedeutungsprofile.
4. Zweiten Studienarbeit (1982) zur Kölner Kundentypologie mit 7 Pkw-Varianten (**Bild
   13-22**):
   – Gleichteil: Spur, Rahmen kurz
   – Variantenteile: Antriebsstrang, Rahmen lang, Karosserieaußenhaut

Bei der unterschiedlichen Motorisierung einer Pkw-Karosserie oder eines Motorradrah-
mens als Gleichteil tritt das Designproblem auf, dass die einfache Variante untermotori-
siert erscheint. Darauf hat schon früh Neumann-Neander bei seinen Motorradprogram-
men hingewiesen. Im Automobildesign wurde zur Abhilfe schon früh mit Abdeckungen
des leeren Motorraums operiert.

Prestige-orientierte Variante

Traditions-orientierte Variante

Leistungs-orientierte Variante

Minimal-Aufwands-orientierte Variante

Sicherheits-orientierte Variante

Neuheits-orientierte Variante

Ästhetik-orientierte Variante

Sensitivitäts-orientierte Variante

Bild 13-21: Erste Studienarbeit über 8 Karosserie-Exterior-Varianten nach der Kölner Kunden-typologie

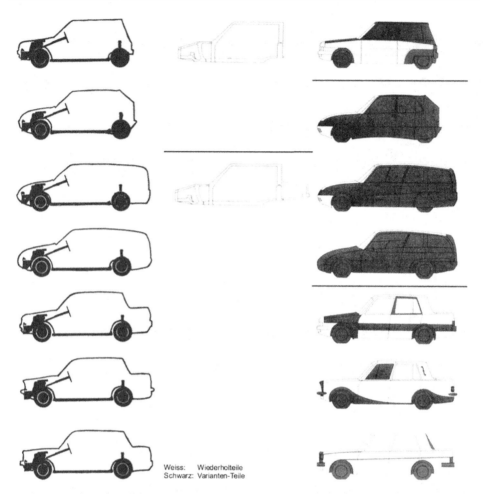

Weiss: Wiederholteile
Schwarz: Varianten-Teile

Bild 13-22: Zweite Studienarbeit über 7 Karosserie-Exterior-Varianten nach der Kölner Kunden-typologie

Die folgenden **Bilder 13-23/27** zeigen praktische Ausführungsbeispiele von Karosserie-baukästen, insbesondere Rahmenbaukästen
– für Omnibusse der ehemaligen Fa. Neoplan,
– für Kleinwagen, den Vorgänger des SMART und den patentierten Rahmen des SMART,
– für eine modulare Karosserie im Rahmen des IPA-Projekts ICIPT, 5-Tage-Auto-Initiative.

Interface-Baukästen
Die Interface-Baukästen bilden die jüngste Entwicklungsstufe im Fahrzeug-Interior-De-sign, um kundenorientierte Varianten zu erzeugen. Sie werden wohl auch deshalb bis heu-te in der Fachliteratur nicht behandelt. Generell unterliegen die Interfaces der Tendenz zur Zunahme ihrer Elemente (s. Abschnitt 9 Lokomotivsteuerstände) bzw. zur Spreizung der diesbezüglichen Komplexitäten. Die Innovationstreiber waren und sind die Innovatoren und Experten, aber auch die sicherheitsorientierten Kunden.

Bild 13-23: Omnibustyp Hamburg von Auwärter 1960

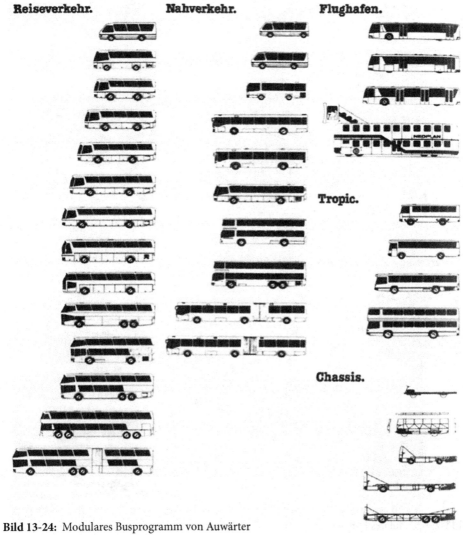

Bild 13-24: Modulares Busprogramm von Auwärter

Bild 13-25:
Verkleidungsbaukasten des NAFA 1981

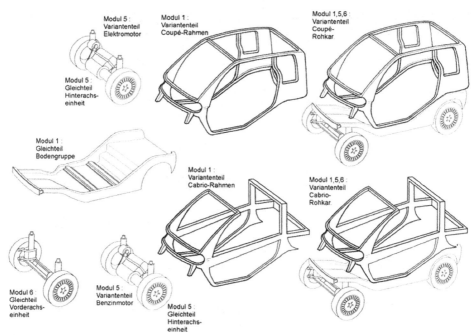

Bild 13-26: Patentierter Basisbaukasten des MCC

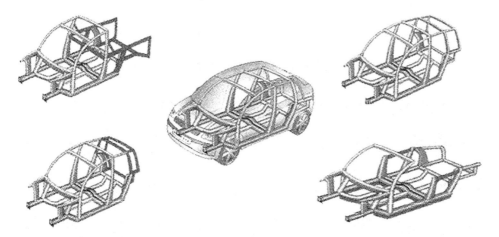

Bild 13-27: Modulares Karosseriekonzept eines Zulieferers

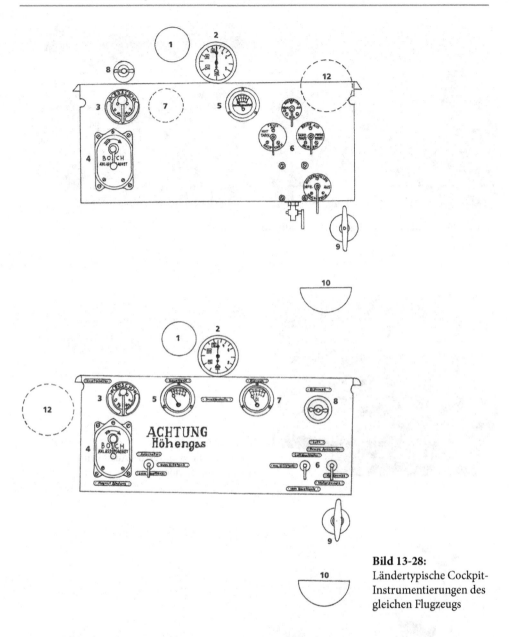

Bild 13-28:
Ländertypische Cockpit-
Instrumentierungen des
gleichen Flugzeugs

Frühe Beispiele für unterschiedliche Interfaces waren Flugzeugcockpitausstattungen (1925) (**Bild 13-28**), auch Getriebeschalthebel (**Bild 9-17**), später auch die Steuerstände von Motoryachten, z. B. die Instrumentenprogramme von Maybach, später MTU (**Bilder 13-29/31**).

Ein umfangreiches Instrumentierungsprogramm für Omnibusse war Kiifis (1994) von Mannesmann-Kienzle, eingebaut in Neoplan-Omnibusse (**Bild 13-37**).

Fahrzeuglenkungen mit unterschiedlicher Kraftcharakteristik bot schon früh ZF an (**Bild 13-38**).

Bild 13-29: Standard- und High-Tech-Ausführung aus einem Steuerstandbaukasten

Bild 13-30:
Comfort- und Avantgarde-Ausführung aus
einem Steuerstandbaukasten

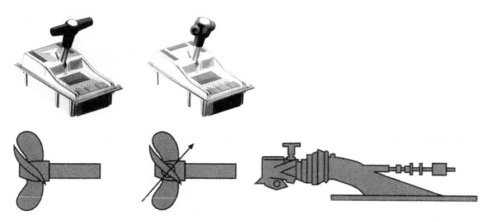

Bild 13-31: Fahrhebel für Propellerantrieb (links) und für Water-Jet-Antrieb (rechts) als Baukastenelemente

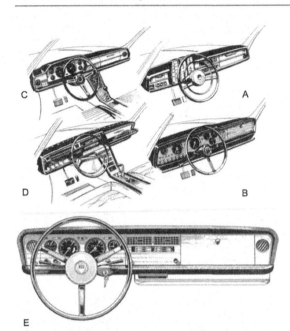

Bild 13-32:
Interface-Varianten für den Ro 80

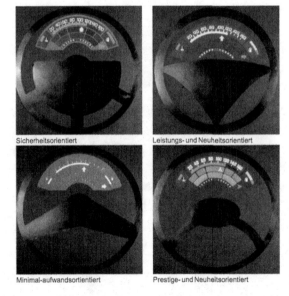

Bild 13-33:
Varianten der Anzeigergrafik für unterschiedliche Kundentypen

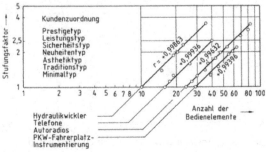

Bild 13-34:
Zuordnung von Bedienelementmenge und Kundentyp

Bedienungskonzept MINIMALAUFWANDSTYP		
Lfd. Nr.B	Bedienteile	
1	Fahrzeug feststellen	Schwenkhebel
2	Fahrzeugantrieb starten	Zündschlüssel
3	Fahrtrichtung ändern	Lenkrad
4	Fahrstufe wechseln	Schalthebel
5	Kraftfluß zw. Motor und Getriebe unterbrechen	Kupplungspedal
6	Fahrgeschwindigkeit	Gaspedal
7	verändern	Bremspedal
8	Fahrtrichtungszeiger betätigen	
9		1 Fingerhebel für die Lfd. Nr. 8-10
10	Fernlicht / Lichtsignal	
11	Scheibenwischer-/wascher anstellen (Frontscheibe)	1 Fingerhebel (1 Stufe, Waschen elektrisch)
12		
13		
14	Fahrlicht -/	Kippschalter mit 3 Schaltstellungen
15	Standlicht	
16	Akustisches Signal geben	Druckfläche innerhalb des Lenkradkranzes
17	Warnblinkanlage in Betrieb setzen	Kippschalter
18		Fingerschieber
19	Belüftungs-/Heizungs-system in Betrieb setzen	Fingerschieber
20		
21		
22		
23		
24	Ventilator in Betrieb setzen	Kippschalter (1 Stufe)
25	Nebelrückleuchte EIN/AUS	
26	Nebelscheinwerfer EIN/AUS	
27	Heckscheibenheizung EIN/AUS	
28	Scheibenwischer-/wascher anstellen (Heckscheibe)	
29	Anzeigenbeleuchtung verändern	
30	Tageskilometerzähler auf Null stellen	
	Sicherheits-Bord-Computer	
31	Verkehrsfunk	
32	Aussentemperatur	
33	Fahrzeug-Distanz	
34	Fahrgeschwindigkeit 50	
35	Fahrgeschwindigkeit ECON	
36	Fahrgeschwindigkeit 100	
37	Wegleitsystem	
38	Autoradio	
39	Cassettengerät	
40	Abrufen der Anzeigen A12, A13, A14	

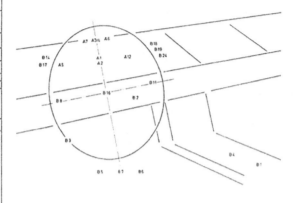

Bild 13-35: Fahrerplatz-Instrumentierung für einen Minimal-aufwandstyp

Bedienungskonzept PRESTIGETYP		
Lfd. Nr.B	Bedienteile	
1	Fahrzeug feststellen	Schwenkhebel
2	Fahrzeugantrieb starten	Codekarte
3	Fahrtrichtung ändern	Lenkrad
4	Fahrstufe wechseln	Fahrstufenhebel
5	Kraftfluß zw. Motor und Getriebe unterbrechen	
6	Fahrgeschwindigkeit	Gaspedal
7	verändern	Bremspedal
8	Fahrtrichtungszeiger betätigen	
9		1 Fingerhebel für die Lfd. Nr. 8-10
10	Fernlicht / Lichtsignal	
11	Scheibenwischer-/wascher anstellen (Frontscheibe)	1 Fingerhebel (2 Stufen, Intervall, Waschen elektrisch)
12		
13		
14	Fahrlicht -/	Drehschalter mit 5 Schaltstellungen
15	Standlicht	
16	Akustisches Signal geben	Druckfläche innerhalb des Lenkradkranzes
17	Warnblinkanlage in Betrieb setzen	Drucktaste
18		Drehschalter Klimaanl.
19	Belüftungs-/Heizungs-system in Betrieb setzen	Luftverteilerdrehschalter
20		
21		
22		
23		
24	Ventilator in Betrieb setzen	Drehschalter (variabel stufenlos)
25	Nebelrückleuchte EIN/AUS	Wippschalter
26	Nebelscheinwerfer EIN/AUS	Wippschalter
27	Heckscheibenheizung EIN/AUS	Wippschalter
28	Scheibenwischer-/wascher anstellen (Heckscheibe)	
29	Anzeigenbeleuchtung verändern	Drehschalter (variabel stufenlos)
30	Tageskilometerzähler auf Null stellen	Drucktaste
	Sicherheits-Bord-Computer	
31	Verkehrsfunk	
32	Aussentemperatur	Drucktaste
33	Fahrzeug-Distanz	Drucktaste
34	Fahrgeschwindigkeit 50	Drucktaste
35	Fahrgeschwindigkeit ECON	Drucktaste
36	Fahrgeschwindigkeit 100	Drucktaste
37	Wegleitsystem	
38	Autoradio	Kombi-Gerät serienmäßig
39	Cassettengerät	
40	Abrufen der Anzeigen A12, A13, A14	

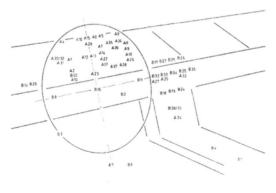

Bild 13-36: Fahrerplatz-Instrumentierung für einen Prestigetyp

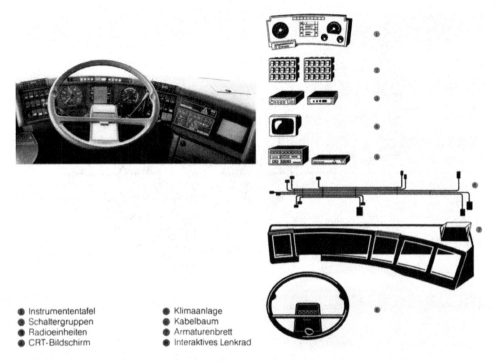

Instrumententafel
Schaltergruppen
Radioeinheiten
CRT-Bildschirm

Klimaanlage
Kabelbaum
Armaturenbrett
Interaktives Lenkrad

Bild 13-37: Das Fahrerplatzsystem Kiifis

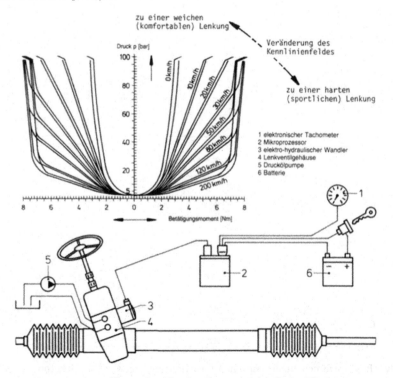

zu einer weichen
(komfortablen) Lenkung

Veränderung des
Kennlinienfeldes

zu einer harten
(sportlichen) Lenkung

Druck p [bar]

0 km/h
10 km/h
20 km/h
30 km/h
50 km/h
80 km/h
120 km/h
200 km/h

1 elektronischer Tachometer
2 Mikroprozessor
3 elektro-hydraulischer Wandler
4 Lenkventilgehäuse
5 Druckölpumpe
6 Batterie

Betätigungsmoment [Nm]

Bild 13-38: Lenkung mit einstellbaren Lenkkräften für unterschiedliche Kundentypen

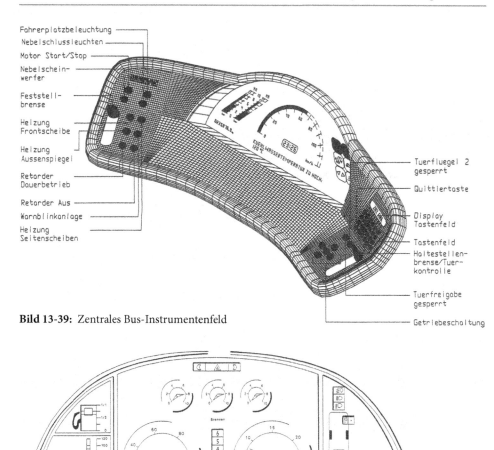

Bild 13-39: Zentrales Bus-Instrumentenfeld

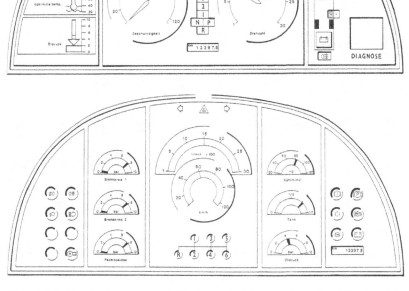

Bild 13-40: Bus-Instrumententafel für einen Busfahrer niederer Qualifikation (oben) und einen Busfahrer höherer Qualifikation (unten)

Demografisch orientierte Interface-Programme galten dem unterschiedlichen Ausbildungsgrad von Omnibusfahrern, z. B. für einen Profi mit Lkw-Ausbildung im Unterschied zu einer amerikanischen Hausfrau, die einen Schulbus fahren sollte (**Bilder 13-39/40**).

Ein einfaches Programmbeispiel war und ist die Instrumentierung des Porsche 911 (seit 1963) mit 5 Uhren und demgegenüber der ehemalige Porsche 912 (1965) mit nur 3 Uhren, wie übrigens auch der Vorgänger 356 B.

Ein Interface-Programm für 5 Kundentypen schlug erstmals Bührer (1967) in Verbindung mit dem NSU Ro 80 vor (**Bild 13-32**).

Wichtig war die Erkenntnis, dass die Interface-Elemente auch einer Baureihe folgen (**Bild 13-34**). Eine erste Anwendung dieser Erkenntnisse zeigt die Interface-Konzeption für einen Minimalaufwandstyp im Unterschied zu einem Prestigetyp (**Bilder 13-39/40**).

Ergänzend dazu sind kundentypische Grafik- und Farbvarianten (Bild 13-33 und **Bild 13-21**).

Die Variantenbildung im Interior-Design wurde schon in Abschnitt 13.2 angesprochen.

Ein erster Baukasten für die Innenausstattung von Fracht- und Fahrgastschiffen entstand durch Prof. A. Votteler 1965–70 [13-8] (**Bild 13-42**) für die Werft Blohm + Voss.

Für viele Fahrzeuge mit einem Individualisierungsanspruch ihres Besitzers werden heute hochkomplexe Ausstattungsprogramme und -pakete angeboten.

13.3   Allgemeine Grundlagen von Fahrzeugprogrammen, -baureihen und -baukästen

13.3.1   Lösungsbreite und -tiefe von Programmen

Die „Lösungsbreite" eines Produktprogramms wird konkret durch dessen Variantenzahl gebildet (s. vorstehende Beispiele und Bilder).

Nach den in Abschnitt 4 behandelten Gliederungen einer Produktgestalt betrifft die Frage nach der Lösungstiefe eines Produktprogramms die diesem als Gleichteile und Ungleichteile zugrunde liegenden Teilgestalten Aufbau, Form, Farbe und Grafik sowie die darauf gründenden Ähnlichkeiten. Aus diesen 4 Teilgestalten ergeben sich zwischen 2 Gestalten 15 verschiedene Gleichteilevektoren. Auf der Grundlage eines dieser Gleichteilevektoren gilt für die Lösungstiefe:

- geringe Lösungstiefe („flach") mit einem Gleichteilevektor aus Grafik oder aus Grafik und Farbe,
- hohe Lösungstiefe („tief") mit einem Gleichteilevektor aus Form, Farbe und Grafik oder aus Aufbau, Form, Farbe und Grafik.

Designorientiert werden im Folgenden die teilähnlichen oder gemischten Baureihen und die Ausstattungsbaukästen als Lösungsprinzipien für Produktprogramme behandelt.

13.3.2 Baureihen

Nach Gerhard [13-9] ist eine „Baureihe" eine Größenbaureihe zwischen einer kleinsten Baugröße und einer größten Baugröße, die durch Verkleinerung oder Miniaturisierung bzw. durch Vergrößerung oder Monumentalisierung aus einem sogenannten Mutterentwurf entstehen. Die Größenstufung betrifft die Unterteilung des Größenbereichs in die einzelnen Größen. Die umfangreichsten Baureihen sind die Bekleidungsgrößen (DIN G1 515 ff.).

Mathematisch werden Größenreihen entweder als arithmetische Reihe oder als geometrische Reihe behandelt:

– geometrische Stufung/Reihe, möglichst nach Normzahlen, wenn multiplikative Zusammenhänge die charakteristische Größe begleiten und sich der Stufensprung gleich/konstant prozentual beschreiben lässt,
– arithmetische Stufung, wenn eine additive oder subtraktive Verknüpfung zwischen den beschreibenden Größen vorliegt, wie z. B. bei Bausteinbildung (Rastermaße) oder anthropometrischen Maßen (natürliches Wachstum).

Technische Baureihen sind nach Kienzle entweder ähnliche oder ganzgestufte Baureihen bzw. teilähnliche oder halbgestufte Baureihen. Die Größenänderung wird allgemein als Stufensprung (φ) bezeichnet. Hierzu werden üblicherweise die Normungszahlen verwendet:

Bezeichnung	Stufensprung und Reihe
R5	1,0 **1,6** 2,5 4,0
R10	1,0 **1,25** 1,6 2,0
R20	1,0 **1,12** 1,25 1,4
R40	1,0 **1,06** 1,12 1,18

Für die Erkennung von Größenunterschieden geben Kienzle und Rodenacker folgende Erfahrungswerte an

R40 $\varphi_{min} = 1,06$ höchstens vom Fachmann erkannt
R20 $\varphi = 1,12$ erkennbar mit großer Übung
R10 $\varphi = 1,25$ Erkennungsprägnanz auch für Nichtfachmann
R5 $\varphi = 1,6$ deutlich unterscheidbar

Diese Erkennungsdifferenzen sind nicht nur auf Längenmaße anwendbar, sondern auch auf Mengen und auch Preise! Das Beispiel der teilähnlichen Baureihe zeigt mit dem konstanten Element interessanterweise den Übergang von den Baureihen zu den Baukästen.

Ausgehend von den ersten Lastwagen (s. Mercedes-Lastwagen **Bild 13-6**) werden die Baukästen auch zur Bildung von Baureihen eingesetzt. **Bild 13-41** zeigt die ehemals geplante Baureihe des Neoplan Metroliners und deren Bildung aus einem Baukasten. Auch der Mercedes-Benz CITARO-Bus ist ein Baukasten für eine Baureihe.

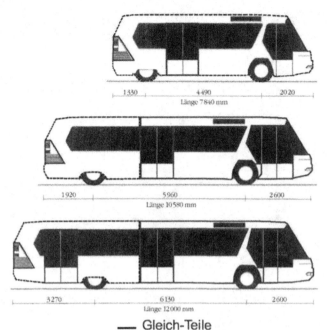

1330 | 4490 | 2020
Länge 7840 mm

1920 | 5960 | 2600
Länge 10580 mm

3270 | 6130 | 2600
Länge 12000 mm

—— Gleich-Teile
--- Varianten-Teile

Bild 13-41:
Die geplante NEOPLAN-
Metroliner-Baureihe aus einem
Baukasten

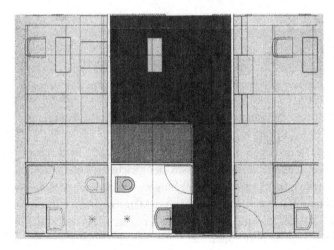

Bild 13-42:
Interior-Baukasten für Schiffe

13.3.3   Größenstufung von Baureihen nach Körpergrößen

Die Baureihenentwicklung nach physikalischen, thermischen und anderen Variablen ist
seit langem Standard in der Maschinen- und Fahrzeugkonstruktion. Demgegenüber ist die
Größenstufung von Produktprogrammen und -reihen nach den Benutzern bis heute ein
weitgehend ungeklärtes Thema, obgleich es hierzu in Form von Erwachsenen-, Jugendli-

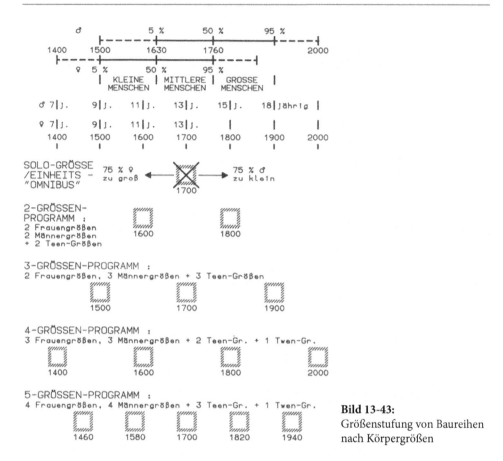

Bild 13-43:
Größenstufung von Baureihen
nach Körpergrößen

chen- und Kindervarianten von Produkten eine Vielzahl an Beispielen gibt. Im Fahrzeug-bau sind dies insbesondere Fahrräder (**Bild 8-7**).

Bezieht man diese allgemeinen Grundlagen der Baureihenkonzeption auf die Körper-größenverteilung als Leitmaß der Benutzer, so ergeben sich bei gleichem Stufensprung folgende Baureihen von 2 bis 5 Größen (**Bild 13-43**). Darauf hingewiesen werden soll, dass alle 4 Baureihen Größen enthalten, die sowohl für Frauen und Männer, sowie teilweise auch für Jugendliche gültig sind. Mit der Stufung des 5-Größen-Programms erreicht man die Unterscheidungsschwelle nach Kienzle und Rodenacker.

Diese Unterscheidungsschwelle wird auch unterschritten, wenn man ein 5-Größen-Programm nicht nach gleichem Stufensprung, sondern nach gleichen Benutzermengen, d. h. jeweils für 20 %, stuft. Ausgehend von der Körpergröße als Leitmaß muss die Stufung an den in Frage kommenden Produktmaßen im Einzelfall konkretisiert und überprüft wer-den. Darauf hingewiesen werden soll, dass Frauen nicht in allen Maßen kleiner sind als Männer, sondern dass es Körpermaße gibt, die bei Frauen größer sind.

13.4 Erweiterte Baukastentypologie

Designorientierte Baukästen sind solche mit Bausteinen verschiedener Rangordnung:
- Ausrüstungs- oder Ausstattungsbaukästen,
- Zubehör- oder Accessoirebaukästen,
- Anschlussbaukästen,
- „Pakete" u. a.

Der hier behandelte Ausstattungsbaukasten besteht üblicherweise aus einem invariablen Grundbaustein und variablen Ausstattungsbausteinen. Der Grundbaustein kann sichtbar oder unsichtbar sein. Im erstgenannten Fall ist er der redundante und stilbildende Anteil der Produktvarianten und dient insbesondere der Herkunftskennzeichnung. Die Ausstattungsbausteine sind der innovative Gestaltanteil und dienen insbesondere der kundenorientierten Eigenschaftenkennzeichnung der Produktvarianten, z. B. von einer Einfachausführung bis hin zu einer Profiausführung. „Starke" Designvarianten entstehen, wenn die Ungleichteile im Kontrast zu den Gleichteilen konzipiert werden. Baukästen erfüllen durch einen hohen Gleichteileanteil gleichzeitig fertigungstechnische und wirtschaftliche Kriterien.

Nach der Gestaltdefinition im Abschnitt 4 sind Fahrzeuge durch eine Außengestalt und eine Innengestalt gekennzeichnet. Ein Fahrzeugprogramm besteht damit aus 2 und mehr Fahrzeugvarianten mit Außen- und Innengestalten (**Bild 4-15**). Die Innengestalt besteht wieder aus der Innenraumgestalt und den Gestalten der Einbauten. Bei einer vollständigen Betrachtung haben aber Personenfahrzeuge meist 3 Innengestalten, und zwar zusätzlich den Motorraum und den Gepäckraum, die hier aber nicht behandelt werden, zumal die nachfolgenden Grundlagen für diese gleichfalls gelten.

Alle Fahrzeuge waren zuerst einmal Einzelstücke oder Solitäre, von ihrer Funktion her fahrbare und schwimmende, später auch fliegende Tragwerke. Deren Bauweise war entweder eine reine Holzbauweise oder eine Mischbauweise aus Holz und Metall sowie Stoff u. a. Hieraus wurden die Elemente der Stabtragwerke, insbesondere der Rahmen, und der Flächentragwerke gefertigt. Insbesondere die Stabtragwerke, wie z. B. bei den frühen Zeppelinen, enthalten Gleichteile, die die manufakturelle und später industrielle Fertigung rationalisierten. Neben den mehrfach auftretenden Gleichteilen gab es die singulär auftretenden Variantenbausteine. Hieraus entstand der erste Quasi- oder Proto-Baukasten für ein Einzelfahrzeug (**Bild 13-44**).

Ein einfacher Baukasten für ein Variantenprogramm entsteht aus einem Grundbaustein und Varianten- oder Ausstattungsbausteinen (**Bild 13-45**). Die Darstellung der hieraus gebildeten Varianten, z. B. des Exterior-Designs, ist der sogenannte Baumusterplan oder der Variantenbaum.

Im Pkw-Bau konnte der Grundbaustein entweder die Bodenplatte oder das Chassis sein. Hieraus leitet sich auch der Begriff Plattformstrategie ab. Der Grundbaustein konnte aber auch die Roh(ponton)karosserie sein. Dieses Prinzip des Ausstattungsbaukastens wurde nicht nur für das Exterior-Design, sondern auch im Interior-Design angewandt und ergab damit einen höheren Baukasten (**Bild 13-46**). Ein Hyper- oder Superbaukasten ent-

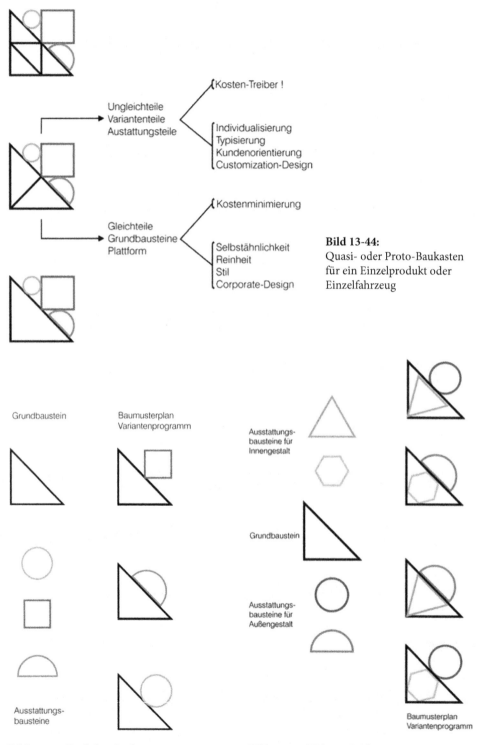

Ungleichteile
Variantenteile
Austattungsteile

{Kosten-Treiber !

Individualisierung
Typisierung
Kundenorientierung
Customization-Design

Gleichteile
Grundbausteine
Plattform

{Kostenminimierung

Selbstähnlichkeit
Reinheit
Stil
Corporate-Design

Bild 13-44:
Quasi- oder Proto-Baukasten
für ein Einzelprodukt oder
Einzelfahrzeug

Grundbaustein

Baumusterplan
Variantenprogramm

Ausstattungs-
bausteine

Ausstattungs-
bausteine für
Innengestalt

Grundbaustein

Ausstattungs-
bausteine für
Außengestalt

Baumusterplan
Variantenprogramm

Bild 13-45: Einfacher Baukasten   **Bild 13-46:** Höherer Baukasten

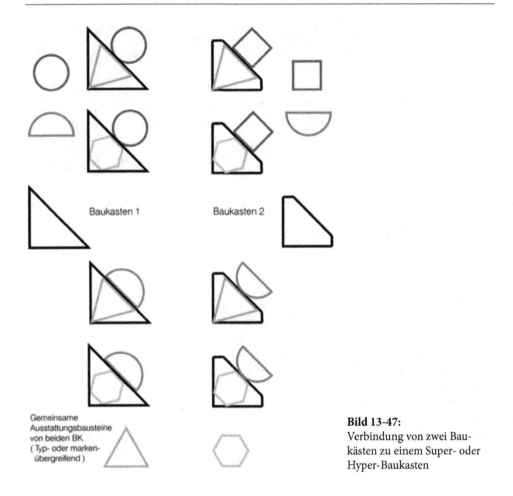

Baukasten 1   Baukasten 2

Gemeinsame
Ausstattungsbausteine
von beiden BK
(Typ- oder marken-
übergreifend)

Bild 13-47:
Verbindung von zwei Bau-
kästen zu einem Super- oder
Hyper-Baukasten

steht aus der Verbindung von zwei höheren Baukästen mit gemeinsamen, typ- oder mar-
kenübergreifenden Ausstattungsbausteinen (**Bild 13-47**).

Die neueste Baukastenvision ist die Fahrzeugplattform auch als Baukasten zu konzipieren, so dass unterschiedliche Radstände und Spurweiten bzw. unterschiedliche Fahrzeugtypen denkbar sind. Beispiel: VW-MQB Modularer-Quer-Baukasten (**Bild 13-49**).
Dieser ermöglicht es, unterschiedliche Antriebe vom Allradantrieb bis zum Elektroantrieb
einzubauen.

Die modernen Fahrzeugbaureihen-Baukästen erfordern zur Beherrschung ihrer Komplexität eine wesentlich umfangreichere Hierarchie als nur Gleichteile und Variantenteile.
Das nachstehende Beispiel zeigt ein modernes Transporter-Programm (**Bild 13-50/51**),
das in 5 Hierarchieebenen strukturiert ist und die Superisation zum Fahrzeug gliedert.
Auf jeder der 4 oberen Ebenen kommen zu den Moduln weitere Teile dazu, insbesondere
die Verbindungselemente. Verbunden ist mit dieser Programmstruktur auch eine eigene
Organisationsform.

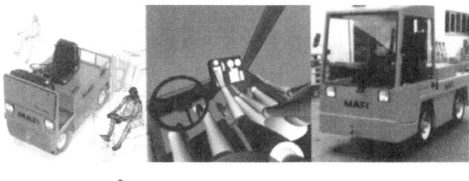

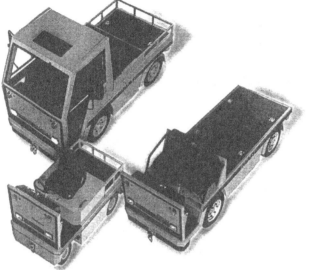

Bild 13-48:
Baukasten eines Elektrofahr-
zeugprogramms unter Berücksichtigung von Fahrersomato-
typen

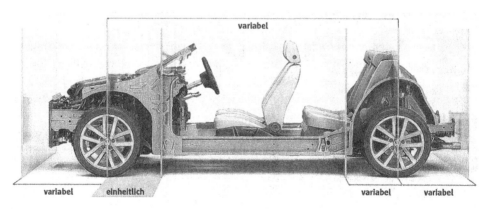

Bild 13-49: Der modulare Querbaukasten von VW

	Kompakt Länge: 4.748 mm Höhe: 1.875 mm	Lang Länge: 4.993 mm Höhe: 1.875 mm	Extralang Länge: 5.223 mm Höhe: 1.872 mm	Lang mit Aufstelldach Länge: 4.993 mm Höhe: 1.960/2.960 mm
TREND	•	•	•	
AMBIENTE	•	•	•	-
FUN	•	•	-	○

Bild 13-50: Die Mercedes-Transporter-Varianten aus einem Baukasten

Diese komplexe Baukastenhierarchie des modernen Fahrzeugbaus belegt damit auch eine Praxisaussage, dass ein singuläres Porsche-Fahrzeug heute (Varianten-)Teile aus ca. 60 Baukästen enthält.

Man kann sogar so weit gehen, dass ein Fahrzeugbaukasten heute sogar Gegenstand einer „Life-Cycle-orientierten Produktplanung und -entwicklung" sein kann (Diss. D. Dudic /13-10/). Es soll zum Schluss nicht unerwähnt bleiben, dass die Baukastentechnik schon lange zur Ideenfindung des Advanced Designs und von Zukunftsstudien zählt (s. **Bild 13-19** u. a.).

Zur Konzeption neuer Fahrzeugtypen gehört heute auch das sogenannte Crossover, d. h. die Mischung bekannter Fahrzeugtypen zu einem neuen, z. B. einer „Coupé-Limousine" oder einem „Roomster". Hierzu gelten die schon in Abschnitt 3 diskutierten ästhetischen Fragen des Typischen. Im Future-Design finden sich heute sogar Crossover-Ideen mit der Herleitung einer Fahrzeuggestalt aus einer aufgehenden Blüte. Bei solch extremen Innovationen ist aber die Grenze der Verständlichkeit erreicht.

In der bildenden Kunst wird dieses Gestaltungsprinzip heute auch als „Sampling" bezeichnet (z. B. die Bilder von M. Majerus).

Ⓜ **Transporter Baukasten**

Ebenen/Hierarchie:

1. Fahrzeug	z.B. NCV 2	Variantenzahl
	New Concept for Vans	-------------------------------
	Vito Viano	
2. Hauptmodule	20	z. B. Fahrerhaus
plus Verbindungselemente		
3. Module	~ 150	z. B. Cockpit
plus Verbindungselemente		7 Sub-Module
		Ø 5 Sub-M./Modul
4. Submodule	~ 750	z. B. Instrumententafel
	(150 x 5)	180 Teile (Sub-M. 5)
plus Verbindungselemente		
5. Teile/Elemente	~ 50.000	Teile pro Fahrzeug
	(750 x 65)	-------------------------------
		Gleichteile ------------------
		Wiederholteile ------------
		Variantenteile ------------

Bild 13-51: Der Baukasten des Mercedes-Transporter-Programms (Angaben nicht vollständig)

13.5 Spezielle Bewertungsaspekte

13.5.1 Die Ähnlichkeiten von Programmen

Ähnlichkeiten sind die (formale) Relation der Teilgestalten einer oder mehrerer Gestalten. Diese wird im Folgenden aus den dreidimensionalen Teilgestalten einer Fahrzeuggestalt behandelt. Eine geeignete Darstellungsform ist die Ähnlichkeitsmatrix. Zur Lösung der sich daraus ergebenden Ähnlichkeiten stehen 15 Gleichteilevektoren zur Verfügung. Der Lösungsumfang oder das Lösungsfeld einer Gestaltähnlichkeit ergibt sich somit aus dem Produkt Ähnlichkeit(en) mal 15 Gleichteilevektoren (s. [Seeger 2005]).

Die Ähnlichkeitsrelation Außengestalt zu Innengestalt ist eine weitgehend offene Designthematik. Diese wurde schon im Abschnitt 12 angesprochen. Hingewiesen werden soll auch auf das Faktum, dass zu den Gleichteilevektoren auch die Gestaltordnungen zählen, d. h. eine formale Ähnlichkeit von außen und innen kann bei einem Fahrzeug z. B. auch über die gleiche Symmetrie oder über die gleiche Zentrierung erfolgen (**Bild 12-11**).

Es ist ersichtlich, dass die Ähnlichkeitsthematik von Produkt- und Fahrzeugprogrammen sehr schnell zu großen Variantenzahlen führt. Man kann dies – positiv – als gestalterische Freiheit des Designs verstehen. Im industriellen Design erfordert die Beherrschung dieser Varianten, d. h. eine ökonomische Variantenbeschränkung, aber genaue Absprachen und Anforderungen, z. B. durch obligatorische Gleichteile für eine Fahrzeuggeneration in einem Design-Manual. Einen Hinweis dazu gibt auch die vorstehende Baukastentypologie.

13.5.2 Bewertung des Typischen von Designvarianten

Die Frage nach den Merkmalen „starker" Varianten mit einem hohen Erkennungsgrad kann mit folgender Analogie beantwortet werden. Beispiele für die Quantifizierung des „Typischen" von natürlichen Gestalten sind:
1. Wein: 4 Eigenschaften,
2. Gamsbärte: 5 Eigenschaften,
3. Kleintiere: 7 Eigenschaften,
4. Sachmerkmale nach DIN 4000: 9 Eigenschaften,
5. Kriminalistische Identifikation des Menschen: 10–13 Eigenschaften,
6. Städtevergleich: 15 Eigenschaften,
7. Großtiere, z. B. Milchkühe: 6 Eigenschaftsgruppen, nach EU-Norm 22 Einzeleigenschaften,
8. „Topographie" von Kolibris: 46 Eigenschaften.

Die Menge der typischen Gestaltelemente liegt danach über denen der obengenannten Beispiele. Gegenüber diesem „Splitting" oder „Modell-Mix" von Designvarianten steht in der Praxis meist die Forderung nach größerer Ähnlichkeit und nach einem Baukasten mit einem höheren Gleichteileanteil.

Die Begründung hierzu kann sowohl von der Kostenseite stammen, wie auch aus dem Wunsch nach einer deutlicheren Herstellerkennzeichnung eines Variantenprogramms.

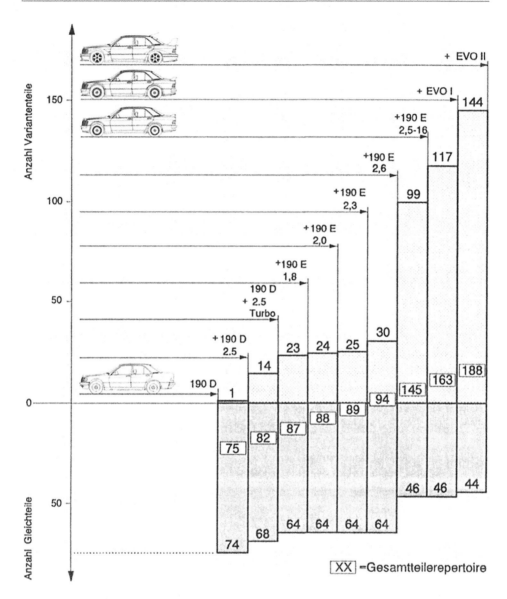

Bild 13-52: Gleichteile und Variantenteile eines Pkw-Programms

Die Hypothese in Bezug auf Design von Produktvarianten ist die, dass deren Unähnlich-keit in den A- und B-Elementen natürlich teuer ist, aber zu prägnant unterschiedlichen Lösungen führt, während deren Ähnlichkeit in B- und C-Elementen natürlich billiger ist, aber in der ausschließlichen Differenzierung in den C-Elementen zu weniger deutlichen Lösungen führt.

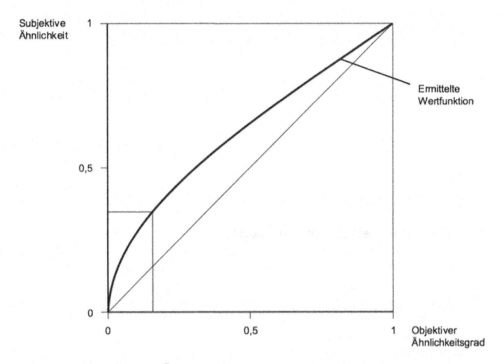

Bild 13-53: Wertfunktion der Ähnlichkeit der Varianten von Produktprogrammen

Bezüglich der Menge der typischen Merkmale der einzelnen Varianten eines Pkw-Programms kommt Maier [5-8] zu ähnlichen Ergebnissen (**Bild 13-52**). Neben ihrer objektiven Ausprägung unterliegt die Ähnlichkeit immer auch einer subjektiven Bewertung, die über Befragung ermittelt werden kann. Beide Ähnlichkeitsgrade lassen sich in einem Bewertungsdiagramm vereinigen.

Aus zwei Dissertationen, Maier [5-8] und Hess [5-9], kann über die zugeordnete Wertfunktion folgende Aussagen gemacht werden (**Bild 13-53**):

– Die Ähnlichkeitsgrade der unterschiedlichen Produktprogramme und -systeme mit einer deutlichen Stilausprägung liegen bei 50 Prozent. Diese Marke wird auch von Koller als „Plagiatsgrenze" genannt.

– Die Aufbau-/Formähnlichkeit ist kleiner als die Aufbau-/Form-/Farbähnlichkeit, d. h. die Farbe erhöht die Ähnlichkeit, wenn es sich nicht um ein aufbau- und formauflösendes Farbdesign handelt.

– Die subjektive Ähnlichkeit, d. h. der subjektive Effekt der Ähnlichkeit, liegt im unteren Bereich deutlich über der objektiven Ähnlichkeit.

– Die Wertfunktion eines Ähnlichkeitsdiagramms liegt über der Winkelhalbierenden und hat den Charakter einer steigenden Sättigungsfunktion.

14 Advanced Design und Mehrwert „Design"

14.1 Advanced Design von Fahrzeugen

Das Advanced Design (AD) gilt heute vielfach als die Königsdisziplin des Fahrzeugdesigns. Es betrifft die Vorausschau, die Avantgarde, die Vision in die Zukunft. Zu seiner Entwicklungslinie gehören:
– das Future-Design,
– die Traumwagen und Showcars,
– die Science-Fiction,
– die „schöne neue Welt",
wie dies nicht zuletzt von den amerikanischen Designern begonnen wurde (s. H. Earl und Le Sabre, **Bild 10-17**).

Eine Vorausschau auf kommende Entwicklungen in Markt und Gesellschaft ist für jedes Unternehmen zu seiner strategischen Ausrichtung von fundamentaler Bedeutung. Von einem renommierten deutschen Unternehmen für Schiffsantriebe ist bekannt, dass dieses weltweit die Entwicklung der Schiffshäfen einschließlich von Neubauten kontrolliert, um schon vor den Schiffsreedern auf deren Bestellungen technisch vorbereitet zu sein. Das Advanced Design ist in diesem Sinn nicht nur eine Aufgabe der Designabteilung, sondern gleichzeitig von Marktbeobachtung, Forschung und Vorentwicklung.

Die zentrale Frage für das AD ist, auf welcher technischen Grundlage oder Partnerschaft die Auseinandersetzung mit neuen Landfahrzeugen, neuen Wasserfahrzeugen oder neuen Luftfahrzeugen stattfindet, denn ohne diese Grundlage kam das AD vielfach auch in Verruf: Es wurde und wird zur Illustration oder zur Show einer Welt von morgen [14-1]. Verbunden ist damit die zeitliche Datierung oder die Entfernung dieser zukünftigen Welt. Je weiter der Zeitabstand zur Zukunft ist, umso unbestimmter wird die fachliche und gesellschaftliche Basis des Advanced Designs. Die Advanced Designer operieren damit wie Konzeptkünstler in einer imaginären Welt. Design als Concept Art! Etwas einfacher ausgedrückt, gilt der alte Spruch: Designer innovieren um zu dilettieren. Die aktuelle Hinwendung vieler Designerschulen zur Kunst ist ein Indiz für diesen Sachverhalt. Für die Gesellschaft als Adressat von Advanced Design muss beachtet werden, dass dieses eigentlich nur bei Innovatoren auf Interesse und Akzeptanz stößt. Demgegenüber haben alle

Traditionalisten ihre Vorbehalte bis hin zu Furcht und Ablehnung. Das Advanced Design unterliegt damit grundsätzlich einer ambivalenten Wertung.

In dieser unterschiedlichen Wertung konkretisiert sich auch der schon im Vorwort angesprochene Unterschied zwischen Kunst und Design. Kunst muss total neu sein und darf deshalb unverständlich sein. Design muss partiell innovativ und partiell redundant sein und deshalb verständlich bleiben.

Gegenstand des AD waren in der Vergangenheit nicht nur neue Einzelfahrzeuge, sondern vielfach neue Verkehrs- und Fahrzeugsysteme. Zu deren Darstellung werden bis heute die altbekannten Illustratoren, wie Syd Mead [14-12] oder – in Deutschland – K. Bürgle, bemüht (s. Seeger – Gallitzendörfer 1969). Klassische Fahrzeugsysteme waren und sind Züge aus mindestens zwei Systemkomponenten, nämlich Lok und Wagen, die funktional gekoppelt sind. Beispiele aus der jüngeren Vergangenheit:
– die SIEMENS-Einschienen-Hängebahn 1979,
– das CAT-Fahrzeugsystem der DEMAG-Fördertechnik, Wetter, 1971 (**Bild 14-1**),
– das DORNIER-Rufbus-System von 1977–1987 (**Bild 14-2**).

In diesem Zusammenhang gehören natürlich auch die Magnetschwebebahn und auch die Verkehrssystemstudien von H. Ohl [14-2]. Nicht unerwähnt bleiben dürfen das Projekt Cargo Lifter (aufgegeben) und Zeppelin Europe Tours (noch nicht realisiert).

Alle diese Projekte waren und sind in ihrem verkehrstechnischen Ansatz richtig. Ihr Misserfolg beruht zu einem Hauptteil auf den immensen finanziellen Investitionen für die Verkehrsträger und die öffentliche Hand.

Nichtsdestotrotz wird bis in die Gegenwart an weiteren neuen Fahrzeug- und Verkehrssystemen geforscht und entwickelt.

Beispiele:
– flexibles Fahrzeugkonzept der TU Braunschweig [14-3] und **Bild 14-3**,
– EO Elektro-Zweisitzer für die Modellregion Bremen-Oldenburg [14-4] und **Bild 14-4**.

Der EO ist entsprechend der obenstehenden Definition zum Transporter erweiterbar und zum Road-Train kuppelbar.

Mit diesen und anderen geförderten Systemen verbindet sich die forschungspolitische Vorstellung, dass sich Deutschland bis 2020 zum Leitanbieter und zum weltweiten Leitmarkt für Elektromobilität entwickelt.

Das neueste Projekt aus den USA ist der Hyperloop, Passagierkapseln, die nach dem Prinzip der Rohrpost Fahrgäste zwischen San Francisco und Los Angeles in 35 Minuten befördern sollen.

14.2   Methoden zur Bildung eines Mehrwerts „Design"

Ein Advanced Design ist dann sinnvoll, wenn es mit einer technischen Weiterentwicklung oder Innovation verbunden ist und damit eine Wertsteigerung oder eine Nutzenschöpfung für den Nutzer ergibt. Ein aktuelles Beispiel sind die Studien für variable Fahrzeug-

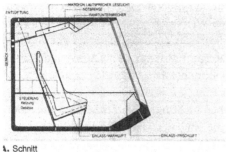

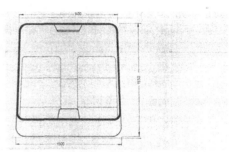

A. Schnitt

B. Frontansicht

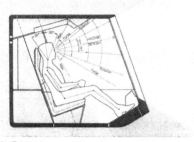

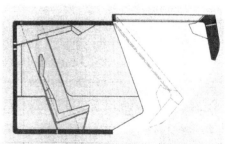

C. Fahrgast:
Sitzhaltung, Blickwinkel, Bewegungsbereiche

D. Gepäckraum und Beförderung sperriger Gegenstände

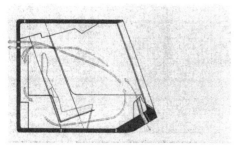

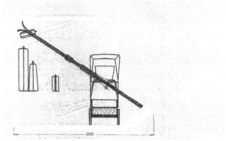

E. Heizungs- und Lüftungssystem

F. Einrichtungen für Wartungs-
und Reinigungsarbeiten

Bild 14-1: Das DEMAG-Fahrzeugsystem

gestalten zur Verkleinerung der Parkfläche. Im Automobilbau sind dies auch sicher die Forschungsfahrzeuge des Hauses Daimler [14-5]. Die Frage nach der Wertsteigerung oder Nutzenschöpfung betrifft damit die Bewertbarkeit und Bewertung von Design.

In seiner modernsten Bewertung oder Modellierung kann das Design als Mehrwert oder als Added Value eines Produkts oder Fahrzeugs dargestellt werden (**Bild 14-5**). Diesen Anspruch titelte die italienische Fachzeitschrift stile industria 1995:

– il design come valore aggiunto e il bello come regalo (o no?)

– design as an added value and beauty as a gift (or not?).

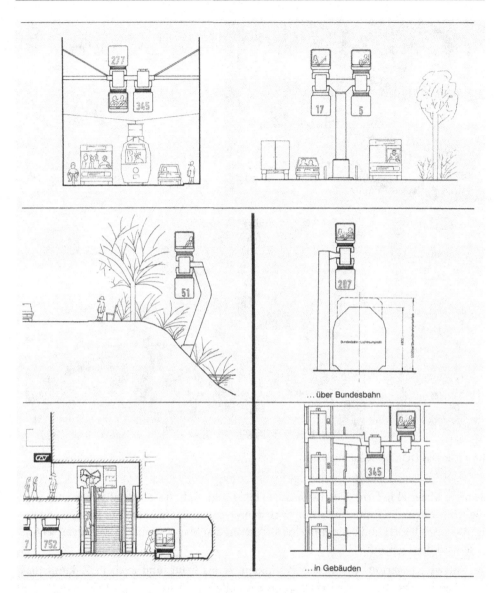

… über Bundesbahn

… in Gebäuden

Bild 14-1: Das DEMAG-Fahrzeugsystem (Fortsetzung)

Diese Auffassung und Formulierung wurde über seine ganze aktive Zeit von dem ehemaligen Chefdesigner der Siemens AG, Dipl.-Ing. Arch. E. A. Schricker vertreten. Dieses Wertverständnis von Design hat aber eine eigene und bald 100-jährige Geschichte. Dieses Verständnis soll daraus folgendes Zitat verdeutlichen: In Deutschland gingen bekanntlich die bayrischen Staatsbahnen mit gutem Beispiel voran, und es ist lesenswert, was Grove, der Erbauer der bayrischen Schnellzuglokomotiven, einmal äußerte:

„Eine Maschine muss erstens richtig berechnet sein, d. h. alle Teile müssen in der richtigen Stärke angenommen sein; zweitens muss sie richtig konstruiert sein, d. h. sie muss

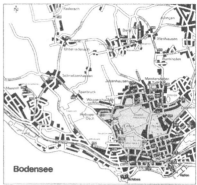

Bild 14-2: Das DORNIER-Rufbussystem

das beste Material liefern; drittens muss sie billig sein, d. h. im Material so sparsam wie möglich; viertens aber muss sie schön sein, denn wenn eine Maschine nur die drei ersten Eigenschaften besitzt und es kommt eine andere auf den Markt, wenn die noch dazu schön ist, so wird diese gekauft."

Die Nutzwertsteigerung von neuen Produkten ist bis heute und auch in Zukunft die Grundlage des wirtschaftlichen Wachstums der Volkswirtschaften.

Die Entwicklungslinie der diesbezüglichen Bewertungsmethoden reicht

– von den Schönheitswettbewerben im 19. Jahrhundert [14-6] bis zu den Gefallens- und Akzeptanztests in der Gegenwart (**Bild 14-6**)

– über die schon im Abschnitt 9 dargelegten Test- und Nutzwertanalysemethoden [14-7] einschließlich relevanter Dissertationen

– bis zu neuen Bewertungsmethoden, wie der Ermittlung des Fahrspaßes aus der Gesichtsmimik (TU München und Daimler AG [14-8] **Bild 14-7**).

Wichtige Zwischenstationen waren dabei seit Anfang der 50er Jahre die Prämierungen auf der Omnibuswoche von Monaco und dann der Bundespreis Gute Form 1976/77 „Der Fahrerplatz im Kraftfahrzeug" (**Bild 14-8**).

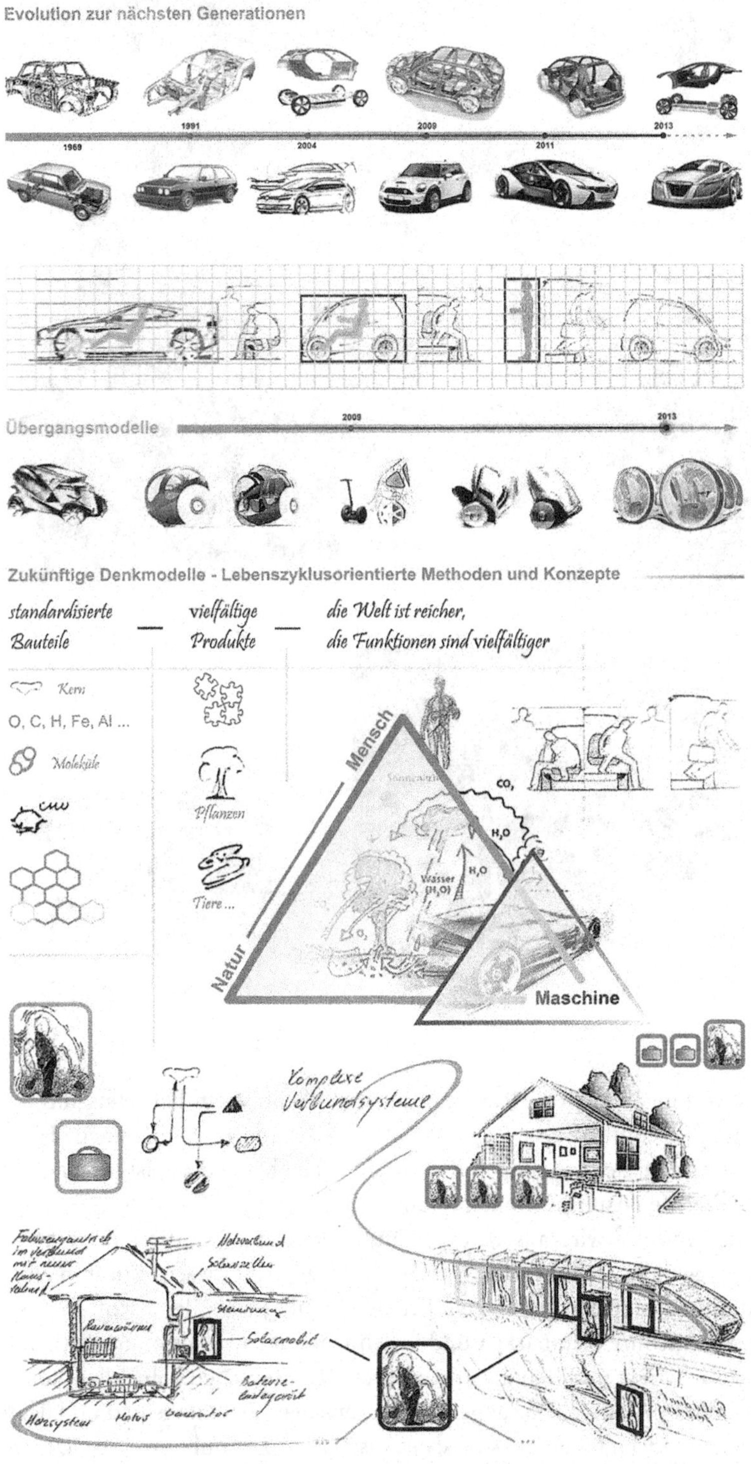

Evolution zur nächsten Generationen

Übergangsmodelle

Zukünftige Denkmodelle - Lebenszyklusorientierte Methoden und Konzepte

standardisierte — *vielfältige* — *die Welt ist reicher,*
Bauteile — *Produkte* — *die Funktionen sind vielfältiger*

Bild 14-3: Flexibles Fahrzeugkonzept der TU Braunschweig

Bild 14-4: Das EO Smart Connecting Car

Eine juristische Bewertung ist auch die Paraphierung des Pflichtenhefts bei Staatsaufträgen, wie z. B. dem Fahrgastschiff MS Graf Zeppelin (**Bilder 2-7** und **14-6**). Eine neue Herausforderung zur Bewertung, Reduzierung und Auswahl nach objektiven, wissenschaftlichen Kriterien ist die digitale Lösungsvariantenbildung.

Der Nutzwert eines Produkts wird aus vielen Teilnutzwerten der Funktion, der Fertigung, der Kosten u. a. gebildet. Der Begriff „Design" bezeichnet in diesem Zusammenhang denjenigen multidimensionalen Teilnutzwert einer Produktgestalt, der als informationsästhetische Komponente ihre Sichtbarkeit und Erkennbarkeit sowie als ergonomische Komponente ihre Betätigbarkeit und Benutzbarkeit durch den Menschen beinhaltet. Rein formal lässt sich ein Teilnutzwert – nach Zangemeister – aus dem Erfüllungsgrad und der Gewichtung von Anforderungen bilden. Historische Ansätze zur Formulierung von Designanforderungen und deren Bewertung enthält z. B. Abschnitt 2.

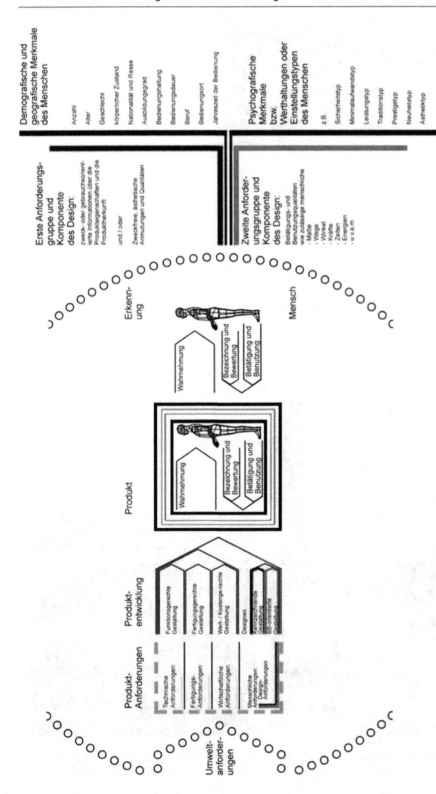

Bild 14-5: Basisschema für das Verständnis von Design eines Fahrzeugs als Teilnutzwert

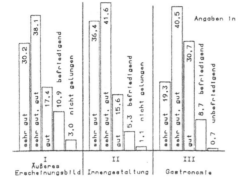

Bild 14-6:
Gefallensurteil von Fahrgästen über ein neues
Fahrgastschiff

Bild 14-7: Moderne Fahrspaßbewertung über
die Mimik

Bild 14-8: Eine der ersten Fahrzeugdesignbe-
wertungen mit der Nutzwertanalyse

Der multidisziplinäre Teilnutzwert „Design" eines technischen Produkts oder eines Fahrzeugs entsteht aus den beiden Hauptkomponenten

– ergonomische Anforderungen (auch Betätigungs- und Benutzungsanforderungen, ergonomisch-sensorische Anforderungen oder auch Komfortanforderungen genannt),
– informationsästhetische Anforderungen (auch Anforderungen der Sichtbarkeit und Erkennbarkeit bzw. der Wahrnehmbarkeit und Erkennbarkeit genannt).

Checklisten der ergonomischen Anforderungen sind die im Abschnitt 8 dargestellten Komfortdefinitionen, wobei diejenige von Bubb für Fahrzeuge sicher die richtigere ist. Diese Anforderungen sind inhaltlich zulässige menschliche Maße, Kräfte, Gewichte, Winkel u. a., gegebenenfalls erweitert um haptische, akustische und andere sensorische Wahrnehmungsqualitäten. Checklisten für informationsästhetische Anforderungen des Fahrzeugdesigns sind in den Abschnitten 5 bis 6 enthalten sowie die Inhalte für Bedeutungsprofile in den Abschnitten 5 und 11. Grundsätzlich gilt für ein funktionales Produkt- und Fahrzeugdesign, dass die ergonomischen Anforderungen den Hauptanteil der Designanforderungen bilden.

Nicht zuletzt besitzen Fahrzeuge einen hochkomplexen Anforderungsumfang in ihren Pflichtenheften. Dies reicht von 100 bei einer Fahrzeugkomponente, wie z. B. einem Autositz, bis über 1000 wie bei Schiffen und Flugzeugen. Diese komplexen Definitions- und Bewertungsfragen werden in der Industrie in eigenen Abteilungen, wie z. B. in einer technischen Dokumentation, z. T. auch mit der Nutzwertanalyse behandelt. Der Fahrzeugtest durch Journalisten ist demgegenüber immer nur eine reduzierte oder partielle Bewertung [14-9]. Die einfachste, allerdings nicht bedeutungslose Bewertung durch Kunden ist das schon im Abschnitt 3 dargestellte Gefallensurteil, wobei sich methodisch die Frage nach der Korrelation dieser unterschiedlichen Bewertungen stellt.

Der Teilnutzwert „Design" von Fahrzeugen bildet sich zudem aus einem Teilnutzwert Exterior-Design und einem Teilnutzwert Interior-Design. Der erstere entsteht normalerweise zuerst, er ist aber kleiner. Der zweite entsteht normalerweise als sekundärer, er ist aber, schon vom Anforderungsumfang her gesehen, der größere Nutzwertanteil.

Dieses erweiterte Verständnis von Design belegen insbesondere gebrauchsvariable Fahrzeuge, wie z. B. der K-55 von Barényi. Allerdings ohne Berücksichtigung von Aerodynamik.

Die beiden Bedeutungsprofile für die Außengestalt und für die Innengestalt repräsentieren den unterschiedlichen Wahrnehmungs-, Erkennungs- und Handlungsumfang im Übergang der beiden Zustände des Fahrzeugnutzungsprozesses von außen nach innen.

Den Designanforderungen übergeordnet sind heute insbesondere auch ökologische Anforderungen. Die Wertebasis des Designs kann um weitere Anforderungen, wie z. B. weitere sinnliche Wahrnehmungen, erweitert werden und führt dann zu einem multisensorischen oder multimodalen Design.

Ein hoher Teilnutzwert „Design" korreliert (als Expertenurteil) mit dem Spontan- oder Gefallensurteil „Gutes Design" der Kunden.

Dieser Teilnutzwert Design ergibt für ein „schlechtes" Design einen niederen Wert und für ein „gutes" Design einen hohen Wert. Diese Werte sind damit eine objektive, im Idealfall numerische Darstellung dessen, was man beim Benutzer nach einer Benutzung auch als Erlebnis oder als Emotion bezeichnen kann. In der Psychologie sind positive Emotionen Freude, Liebe, Lust u. a.; negative sind Furcht, Angst, Ekel, Wut. Beide Emotionsarten sind nach dem Gebrauch von Produkten und Fahrzeugen bekannt, wobei ein „gutes" Design natürlich zu positiven Emotionen führen soll. Beispiel: Freude, besser: Stolz, des Fahrers nach einer erfolgreichen Fahrt.

Allerdings erscheint es problematisch, von einem „emotionalen" Design zu sprechen, denn die jeweilige Emotion ist erst der Bewusstseinszustand des Fahrers nach der richtigen Kommunikation und dem erfolgreichen Gebrauch eines Fahrzeugs und dessen optimalem Design.

Eine praktische Bestätigung der hier vertretenen Auffassung von Design ist auch das Plakat für den VW Golf mit dem Slogan „Wertigkeit erleben" (2008).

14.3 Der industrielle Zwang zum permanenten Advanced Design

Die industrielle Fahrzeugproduktion ist gekennzeichnet durch die Fahrzeugprogramme oder -baureihen des jeweiligen Herstellers (als Teil- oder Full-Sortimenter).

Das unternehmerische Ziel ist dabei eine möglichst konstante Auslastung der Produktionseinrichtungen und -anlagen und damit die Erzielung einer gleichbleibenden, möglichst zunehmenden Kapitalrendite.

Die nicht konstanten Lebenszykluskurven der einzelnen Fahrzeugmodelle und -baureihen [14-10] (**Bild 14-9**) zwingen zu kürzeren Entwicklungszeiten und schnelleren Modellwechselzyklen [14-11]. Verbunden ist damit für Entwickler und Designer der Zwang zum permanenten innovativen Entwickeln und Designen (**Bild 14-10**).

Als weitere Aufgabe stellt sich in diesem Ablauf für Modellplanung und Designmanagement der möglichst kurze Wechsel von einem einheitlichen Vorgängerprogramm über ein uneinheitliches Übergangsprogramm zu einem einheitlichen Nachfolgerprogramm.

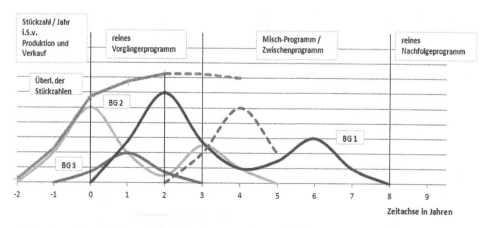

Bild 14-9: Verlauf und Grenzfälle der Fahrzeug-Lebenszykluskurve

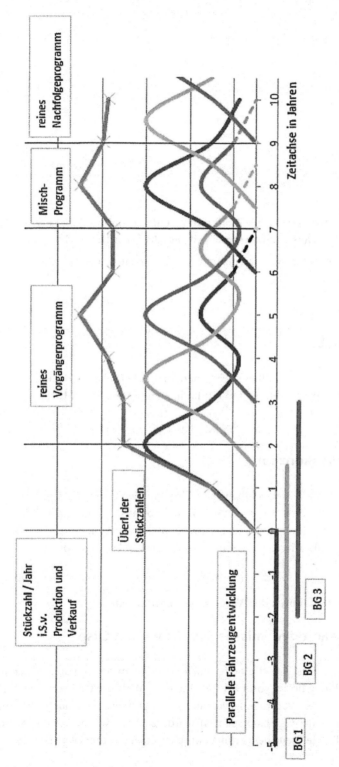

Bild 14-10: Parallele und serielle Entwicklung für drei Baugrößen mit Überlagerung bezüglich der Gesamtstückzahlen und der Programmvarianten

15 Anwendungsbeispiel: Design für ein neues DLR-Fahrzeugkonzept

Vorgaben der DLR, Deutsches Zentrum für Luft- und Raumfahrt e.V. Stuttgart DLR-Institut für Fahrzeugkonzepte, Leitung: Prof. Dr. H. Friedrich

Mittelklasselimousine (Golfklasse) für 2 + 3 Personen (2 Erwachsene + 3 Jugendliche), großer Gepäckraum (400 l)

15.1 Antrieb

Antrieb durch einen Freikolbenlineargenerator (FKLG) alternativ mit Erdgas oder Wasserstoff in Unterfluranordnung und mit Radnabenmotoren (**Bild 15-1**).

15.2 Rahmenkonzept

Aus Ringspanten in CFK-Leichtbauweise. Ursprünglich waren es 3 Ringspanten (A, B und C). Im Laufe der Bearbeitung wurde der A-Spant aus Gründen der Fahrersicht in den Karosserieunterbau integriert. Seitenschweller als „Crash-Compartment" (**Bild 15-1**). Der Rahmen ist modularisierungsfähig und ermöglicht die Derivatbildung.

Designbearbeitung durch den Verfasser und Mitarbeiter

15.3 Neue aerodynamische Grundform mit Cusp

Ziel des Exterior-Designs ist eine optimale aerodynamische Qualität. Hierzu wurde die VW-Kontur „Blunt-Body" von 1981 mit einem cw-Wert von 0,15 verwendet (**Bild 10-20**). Als Streckungs- oder Verjüngungsverhältnis (Länge zwischen Hauptspant und virtueller Heckspitze zu Höhe des Hauptspantes) wurde 2,65:1 gewählt, mit einem Boat-Tailing-Winkel von 24°. Die Breite des aerodynamischen Grundkörpers wurde vergrößert, um alle

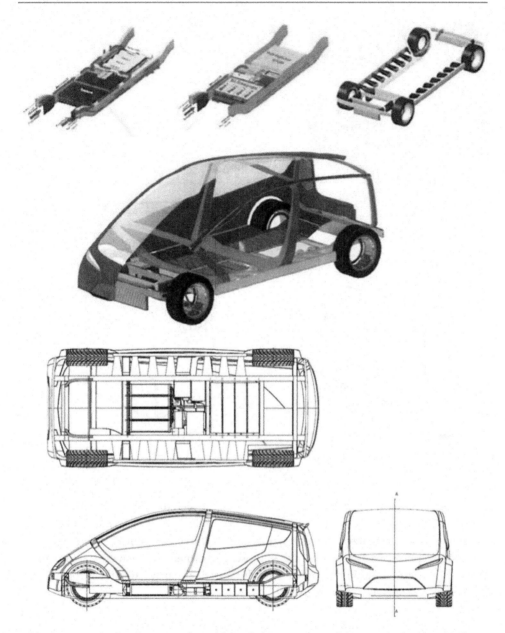

Bild 15-1: DLR-Studie Blaues Auto (2009) bezüglich neuem Antriebskonzept und neuem Struktur-konzept

Räder zu integrieren. Die Fahrzeugquerschnittsfläche wurde damit 2,17 m². Die Hinterrä-der sind partiell abgedeckt. Der Fahrzeugunterboden läuft glatt als Diffusorfläche durch, mit Radspoilern an allen vier Rädern. Ein neues aerodynamisches Element, das von Dr. Hucho publiziert wurde, ist am K-Heck der Cusp oder die Attika (**Bild 15-2**), kombiniert

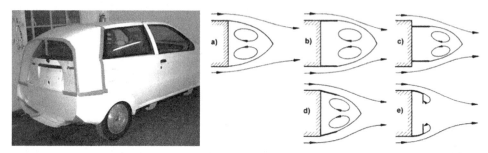

Bild 15-2: Aerodynamisches Prinzip des Cusp

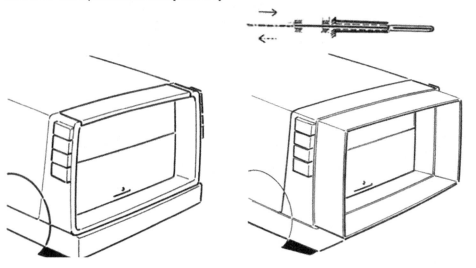

Bild 15-3: Idee für einen variablen Cusp

mit der Diffusor-Heckstoßstange. Diesbezüglich besteht auch die Idee eines ausfahrbaren Cusp für eine „variable Aerodynamik" (**Bild 15-3**). Ergänzt wird diese durch einen geschlossenen Diffusor-Fahrzeugboden und Radspoiler. Die aerodynamisch geformte Front ist gleichzeitig sicherheitstechnisch als Softnose vorgesehen. Fahrzeuginnenraum und Maßkonzept werden sowohl durch den Unterflurantrieb als auch durch die aerodynamische Kontur zentripetal stark eingegrenzt.

15.4 Maßkonzept und Ideen zum Interior-Design

Die Fahrzeugbodenoberseite ist die Bezugsfläche für das Maßkonzept. Sie liegt 40 cm über der Fahrbahn. Bei einer Weiterbearbeitung des Projekts müsste der Boden zur Erhöhung des Sitz- und Einsteigekomforts um wenigstens 50 mm abgesenkt werden. Der gesamte Fahrzeugboden steht für den Transport von Menschen und Ladung zur Verfügung. Das Maßkonzept ist für eine sportliche 2+3-Sitzanordnung ausgelegt (**Bild 15-4**). Ihr Haupt-

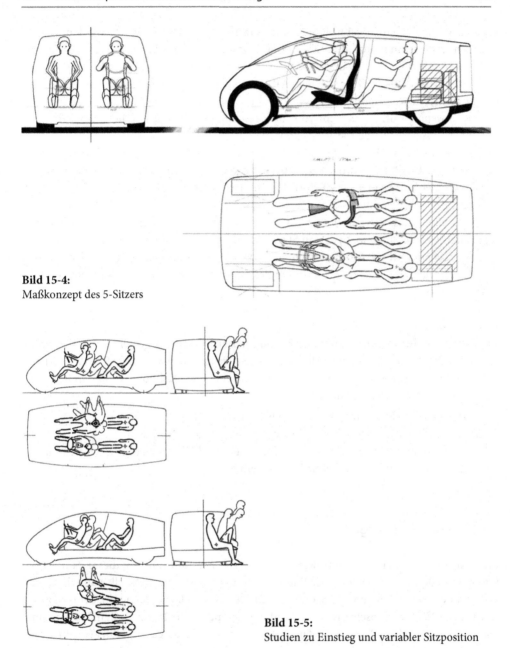

Bild 15-4:
Maßkonzept des 5-Sitzers

Bild 15-5:
Studien zu Einstieg und variabler Sitzposition

spant liegt auf der Koordinate der größten Ellenbogenbreite im Maßkonzept. Bestandteil des Maßkonzepts ist der neue Kompaktsitz „Pure Seating" von Recaro (**Bilder 15-22/23**). Dieser Sitz erlaubt einen besonders niederen H-Punkt 145 mm über Fahrzeugboden (Maß H30).

Der lange Fahrzeuginnenboden ermöglicht einen komfortablen Sitzreihenabstand von 1100 mm zum Übereinanderschlagen der Beine (s. **Bild 8-17**) sowohl für eine 5 % F hinter einem 95 % M (s. **Bild 15-4**) wie auch umgekehrt. Das gleiche Komfortkriterium kann auch im Worst Case für zwei hintereinander sitzende 95 % Männer erzielt werden, wenn man den Kofferraum reduziert. Die Karosserie hatte zuerst nur 3 Türen. Diese wurden um 2 Türen ergänzt, für die Zugänglichkeit der Fondsitze zu Quereinstieg und Drehsitz mit Aufstehhilfe (**Bild 15-5**) (Gespräch bei PARAVAN, Behindertengerechte Fahrzeugumbauten, Pfronstetten-Aichelau).

Die notwendige Sitzgrundfläche von 460 x 460 mm und die Einstiegshöhe von 870 mm ermöglicht das vorliegende Karosseriekonzept.

Der notwendige Einbauraum für die Drehkonsole mit einer Höhe von 60 bzw. 120 mm ist nicht vorhanden und erfordert eine Absenkung bzw. Einbuchtung des Innenbodens.

Den Quereinstieg von 95 % M stört die Oberkante des Türrahmens (s. **Bild 15-5**). Er erfordert eine eingeschnittene Tür.

Die Drehung des Sitzes um 90° nach vorn ist möglich. Die Drehung nach hinten ist wegen der B-Säule problematisch. Ein Strukturkonzept ohne B-Säule wäre ideal.

Das Anwendungsbeispiel zeigt damit auch, dass vor oder mindestens parallel/simultan zum Strukturkonzept und zur Anordnung des Antriebsstranges das Maßkonzept geklärt werden muss.

Interior-Design
Bei einer Weiterbearbeitung von Interior- und Interface-Design mit einem Drive-by-wire-Konzept würden diesbezügliche Stellteile (wie sie zugelassen bei der Fa. PARAVAN vorliegen) neue Lösungen, z. B. ohne oder mit einem minimalen Dashboard, und damit einen noch größeren Innenraum ermöglichen.

Ideen zu einem Leichtbau-Interior-Design bestehen:
– Sitze an Dach aufgehängt für einen freien Boden und variables Sitzen,
– Ersatz der schweren Dämmungen und Heizungs- und Klimaanlagen durch neue und leichte Sommer- und Winterbekleidung (Overalls).

15.5 Exterior-Design

Basisaufgabe des Exterior-Designs war es, die technischen Innovationen dieses Fahrzeugkonzepts zu demonstrieren, d. h. die Radnabenmotoren, den Crashschweller und die zwei Ringspanten, die die B- und C-Säulen bilden. Die Außenfläche der Radnabenmotoren werden mit Ventilatorenschaufeln zur Kühlung verrippt (**Bild 15-6**). Designidee war ein „Stuttgarter Antriebsrad". Auch der Lufteinlass wird durch Leitbleche gebildet (**Bild 15-9**).

15.6 Formale Gestaltung

Die Karosserieaußengestalt ist vielfach über Zentrierpole formal geordnet (**Bilder 15-7/8**). Neben der Längssymmetrie weist sie die Hauptproportion 1 : 2 von Aufbau/Greenhouse zu Unterbau auf. Formgebung und Linienführung folgen zudem dem Prinzip einer um-

Bild 15-6:
Ideen zu einer Ventilatorfelge

laufenden „Linea Serpentina". Dadurch bilden B- und C-Spant einen doppelten Targa-Bügel. Die Charakterlinie ist aus dem C-Spant heraus eine gepfeilte Fläche oder ein Band, dessen Spitze einen Kreuzungspunkt bildet. Die Linien setzen sich in dem Lichtband des Frontends fort und laufen dadurch vollständig um. Sie erfüllen damit die Bedingung einer „Linea Serpentina" (s. **Bilder 12-21/23**). Die Charakterlinie über das Dach wurde gewählt, weil sie durch den Cusp nicht unterbrochen wird. Sowohl die Seitenlinien wie auch die Linien und Fugen in der Draufsicht haben einen gemeinsamen Zentrierpol. Die Holme folgen einer Quasi-Zentrierung. Deren Neigung nach hinten, wie auch die großen Räder mit Niederdruckreifen sollen die Vorwärtsrichtung des Fahrzeugs wie auch dessen Geschwindigkeit ausdrücken. Der Heckzentrierpol wurde zur endgültigen Formgebung angehoben, damit die Seitenlinien im Hinterteil der Karosserie nicht abfallen, sondern horizontal verlaufen, d. h. auch eine Pfeilung nach vorne ergeben. Formal sind sowohl die Front- wie auch die Heckleuchten in die Form integriert. Alle diese neuen Elemente des Exterior-Designs visualisieren dessen progressives Bedeutungsprofil. Diese neuen Bedeutungen soll auch das Farbdesign ausdrücken.

Bild 15-7: Free Sketches zum Exterior-Design

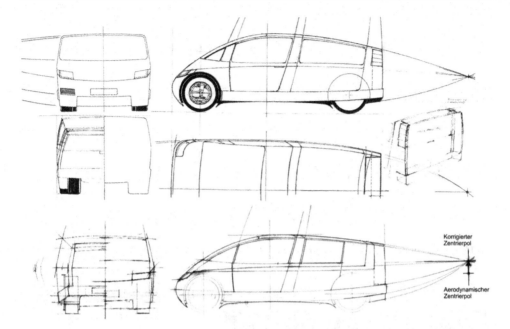

Bild 15-8: Entwurfszeichnung für eine mehrfach zentrierte Karosserieformgebung

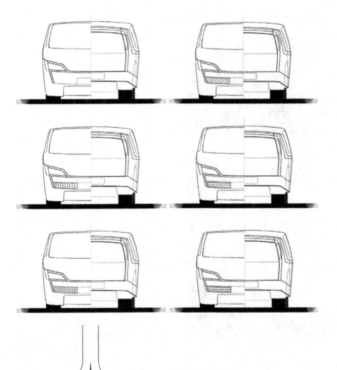

Bild 15-9:
Strömungsoptimierter Lufteinlass und
Studien zur Fahrzeugfront

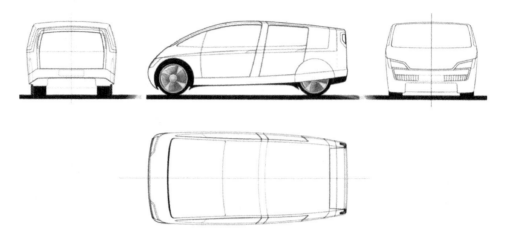

Bild 15-10: Hauptansichten des Exterior-Designs

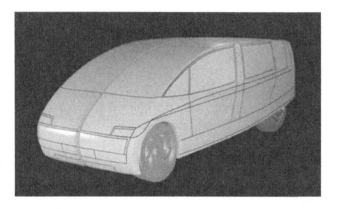

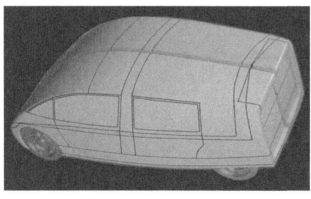

Bild 15-11:
Erstes (Halb-)Modell mit
getapter Linienführung

15.7 Farbvarianten und Ideen zu einem Baukasten

Die Formgebung ist für individuelle Variantenbildung im Farbdesign besonders geeignet (**Bild 15-12**). Lösungsmäßig ausgearbeitet wurden zwei alternative Farbdesigns: eines mit schwarzem Crash-Compartment und B-Spant (**Bild 15-14**) und ein zweites mit den gleichen Gestaltelementen in Weiß, was den höheren Kontrast und Auffälligkeitswert ergibt (**Bild 15-13**). Zum Ideenpool dieser Designstudie gehören auch farbige Reifen. Die zwei

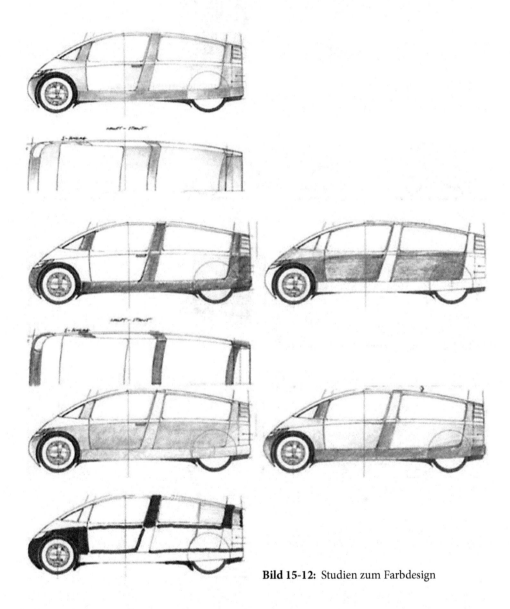

Bild 15-12: Studien zum Farbdesign

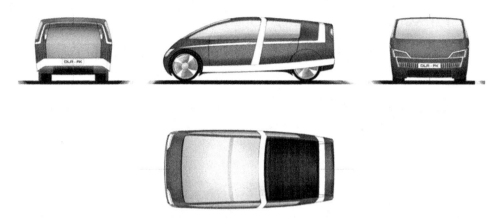

Bild 15-13: Lösungsvariante 1 der Designstudie mit Betonung des Strukturkonzepts

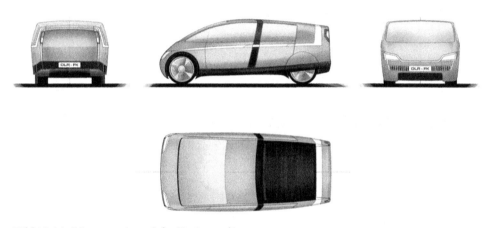

Bild 15-14: Lösungsvariante 2 der Designstudie

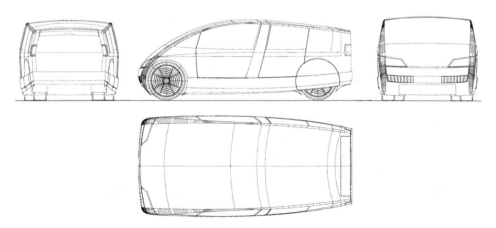

Bild 15-15: Hauptansichten des Exterior-Designs in der ALIAS-Modellierung

Dachflächen können in Blech, in Glas oder als Fotovoltaikelemente ausgeführt werden. Die Karosserie erweitert sich damit zu einem Ausstattungsbaukasten.

Unterlagen und Mitwirkende

Schindler, V. u. Sievers, I.   Forschung für das Auto von morgen, Springer, 2008

DLR   Innovative Fahrzeugstruktur in Spant- und Space-Bauweise, 2009

DLR   Super Light-Car – Leichtbau durch Multi-Material-Design und Integration von Funktionen, 2009

Steinle, P.   Ausarbeitung eines Lastenheftes und Lösungsansätze für ein zukünftiges Leichtbaufahrzeug
                             Diplomarbeit am IVK, Universität Stuttgart, 2008

s. a.

Friedrich, H. [10-19] Abschn. 9.4.3, S. 804/805

Öngüner, E.   Aerodynamische Formgebung eines Personenkraftwagens unter Berücksichtigung des Maßkonzepts
                             Studienarbeit am IVK, Universität Stuttgart, 2009

Hucho, W. H.   Aerodynamik der stumpfen Körper, Vieweg Verlag, 2002

Seeger, H.   Entwicklungslinien und Fallstudien des Transportation-Designs
                             Vorlesungsmanuskript, Universität Stuttgart, 2009

An der zeichnerischen Ausarbeitung wirkte maßgeblich mit: Herr M. Wojtaszek, Student des Transportation-Designs an der Hochschule Pforzheim. Das Halbmodell wurde durch die Schreinerei und durch die Werkstatt des IKTD der Universität Stuttgart angefertigt.

An der Ventilatorfelge wirkte beratend Herr Prof. Dr.-Ing. E. Göde mit, damals Leiter des Institutes für Hydraulische Maschinen der Universität Stuttgart.

Mitbetreuer der StA Öngüner war Herr Dipl.-Ing. R. Schöll, DLR.

15.8   Ideen zur Weiterentwicklung und Weiterbearbeitung mit ALIAS

Ideen zur Weiterentwicklung sind:
- Erhöhung des Sitzkomforts in einem neuen Sitzplan durch Berücksichtigung unterschiedlicher Sitztypen (COR-Studie), z. B. der Fläzer oder der/die Ängstliche,
- Berücksichtigung einer Stütze (an der B-Säule) für das Quer-Aus- und -Einsteigen, insbesondere auch für Senioren,
- Entwicklung eines Türkonzepts, z. B. aus vorderer Schwenktür und hinterer Schiebetür ohne B-Säule,
- Einbau einer unteren Scheibe in die hintere Tür als Einpark-Sicht- Hilfe,
- Belüftung der vorderen Radkästen und variabler Kühllufteinlass,
- Lichtsignalfläche bzw. -leiste zur Information von anderen Verkehrsteilnehmern (Fußgänger und Fahrradfahrer) über den Bewegungszustand des Fahrzeugs (**Bild 15-19**),

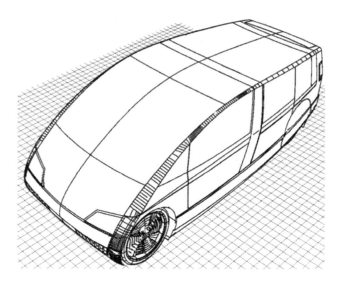

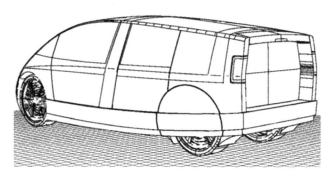

Bild 15-16:
Perspektivische Ansichten
in der ALIAS-Modellierung

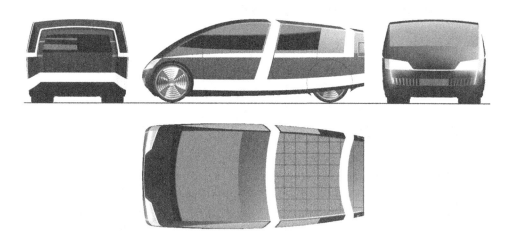

Bild 15-17: Farbvariante mit Fotovoltaikdach

Bild 15-18: Farbvarianten

Bild 15-19:
Seitendesign mit Licht-
Signalleiste

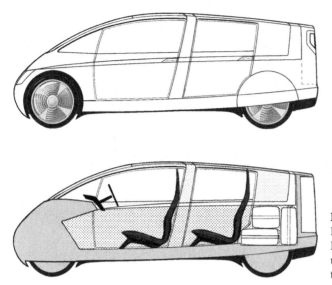

Bild 15-20:
Koordiniertes Interior- und
Exterior-Design mit gleicher
und durchlaufender Charakterlinie

– Fahrzeugaußenseite mit einer Halbkugel-Narbung zur weiteren Erniedrigung des cw-
  Wertes (vorgestellt von Firma Khalil, Herrenberg).
– **Bild 15-20** zeigt eine Lösungsidee zu dem im Text angesprochenen „formalen" Ideal
  einer gemeinsamen Linea Serpentina für Interior- und Exterior-Design.

Weiterbearbeitung mit der Software ALIAS von Autodesk
Die Software Autodesk ALIAS ist ein modernes und weitverbreitetes Hilfsmittel zum CAS
(Computer-Aided Styling). In den Studiengängen für Fahrzeug- und Transportation-Design wird das Arbeiten mit ALIAS heute schon in den Grundsemestern vermittelt. Der
besondere Vorteil dieser Software liegt im „3-D-Modelling" und im „Technical Surfacing".

So ist es schon aus wenigen Hauptmaßen und Grundelementen, wie Radstand, Spur,
Maßkonzept und/oder Silhouettelinie möglich, den Grundtyp eines neuen Fahrzeugs zu
modellieren und räumlich zu animieren (s. **Bilder 1-1** u. **4-19**). Auf dieser Grundlage
können Studien zur Formgebung und zum Farbdesign entwickelt werden (s. **Bilder 15-
15/19**). Diese Software vereinfacht damit viele Arbeitsschritte im Designprozess, die früher in Form von Perspektiven, Renderings und Modellen (**Bild 15-11**) durchgeführt werden mussten. Erfahrene Designer vertreten aber weiterhin die Auffassung, dass der reale
Modellbau (Sitzkiste und Clay-Modelle) durch digitale Medien nicht ersetzt werden kann.
Die Begründung ist natürlich, dass alle über das Visuelle hinaus wirksamen sensorischen
Eindrücke und Informationen über das digitale Tool nicht vermittelt werden können.

Diese Software ersetzt auch nicht die maßstäbliche Darstellung eines Maßkonzepts für
das Interior-Design oder die exakte Lösung für ein Exterior-Design. Sie ist also nur ein
Tool in dem interdisziplinären und multimodalen Prozess des Fahrzeug- und Transportation-Designs.

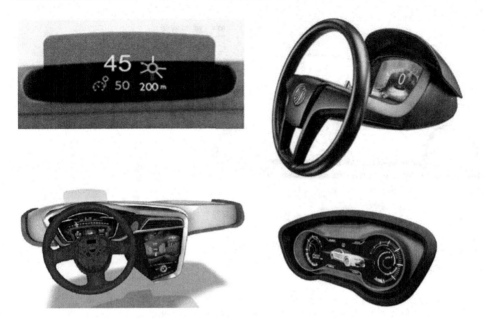

Bild 15-21: Modernste Anzeiger- und Bedienkonzepte

PURE SEATING
Light Weight Seat Concept

RECARO

Ausgangslage:
Die Mehrzahl der Automobilinsassen
benutzt nur einen Teilbereich des Einstellspektrums
einer konventionellen Höhen-Neigungseinstellung.

Eine Sitzkinematik, die einen "Einstellkorridor" von
hinten-unten nach vorn-oben ermöglicht, sollte
ausreichen.

Desweiteren wird die Lehnenwinkeleinstellung von
vielen Benutzern nur selten verwendet.
Auf schwere Lehneneinstellbeschläge kann daher
verzichtet werden.

Dies führt zu einer einteiligen Sitzschale mit hoher
Eigenstabilität und einem stark gewichtsreduzierten
Sitzunterbau mit geringerer Komplexität.

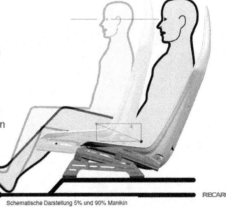

Schematische Darstellung 5% und 90% Manikin

Bild 15-22: Pure Seating Leichtbau-und Sitzkonzept

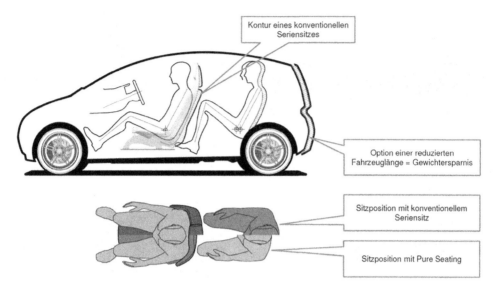

Kontur eines konventionellen
Seriensitzes

Option einer reduzierten
Fahrzeuglänge = Gewichtersparnis

Sitzposition mit konventionellem
Seriensitz

Sitzposition mit Pure Seating

Das Slim-Line Design des Sitzes ermöglicht einen höheren Komfort für
die Fondpassagiere (increased living space) oder, bei gleichem Komfort,
ein kompakteres Fahrzeug

Bild 15-23: Pure Seating Vorteile für Komfort und Fahrzeugkompaktheit

Die Weiterbearbeitung mit CAS ALIAS Autodesk erfolgte durch cand. mach. S. Skoda
mit Unterstützung durch H. Kazmaier, Daimler, und Lehrbeauftragter an der Hochschule
Esslingen. Ein Dank gilt allen anderen Beteiligten, nicht zuletzt Prof. Wolfmaier, Dekan
des Fachbereichs Fahrzeugtechnik in Esslingen. Diese Zusammenarbeit ist damit auch ein
Beispiel für die gute Kooperation zwischen der Hochschule Esslingen und der Universität
Stuttgart auf dem Gebiet des Fahrzeugdesigns.

Literaturverzeichnis

Publikationen von H. Seeger und Mitarbeitern zum Fahrzeugdesign

ME – Schwerlast-Dieselstapler DG 18
Zeitschrift Form 31, 1965

Das Mercedes-Benz Frontlenker-Nutzfahr-zeug-Programm
Zeitschrift Form 32, 1966

Berliet – Stradair
Zeitschrift Form 33, 1966

Sozialistische Industrieform
Fahrzeugaufbauten aus Kunststoff
Zeitschrift Form 36, 1966

Prinzipien einer Technischen Ästhetik
Dargestellt am Beispiel von Automobilbau und Karosseriedesign,
Stuttgart 1966 (unveröffentlicht)

Nachruf auf Pio Manzoni
Zeitschrift Form, 1969

Seeger, H. u. Gallitzendörfer, J.:
Zeichentechniken für Entwurfsdarstellungen
OM-Verlag, Ravensburg 1969

Die Stilistik der Mercedes-Benz-Lastwagen
Zeitschrift Style Auto 22, 1969

ders. in Nutzfahrzeug-Katalog 1971 von Zeitschrift Lastwagen und Omnibus

War A. Dürer nun auch noch der erste Auto-Designer?
Eine Glosse zum Dürer-Jahr 1971
Zeitschrift Form 54, 1971

Star – Design
Die Karosserieentwicklung des Mercedes C 111
Stuttgart 1971, für Zeitschrift Style Auto (unver-öffentlicht)

Fahrzeugdesign – Logistikdesign
Erste Ergebnisse eines Statusseminars an der Universität Stuttgart im WS 1980/1981
Zeitschrift Form 92, 1980, Seite 15-18

FAHRZEUG – DESIGN 1(Hrsg.)
Beiträge des Statusseminars 1980/1981 an der Universität Stuttgart

Thesen zum Fortschritt des Kraftfahrzeug-Designs
in: Neue Entwicklungen in der Kraftfahrzeug-technik, Hrsg. W. Bartz, Esslingen 1982, Seite 6.1–6.9

FAHRZEUG – DESIGN 2
Beiträge des 2. Statusseminars, Stuttgart 1986

Entwicklungen im Technischen Design
Erkundungen der Gebrauchsqualitäten techni-scher Produkte unter besonderer Berücksichti-gung Baden-Württembergs, Hrsg. Landesmuse-um für Technik und Arbeit Mannheim 1986

Flaggschiff-Design
Anmerkungen zum Design des neuen Boden-see-Fahrgastschiffes „Graf Zeppelin"
Zeitschrift Form 125, I-1989, Seite 51

Das Design der MS GRAF ZEPPELIN – ein internationales Menue
Jahresbericht 1989, DB-BSB, Konstanz 1990

MS „Graf Zeppelin"
Das neue Flaggschiff der Deutschen Bundes-
bahn, Konstruktion – Design – Ausstattung
Zusammen mit A. Heidrich, ETR 12, 1992, H.4

**Stuttgarter Ingenieure entwickeln ein neues
Bodenseeschiff**
Stuttgarter Uni-Kurier Nr. 62, Mai 1994, S. 17

Bögle, D., Seeger, H., Traub, D.:
Seetüchtig
Die MS „Königin Katharina": das neue Schiff
der Deutschen Bahn für Bodensee und Rhein
Zeitschrift FORM 148, N-1994, S. 33–35

Seeger, H. (Hrsg.):
Schiffsdesign
Gestaltungsprinzipien am Beispiel neuer Schiffe
und Projekte für den Bodensee. Tagungsband
des gleichnamigen TAE-Symposiums, Esslingen
1995

**Hommage à Professor Werner Bloss
Designstudie für Bodenseefähre**
Stuttgarter Uni-Kurier Nr. 69, November 1995,
S. 4

Seeger, H.:
**Der Häfler Funktionalismus – sachliche Ge-
staltung seit dem 19. Jahrhundert**

Seeger, H.; Spicker, R.; von Kornatzki, N.:
Pioniere des industriellen Design am Bodensee
Ausstellungsbuch zu der gleichnamigen Ausstel-
lung im Zeppelin-Museum Friedrichshafen 2003

Seeger, H.:
**Design von vier Schiffsprojekten für den
Bodensee**
Beitrag zum Statusseminar 2003 (veröffentlich
im Seminarband Fahrzeugdesign 3, Stuttgart
2003), herausgegeben von Prof. T. Maier

Seeger, H.; Spicker, R.; von Kornatzki, N.:
Pioniere des industriellen Design am Bodensee
Jahrbuch 2003 der Universität Stuttgart

Seeger, H.:
**Design technischer Produkte, Produktpro-
gramme und -systeme**
Industrial Design Engineering, 2005

Seeger, H.:
**Aus- und Weiterbildung von Ingenieuren im
Design**
in: Jens Reese (Hrsg.): Der Ingenieur und seine
Designer, Springer 2005

Seeger, H.:
Max Schirmer (1896–1981)
Ein Pionier des industriellen Designs am
Bodensee
alumni News 2005, Universität Stuttgart

Seeger, H. u. Müller A.:
**Generierung des Maßkonzepts und des Ka-
rosseriegrundtyps von Personenkraftwagen
für deren Formentwicklung und Design**
IKTD-Bericht Nr. 537, Stuttgart 2007

Seeger, H.:
Vom Königsschiff zum Basic Car
Entwicklungslinien und Fallstudien des Fahr-
zeugdesigns, Verlag E. Wasmuth, Tübingen 2007

Seeger, H.:
Über Karosseriebau und Omnibusdesign
in: Baden-Württembergische Karosseriebau-
firmen, Broschüre des Wirtschaftsarchivs
Baden-Württemberg zur Retro Classics, Messe
Stuttgart 2008

Seeger, H.:
Analog – Konkret
Eine Hommage zum 100. Geburtstag von Max
Bill
Jahrbuch Wechselwirkungen 2008 der Universi-
tät Stuttgart, Stuttgart 2009

Geschichte des Transportation-Design
Vorlesungsmanuskript, Universität Stuttgart,
WS 06/07 – WS 10/11

Basiswissen des Transportation Design
Vorlesungsmanuskript, Universität Stuttgart,
WS 11/12

Literatur allgemein

Der ausführlichste Quellennachweis zur Geschichte des Transportation-Designs findet sich in Seeger (2007) Vom Königsschiff zum Basic Car. Das folgende Schrifttumverzeichnis enthält dazu nur neuere, ergänzende und weiterführende Literatur.

Vorwort

Seiffert, U. und Rainer, G. (Hrsg.):
Virtuelle Produktentstehung für Fahrzeug und Antrieb in Kfz, Vieweg + Teubner Verlag, 2008

Abschnitt 1

[1-1]   Eckermann, E.: Auto und Karosserie. Springer Vieweg, 2013

[1-2]   Braess, H.-H.; Seiffert, U. (Hrsg.): Automobildesign und Technik. Vieweg Verlag, 2007
        Möser, K., Popplow, M., Uhl, E.: Auto – Kultur – Geschichte.
        IZKT Materialien 11, Stuttgart 2013

[1-3]   Fügener, L.: Ästhetische Positionierung und Innovationen – Das Auto in der Kunst und das Kunstwerk. In: Innovationskulturen um das Automobil. Wiss. Schriftenreihe der Mercedes-Benz Classic Archive, Band 16, Stuttgart 2012, S. 205–208

[1-4]   Dreyfuss, H.: Designing for people. New York, 1955

Abschnitt 2

[2-1]   Yamashita, M.: Die Drachenflotte des Admirals Zheng He. Verlag Frederking u. Thaler, 2006

[2-2]   Traub, D.: Checkliste und Bewertungskatalog für das Design von Einpersonensteuerständen auf Binnenschiffen. Diss. Uni. Stuttgart 1999, IMK-Bericht 484

[2-3]   Hückler, A.: Formgestaltung von Geräten. In: Krause „Gerätekonstruktion" 1982

[2-4]   Birkhofer, H. et al.: Das Mittel zum Zweck – Ein Prozessmodell als Mittel bei der methodischen Produktentwicklung. In: Zeitschrift Konstruktion 7/8-2011

[2-5]   Ruckdeschel, W.: Modellierung regelbasierten Pilotenverhaltens mit Petrinetzen. VDI-Verlag, Düsseldorf 1997

[2-6]   Dangelmaier, M.: Ein Verfahren zur ergonomischen Bewertung des Fahrerplatzes von Personenkraftwagen. Diss. Uni. Stuttgart 2001

[2-7]   Schalle, K. et al.: Lust auf Zukunft in der Fahrzeugentwicklung. VDI 1398, Düsseldorf 1989

[2-8]   Goldstein, E. B.: Wahrnehmungspsychologie. 7. Auflage 2008
        Anderson, J. R.: Kognitive Psychologie. 6. Auflage 2007

[2-9]   Pittino, T. in „Fetisch Auto", Katalog Tinguely Museum, Basel 2011

[2-10] Eckstein, L.: Entwicklung und Überprüfung eines Bedienkonzepts und von Algorithmen zum Fahren eines Kraftfahrzeugs mit aktivem Sidestick. Diss. Uni. Stuttgart 2000

[2-11] Löffelholz, M.: Wissensvermittlung mit dem Utility Film. Whitepaper Nr. 1, Hrsg. Memex GmbH, Weilheim 2008

[2-12] Mayr, O.: Zur Frühgeschichte der Technischen Regelungen. Verlag Oldenbourg, München 1969

[2-13] Schmidtke, H.: Lehrbuch der Ergonomie. Verlag Hanser, 1981

[2-14] Jenrich, J.: Untersuchung der methodischen Erarbeitung von Berufsanforderungsbildern für Fahrertätigkeiten. Diss. RWTH Aachen 1966
        Poppelreuter, W.: Beitrag zur Analyse der Fahrer-Lenker-Tätigkeit und deren Begutachtung. Psychotechnische Zeitschrift 4, 1929, Heft 3, S. 53–64

[2-15] Henze, R.: Beurteilung von Fahrzeugen mit Hilfe eines Fahrermodells. Diss. TU Braunschweig 2004

Abschnitt 3

[3-1] Benjamin, W.: Das Kunstwerk im Zeitalter seiner technischen Reproduzierbarkeit. Suhrkamp Verlag, Frankfurt 1968

[3-2] Schmiedke, D.: Die Vasa. Geschichte des schwedischen Prunkschiffs. Verlag Köhler & Amelang, 2006

[3-3] Breuer, G.: Werner Graeff (1901–1978) Der Künstleringenieur. Jovis-Verlag, Berlin 2010

[3-4] Lamm, M.: A Century of Automotive Style. Stockton, Cal. 1956

[3-5] Grassi, E.: Die Theorie des Schönen in der Antike. Du Mont, Köln 1962

[3-6] Maser, S.: Numerische Ästhetik. Stuttgart 1970

[3-7] Nake, F.: Ästhetik als Informationsverarbeitung. Springer-Verlag, 1974

[3-8] Dorschel, A.: Zur Ästhetik des Brauchbaren. 2003

[3-9] Schefer, N.: Philosophie des Automobils. Diss. Uni. Bern 2006

[3-10] Dreyer, C.: Semiotische Aspekte der Architekturwissenschaft: Architektursemiotik. Sonderdruck aus: Posener, R. et al. (Hrsg.): Handbuch Semiotik. Verlag de Gruyter, Berlin-New York 2003

[3-11] Gitt, W.: Information – die dritte Grundgröße neben Materie und Energie. In: Siemens-Zeitschrift, Juli/August 1989

[3-12] Geiger, M.: Die Bedeutung der Kunst. Zugänge zu einer materialen Wertästhetik. Verlag Finke. München 1976

[3-13] Gotschke, W.: Automobil-Architektur. In: Das Auto, Heft 5, Februar 1951 Diez, W.: Skulpturen auf Rädern. In: Stuttgarter Zeitung 10.01.2004

[3-14] Gotschke, W.: Entwurf für ein individuelles Auto. In: Motor-Revue, Jhrg. 1964 bis 1970

[3-15] Birkhoff, E.: Einige mathematische Elemente der Kunst. 1928. Deutsch edition rot, Stuttgart 1968

Abschnitt 4

[4-1] Doczi, G.: Die Kraft der Grenzen. Harmonische Proportionen in Natur, Kunst und Architektur. Verlag Engel & Co., 1984

[4-2] Funk, L. F.: Hypertrophiertes Design und Konsumverhalten. In: Beiträge zur Verhaltensforschung, Heft 39, Berlin 2000

[4-3] Krampen, M. u. Hörmann, G.: Die Hochschule für Gestaltung Ulm – Anfänge eines Projektes der unnachgiebigen Moderne. Verlag Ernst & Sohn, Berlin 2003

Abschnitt 5

[5-1] Francis, R.: Gesichter. Hildesheim 2005

[5-2] Bonnefoit, R.: Die Linientheorien von Paul Klee. Verlag M. Imhof, Petersberg 2009

[5-3] Rosenthal. P.: Automobildesign und Gesellschaft. Diss. TU Darmstadt 1999

[5-4] Thalemmer, A.: Scionic. Arnoldsche, Stuttgart 2009

[5-5] Böhme, G.: Anmutungen. Über das Atmosphärische. Ostfildern 1998

[5-6] Too, L.: Das große Buch Feng Shui. Köln 2000

[5-7] Anker, V.: Ausstellungskatalog „konkret schweiz heute". Ulmer Museum 1987, S. 9–10

[5-8] Maier, T.: Gleichteileanalyse und Ähnlichkeitsermittlung von Produktprogrammen. Diss. Uni. Stuttgart 1993, IMK-Bericht 328

[5-9] Hess, S.: Ähnlichkeitsermittlung von Produktsystemen. Diss. Uni. Stuttgart 1999, IMK-Bericht 463

[5-10] Hänsel, H. G.: Warum Kunden Autos kaufen. In: Karosseriebautage Hamburg 2008, Vieweg technology forum

[5-11] Marquart, C.: Mercedes-Benz Brand Places. avedition, Ludwigsburg 2004

[5-12] Goodale, M. A., Milner, A. D.: Separate
        visual pathways for perception and
        action. In: Trends Neurosci. 15 (1). 20-5

[5-13] Fiala, E.: Lenken von Fahrzeugen als
        kybernetische Aufgabe. In: ATZ 68/5
        (1966) 156

[5-14] Moser, E.: Otl Aicher, Gestalter. Hatje
        Cantz Verlag, Ostfildern 2012

[5-15] Jürgensohn u. Timpe: Kraftfahrzeug-
        führung. Berlin 2001

[5-16] Johannson, G.: Mensch-Maschine-
        Systeme. Springer-Verlag 1993

[5-17] Luik, K.: Konzeption von einstellungs-
        typischen Fahrerplatzvarianten. Dip-
        lomarbeit, IMK, Uni. Stuttgart 1983
        FAT Schriftenreihe Nr. 8: Der Mensch
        als Fahrzeugführer. Informationsauf-
        nahme und Verarbeitung durch den
        Menschen Frankfurt 1978
        FAT Schriftenreihe Nr. 12: Der Mensch
        als Fahrzeugführer. Bewertungskriteri-
        en der Informationsbelastung. Frank-
        furt 1979
        Kramer, U.: Analyse mobiler Systeme.
        Ein Beitrag zur Theorie der Fahrzeug-
        führung. VDI-Verlag, Düsseldorf 1986

[5-18] Henning, M. J. et al.: Prädiktion der
        Komplexität von Kreuzungssituationen
        durch Fahrverhaltensanalysen. I-FAS,
        Chemnitz 2011

[5-19] Krampen, M.: Das Messen von Bedeu-
        tungen in Architektur, Stadtplanung
        und Design. In: Werk 58 (1971) Nr. 1/2

[5-20] Birnbaum, D.: Die Entwicklung des
        semantischen Differentials zur Messung
        der subjektiven Bewertung von Kraft-
        fahrzeugen. Diplomarbeit an der Uni.
        Mannheim 1990

[5-21] Neuendorf, M.: Einsatzmöglichkeiten
        von Systemen der virtuellen Realität
        in der Fahrzeugentwicklung. Diss. TU
        Berlin 1997 (Betreuung Dr. Gottlieb,
        Daimler AG)

[5-22] Karlsson, B. et al.: Using semantic en-
        vironment description as a tool to eva-
        luate car interiors. Volvo Technological
        Development, Göteborg. Veröffentlicht

in: Ergonomics, Vol. 46, Nr. 13/14,
2003, S. 1408–1422

[5-23] o. V.: The BMW Concept CS. BMW
        Media Information. München 4[2007

Abschnitt 6

[6-1]   Kramer, K.: John Scott Russel und der
        „Kohlenfresser" – oder: Was den Fried-
        richshafener Trajekt mit der GREAT
        EASTERN verbindet. In: Friedrichs-
        hafener Jahrbuch für Geschichte und
        Kultur. 2007

[6-2]   Norman, D.: Dinge des Alltags: gutes
        Design und Psychologie für Gebrauchs-
        gegenstände. Campus Verlag, Frankfurt
        1989

[6-3]   Hückler, A.: Fehler – Hemmung oder
        Antrieb? Dezember 1999 (unveröffent-
        licht)
        Hückler, A.: Formen für Funktionen. In:
        form+zweck 1983, H. 4, S. 42-46

[6-4]   Vogel, J.: Untersuchung über die Sinn-
        fälligkeit von rotatorischer Stellteilbe-
        wegung und translatorischer Bewegung.
        Diss. Uni. Stuttgart 2001, IMK-Bericht
        484

[6-5]   Kornwachs, K. u. Jacoby, K.: Informa-
        tion. New Questions to a Multidiscipli-
        nary Concept. Akademie Verlag, Berlin
        1996

[6-6]   Ebert, H.: Krachen lassen – oder auf dem
        Teppich bleiben? Zur Aktion Mensch in
        Technik und Design. In: Design 200m.
        Design im Kontext der Zukunftsgesell-
        schaft. Verlag Fruehwerk 2010

[6-7]   Schmid, M.: Benutzergerechte Ge-
        staltung mechanischer Anzeiger mit
        Drehrichtungsinkompatibilität zwi-
        schen Stellteil und Wirkteil. Diss. Uni.
        Stuttgart 2003, IMK-Bericht 499

Abschnitt 7

[7-1]   Ginzrot, J. C.: Die Wagen und Fuhrwer-
        ke von der Antike bis zum 19. Jahrhun-
        dert. 1871, Reprint Gütersloh 1981

[7-2] Manzke, B.: Wie wohnen. Von Lust und Qual der richtigen Wahl. Ästhetische Bildung in der Alltagskultur des 20. Jahrhunderts. Hatje Cantz Verlag, o. J.

[7-3] Kraus, W., Koos, H. und Lippman, R.: Ergonomische Fahrerplatzanalyse bei MAN. In: ATZ Automobiltechnische Zeitschrift 99 (1997) 3

[7-4] Breuer, N.: Einstellungstypen für die Marktsegmentierung. Diss. Uni. Köln 1986

[7-5] Hänsel, H. G.: Warum Kunden Autos kaufen. In: Karosseriebautage Hamburg 2008, Vieweg technology forum

[7-6] Meyer, T.: Form follows nothing? Auf der Suche nach Techniknostalgie am Auto. In: Karlsruher Studien Technik und Kultur. KIT 2010

[7-7] Balensiefer, R.: Zielgruppen im Wandel. Absatzwirtschaft-Sonderheft 2007

[7-8] Kotler, P.: Marketing Management. Poeschel-Verlag, Stuttgart 1974

Abschnitt 8

[8-1] Murell, K.: Ergonomics. Man in his Working Environment. London 1965

[8-2] Schlemmer, O.: Der Mensch. Unterricht am Bauhaus. Nachgelassene Aufzeichnungen. Eingel. u. komm. v. Heimo Kuchling (1969), Berlin 2003

[8-3] Dreyfuss, H.: The Measure of Man. New York 1959
Dreyfuss, H.: The Industrial Designer – His Role and Purpose. Hyster Company Library, Nov. 1962

[8-4] Grandjean, E. (Ed.): Sitting posture. Sitzhaltung. Posture assise. In: Proceedings of the symposium on…, London 1969
Osborne and Lewis: Human Factors in Transport Research. Vol. 2. Academic Press 1980

[8-5] Bubb, P.: Komfort und Ergonomie in Kraftfahrzeugen. Lehrgangsunterlage, HdT Essen 1997

Klatt, T.: Komfortmaße zur ergonomischen Absicherung in der Fahrzeugentwicklung. Diplomarbeit IMK, Uni. Stuttgart 2005

[8-6] Trapp, T.: Neander. Ernst Neumann-Neander und seine Fahrmaschinen. Verlag Heel 2002

[8-7] Kamm, W.: Das Kraftfahrzeug. Betriebsgrundlagen, Berechnung, Gestaltung und Versuch. Springer, Berlin 1936

[8-8] VDI 2782: Empfehlungen für die Gestaltung von Fahrzeugführersitzen in Kraftfahrzeugen. 1971
VDI 2783: Empfehlungen für die Gestaltung von Fahrgast- und Beifahrersitzen. 1972

[8-9] Hewes, G. W.: Anthropology of Posture. In: Scientific American, Vol. 196, No. 2 (1957)
Krist, R.: Modellierung des Sitzkomforts. Diss. Uni. Eichstätt 1993
Babirat, D. et al.: Komfortmaße des Menschen – Komfortbereich der Gelenkwinkel. Schriftenreihe der BAA-Forschung-FB 818. Dortmund/Berlin 1998
Knoll, C. M.: Einfluss des visuellen Urteils auf den physisch erlebten Komfort am Beispiel von Sitzen. Diss. TU München 2006
Hartung, J.: Objektivierung des statischen Sitzkomforts auf Fahrzeugsitzen durch die Kontaktkräfte zwischen Mensch und Sitz. Diss. TU München 2006
Mergl, C.: Entwicklung eines Verfahrens zur Optimierung des Sitzkomforts auf Automobilsitzen. Diss. TU München 2006
Zenk, R.: Objektivierung des Sitzkomforts und seine automatische Anpassung. Diss. TU München 2008
Schoberth, H.: Sitzhaltung, Sitzschäden, Sitzmöbel. Springer, Berlin 1962
Opsvik, P.: Sitzen anders betrachtet. Oslo 2008

[8-10] Lang, S.: Design im Eisenbahnfahrzeugbau. Studienarbeit, Uni. Stuttgart 1970

Schuh, E.: Architektonische Gesichtspunkte beim Bau der TEE-Züge. In: Glasers Annalen, 81. Jahrgang, Oktober 1957

[8-11] Müller, A.: Systematische und nutzerzentrierte Generierung des Pkw-Maßkonzepts als Grundlage des Interior- und Exterior-Design. Diss. Uni. Stuttgart 2011 (IKTD-Bericht Nr. 586)

[8-12] Krüger, Bubb, Schmidtke und Speyer: Ergonomie im Fahrzeuginnenraum – Rechnergestützte Insassensimulation auf der Basis mathematischer Modelle und aktueller ergonomischer Daten. VDI Berichte Nr. 816, 1990
Vogt, C., Mergl, C. u. Bubb, H.: Interior Layout Design of Passenger Vehicles with Ramsis. In: Human Factors and Ergonomics in Manufacturing, Vol. 15, No. 2, 2005

[8-13] Braess, Stricker u. Baldauf: Methodik und Anwendung eines parametrischen Fahrzeugauslegungsmodells. In: Automobil-Industrie 5, 85
Rasenack, W.: Parametervariationen als Hilfsmittel bei der Entwicklung des Fahrzeug-Package. Diss. TU Berlin D83, 1998
Raabe, R.: Ein rechnergestütztes Werkzeug zur Generierung konsistenter Pkw-Maßkonzepte und parametrischer Designvorgaben. Diss. IKTD, Uni. Stuttgart 2013

[8-14] Macey, S.: H-Point. The Fundamentals of Car Design & Packaging. Designstudio Press (USA) 2009

[8-15] Lipps, T.: Über einfachste Formen der Raumkunst. In: Abhandlungen der Königlich Bayrischen Akademie der Wissenschaften. Band 32, I. Abteilung, München 1905, S. 401–480
Bühler, K.: Die Gestaltwahrnehmungen. Experimentelle Untersuchungen zur psychologischen und ästhetischen Analyse der Raum- und Zeitanschauung. Stuttgart 1913
Otto, W.: Der Raumsatz. DVA, Stuttgart 1959
Gosztoni, A.: Der Raum. 2 Bände. Verlag Karl Alber, Freiburg[München 1976

Bollnow, O.: Mensch und Raum. 11. Auflage, Verlag Kohlhammer, Stuttgart 2010
Ullmann, F.: Basics. Architektur und Dynamik. 2. Auflage. Springer 2010

[8-16] Stratmann, M. u. Overbeeke, C.: Space through Movement. Diss. TU Delft 1988

[8-17] Bachelard, G.: Poetik des Raumes. o. J.

[8-18] Scholz, D.: Unterlagen zu Flugzeugentwurf. Hochschule Hamburg 2009

[8-19] Osburg, J.: Interdisciplinary Approach to the Conceptual Design of Inhabited Space Systems. Diss. Uni. Stuttgart 2002

Abschnitt 9

[9-1] Cohausz, P. W.: Cockpits deutscher Flugzeuge. Historische Instrumentierungen von 1911–1970. Aviatic Verlag, Oberhaching 2000

[9-2] Kadêravek, F.: Geometrie und Kunst in früherer Zeit. Teubner Verlag, Stuttgart u. Leipzig 1992

[9-3] Richter-Voß: Bauelemente der Feinmechanik. Berlin 1929

[9-4] o. V.: Design by Mercedes-Benz. Verlag Delius Klasing 2008

[9-5] VDI[VDE 2422: Entwicklungsmethodik für Geräte und Steuerung durch Mikroelektronik – Abschnitt 8.1 Bedienelemente.
Neudörfer, A.: Anzeiger und Bedienteile. VDI, Düsseldorf 1981

[9-6] Everling, E.: Menschliches Verhalten – Technisches Gestalten. Essen 1961

[9-7] Zeilinger, S.: Aktive haptische Bedienelemente zur Interaktion mit Fahrerinformationssystemen. Diss. Uni. Bundeswehr München 2005
Hampel, T.: Untersuchungen und Gestaltungshinweise für adaptive, multifunktionale Stellteile mit aktiver haptischer Rückmeldung. Diss. Uni. Stuttgart 2011, IKTD-Bericht 594
Sendler, J.: Entwicklung und Gestaltung variabler Bedienelemente für ein

Bedien- und Anzeigesystem im Fahrzeug. Diss. TU Dresden 2008

[9-8]   Anguelov, N.: Haptische und akustische Kenngrößen zur Objektivierung und Optimierung der Wertanmutung von Schaltern und Bedienfeldern für den Kfz-Innenraum. Diss. TU Dresden 2009

[9-9]   Casey, M.: Messtechnik. Vorlesungsmanuskript, Uni. Stuttgart, o. J.

[9-10]   Aicher, O., Krampen, M.: Zeichensysteme der visuellen Kommunikation. Verlag Ernst & Sohn 1977

[9-11]   Fiala, E.: Mensch und Fahrzeug. Fahrzeugführung und sanfte Technik. ATZ/MTZ-Fachbuch, Vieweg 2006

[9-12]   Maier, F.: Untersuchungen zur Bedienungskomplexität technischer Produkte. Studienarbeit am IMK-TF, Uni. Stuttgart 1987

[9-13]   Petrov, A.: Usability-Optimierung durch adaptive Bediensysteme. Diss. Uni. Stuttgart 2012

[9-14]   Wolff, J.: Kreatives Konstruieren. Girardet, Essen 1976
         Mollerup, P.: Collapsibles, Verlag Stiebner, München 2001

[9-15]   Siebertz, K. et al.: Simulation des menschlichen Bewegungsapparates zur Innenraumgestaltung von Fahrzeugen. DGLR-Bericht 2007

[9-16]   Bodack, K. D.: Modell zur Beurteilung der ästhetischen Realität technischer Produkte. Diplomarbeit, Uni. Stuttgart 1966

[9-17]   Dylla, S.: Entwicklung einer Methode zur Objektivierung der subjektiv erlebten Schaltbetätigungsqualität von Fahrzeugen mit manuellem Schaltgetriebe. Diss. KIT-IPEK 2010

[9-18]   Stankowski, A.: Der Pfeil. Starnberg 1972

Abschnitt 10

[10-1]   o. V.: Archisculptura. Katalog, Basel 2004

[10-2]   Lessing, H. E.: Das Auto stammt vom Fahrrad ab. In: VDI-N. Nr. 37, 16.09.2011, S. 6

[10-3]   Heel Vlg. (Hrsg.): DAS PROJEKT Concept Car Exelero. Königswinter 2004

[10-4]   Porsche Engineering 80 Jahre Pionierleistung, herausgegeben vom PORSCHE Museum, Stuttgart 2011

[10-5]   Potthoff, J., Schmid, J. C.: Wunibald Kamm – Wegbereiter der modernen Kraftfahrtechnik. Springer Verlag 2012

[10-6]   Tscheschlok, E.: Über CIM-Bausteine zur Verkürzung der Fahrzeugvorentwicklungszeit. Diss. Uni. Stuttgart 1991

[10-7]   Hucho, W.-H.: Aerodynamik des Automobils. Vieweg Verlag, 5. Auflage 2008

[10-8]   Wickenheiser, O. u. Kuhfuss-Wickenheiser, S.: Audi Design Projekt. Verlag Heel 2009

[10-9]   Indinger, T. u. Devesa, A.: Verbrauchsreduktion bei Nutzfahrzeug-Kombinationen durch aerodynamische Maßnahmen. In: ATZ 07-081 2012, S. 628 ff.
         Ganis, M. L.: Design und Aerodynamik. In: mobiles 37, 2012/2013, S. 37–41

[10-10] Hucho, W.-H.: Grenzwert-Strategie. 16. Aachener Kolloquium Fahrzeug- und Motorentechnik 2007. In: ATZ – Automobiltechnische Zeitschrift

[10-11] Wiedemann, J.: Leichtbau bei Elektrofahrzeugen. In: ATZ 06/2009

[10-12] Hucho, W.-H.: Reduzierung des Luftwiderstandes – Volle Wirkung erst mit regenerativem Bremsen. Vortrag HdT Essen, München 2010

[10-13] Grabner, J. u. Nothaft, R.: Konstruieren von Pkw-Karosserien. Springer 1991

[10-14] Breitschwerdt, W.: Die rechnerunterstützte Entwicklung der Fahrzeugkarosserie. V TH Ka 1980 ff.

[10-15] Wurzel, F. (Porsche AG): Die Rolle der Streikentwicklung im Fahrzeugentstehungsprozess. In: Karosseriebautage Hamburg 2008, Vieweg technology forum

[10-16] Maldonado, T.: Muster, Maßstäbe, Modelle. Das Entwurfswerkzeug der Designer. In: Design Horizont 21, 24.08.1992

[10-17] Kurz, M.: Die Modellmethodik im Formfindungsprozess am Beispiel des Automobils. Diss. Uni. Essen 2007

[10-18] Bühler, O. P.: Metroliner im Carbon-Design, herausgegeben von G. Auwärter, Stuttgart 1989

[10-19] Friedrich, H.: Leichtbau in der Automobiltechnik. Springer Vieweg 2013

[10-20] Leyer, A.: Wesen und Wert des Leichtbaus. In: technica Nr. 23/1970 und 4/1971, Basel und Stuttgart

[10-21] Lossie, H.: Holz im Fahrzeugbau. In: Stuttgarter Zeitung, 18.05.13, V5

[10-22] Wolf, H. G.: Neue Autolinie durch NSU-Wankelmotor. In: Zeitschrift Hobby, Nr. 7, Juli 1960, S. 21–29

Abschnitt 11

[11-1] Klose, O.: Faszination Autodesign, 1991

[11-2] Pauer, N.: Drei Farben Grün. In: Die Zeit Nr. 1, 27.12.12, S. 55

[11-3] Vieweg, C.: Mercedes-Benz / Design / Interieur, herausgegeben von ISS Debos Studios, Sindelfingen 2011

[11-4] Hinterreiter, H.: Ein Schweizer Vertreter der konstruktiven Kunst. Zürich 1982 Hinterreiter, H.: Die Kunst der reinen Form. Zürich 1978 (Faksimiledruck)

[11-5] Vieweg, Ch.; Ruckaberle, H.: Mercedes-Benz Design : Exterieur. ISS DEBEOS STUDIOS, Sindelfingen 2013

Abschnitt 12

[12-1] Peters, J. et al.: Jens Peters. Bauten, Innenräume, Fahrzeuge, Produktdesign. Hrsg. Sektion für Bildende Künste, Anthroposophische Gesellschaft Japan 2003
Fätt, R. J.: Designtherapie. Die therapeutische Dimension von Architektur und Design. Verlag Pforte 2007

Fätt, R. J.: Rudolf Steiner Design. Spiritueller Funktionalismus. R. Steiner Verlag 2005

[12-2] Kimberly, E.: Geometry of Design. New York 1951

[12-3] Ostwald, W.: Harmonie der Formen. Leipzig 1922

[12-4] Hecht, K.: Der sogenannte Perspektivische Mäander. Diss. TH Stuttgart 1946

[12-5] Hogarth, W.: Analysis of Beauty. Eingeleitet und herausgegeben von Ronald Paulson. New Haven, London 1997

[12-6] Balzer, R.: Modellierung der Außengestalt von Personenkraftwagen zur Ermittlung eines Gestaltwertes. Diss. Uni. Stuttgart 2002

[12-7] Gandini, M. (Ed.): Peter Pfeifer. Mercedes-Benz Design. In: Automobilia. Car Men 17, 2005

[12-8] Schneyer, F.: FH RT, BA-Thesis 2009, In: Wickenheiser, O.: Mini Design. Motorbuch Verlag 2009

Abschnitt 13

[13-1] Lintelmann: BMW Isetta und BMW 600/700. Verlag KOMET, Köln o. J.

[13-2] Schlegel, H.: Betriebswirtschaftliche Konsequenzen der Produktdifferenzierung – dargestellt am Beispiel der Variantenvielfalt im Automobilbau. In: Wi St. Heft 2, Februar 1978

[13-3] Rüdenberg: Über den Entwurf technischer Modellreihen. In: VDI (1918), S. 406
Angehrn, O.: Ansatzpunkt zu einer Lehre von der Produktgestaltung als Grundlage der Bestimmung von Produktprogrammen. In: Die Unternehmung (Bern), 15. Jahrgang (1961), Nr. 1

[13-4] Kienzle, O.: Die Typnormung im Erzeugungsbild des deutschen Maschinenbaus. In: VDI, H. 12 (1949)

[13-5] Borowski, K.-H.: Das Baukastensystem in der Technik. Springer 1961

[13-6] Gerstner, K.: Programme entwerfen. Teuffen 1969

[13-7] Wilhelm, B.: Konzeption und Bewertung einer modularen Fahrzeugfamilie. Diss. RWTH Aachen 2001

[13-8] Votteler, A.: Nicht nur Stühle … Octagon Verlag, Stuttgart/München 1994

[13-9] Gerhard, E.: Entwickeln und Konstruieren mit System. Grafenau 1979

[13-10] Dudic, D.: Modell für die Fabrik. Life Cycle orientierte Produktplanung und -entwicklung. Diss. Uni. Stuttgart 2010 (IFF 499) Beispiele von Cockpitvarianten!

[14-10] Aka, M.: Untersuchung des Übergangs eines Fahrzeug-Vorgängerprogramms in ein Nachfolgeprogramm. Studienarbeit Uni. Stuttgart 2012

[14-11] Seiffert, U.: Der Zwang zu kürzeren Entwicklungszeiten und schnelleren Modellwechselzyklen. In: VDI-Fortschrittsberichte, Reihe 12 (1994) S. 383–397

[14-12] MacMinn, Strother: SENTINEL Steel Couture – Syd Mead – Futurist. Dragon's Dream Book 1979

Abschnitt 14

[14-1] Simon, D.: Cosmic Motors. Designstudio Press 2007

[14-2] Ausstellungskatalog herbert ohl. Institut für Neue Technische Form, Darmstadt 2013

[14-3] Victor, T. und Mitarbeiter, TU Braunschweig: Lebensfähige Systemmodelle. Methodische Konzipierung und Gestaltung flexibler Fahrzeugkonzepte. In: wiGeP-Newsletter, Ausgabe 2, Oktober 2012

[14-4] Heumer, W.: Auf der Suche nach intelligenten Alternativen. In: VDI-N. Nr. 29/30, 3007.2012, S. 3

[14-5] Vieweg, C.: Die Forschungsfahrzeuge von Mercedes-Benz. Daimler Chrysler AG, Stuttgart 1999

[14-6] Pascal, D.: Concours d'Elégance. o. J.

[14-7] Zangemeister, C.: Nutzwertanalyse in der Systemtechnik. München 1970

[14-8] Vieweg, C.: C-Klasse. 25 Jahre Mercedes-Benz C-Klasse. Delius Klasing 2007

[14-9] Bloch, A.: Bewertung von Bediensystemen und -konzepten im Fahrzeugcockpit. In: Maier, T. (Hrsg.): Human Machine Interaction Design. IKTD-Bericht 562, Stuttgart 2009

Bildnachweise

Bild 1-8:	Porsche-Archiv	Bild 8-1:	aus [1-4]
Bild 2-2:	MAN Truck & Bus AG	Bild 8-2:	aus [8-3]
Bild 2-3:	MAN Truck & Bus AG	Bild 8-3:	aus [8-3]
Bild 2-4:	aus [2-5]	Bild 8-4:	aus Burandt, U.: Ergonomie für
Bild 2-5:	aus [2-2]		Design und Entwicklung, 1978
Bild 2-6:	aus Stuttgarter Zeitung Nr. 34,	Bild 8-6:	aus [8-6]
	2013	Bild 8-7:	aus [8-3]
Bild 2-9:	aus [2-13]	Bild 8-8:	aus [8-7]
Bild 2-10:	aus Oppelt-Vosius, 1970	Bild 8-9:	aus Seeger, H. und Müller, A.
Bild 3-14:	aus StA E. Lengyel, IMK 1987		2007
Bild 3-15:	aus Bussien Automobiltechni-	Bild 8-11:	(unten) aus StA H. E. Wied-
	sches Handbuch 1965, S. 65		mann, IMK 1983
Bild 3-16:	nach H. Frank Informations-	Bild 8-12:	Daimler-Archiv
	ästhetik 1993	Bild 8-13:	Daimler-Archiv
Bild 4-12:	aus [10-7]	Bild 8-14:	aus [8-4]
Bild 4-13:	aus [4-1]	Bild 8-15:	aus Opsvik [8-9]
Bild 4-17:	BMW München	Bild 8-18:	Daimler-Archiv
Bild 4-18:	Porsche-Archiv	Bild 8-19:	Daimler-Archiv
Bild 5-7:	aus StA E. Öngüner, IVK 2009	Bild 8-20:	Daimler-Archiv
Bild 5-8:	aus [5-3]	Bild 8-21:	Daimler-Archiv
Bild 5-10:	aus [12-6]	Bild 8-22:	SAE Society of Automobile Engi-
Bild 5-13:	aus DA K. Luik [5-17]		neers
Bild 5-14:	aus DA K. Luik [5-17]	Bild 8-23:	W. Bührer 1967 für NSU
Bild 5-16:	aus TÜV „Der Kraftfahrer von	Bild 8-24:	Aus VDI Forschungsberichte
	heute", Vogel-Verlag 1966		Reihe 12, Nr. 23, 1973
Bild 6-1:	aus Kramer [5-17]		Biogeometrische Zusammenhän-
Bild 6-3:	Archiv Zeppelin-Museum, Fried-		ge zwischen Körperhaltung und
	richshafen		Sitzanordnung für Fahrer und
Bild 6-4:	aus Kramer [5-17]		Fahrgäste in Pkw
Bild 6-5:	aus Kramer [5-17]	Bild 8-25:	Vorstufe zur Bosch-Schablone
Bild 6-6:	Archiv Zahnradfabrik Fried-		1978
	richshafen	Bild 8-26:	Kieler Puppe 1979
Bild 7-4:	nach Dreyfuss [8-3]	Bild 8-27:	Daimler-Archiv
Bild 7-6:	Audi Museum, Ingolstadt	Bild 8-28:	Daimler-Archiv
Bild 7-7:	aus Die Zeit Nr. 28, 2010, S. 57	Bild 8-33:	Ramsis-Unterlagen
Bild 7-9/12:	Porsche-Archiv	Bild 8-35:	aus Seeger, H. und Müller, A.
Bild 7-15:	Fa. Seipem, Genua		2007

Bild 8-36:	aus Seeger, H. und Müller, A. 2007	Bild 9-53:	aus StA O. Laqua, IMK 1994
Bild 8-37:	aus Seeger, H. und Müller, A. 2007	Bild 9-56:	aus DA T. Wahl, IMK 1989
		Bild 9-57:	BMW München
Bild 8-38:	aus [3-13]	Bild 9-58:	BMW München
Bild 8-41:	Recaro, Schwäbisch Hall	Bild 9-59:	BMW München
Bild 8-42:	Recaro, Schwäbisch Hall	Bild 9-60:	aus Erni, P. Die gute Form, 1983
Bild 8-45:	aus Opsvik [8-9]	Bild 9-61:	IVECO, Ulm
Bild 8-46:	aus Opsvik [8-9]	Bild 9-62:	IVECO, Ulm
Bild 8-47:	aus Opsvik [8-9]	Bild 10-1:	Ergebnis aus dem Konstruktionskurs am IVK 2001/2, Betr. Dipl.-Ing. T. Mim, Porsche
Bild 8-48:	aus Opsvik [8-9]		
Bild 9-2:	Daimler-Archiv		
Bild 9-3:	Daimler-Archiv	Bild 10-2:	Zahnradfabrik Friedrichshafen
Bild 9-4:	aus StA H. Böhme, Lehrgebiet Schienenfahrzeuge 1989	Bild 10-3:	aus Konstruktionskurs IVK, Uni. Stuttgart 2002, Betreuung: Dipl.-Ing. T. Mim, Porsche AG
Bild 9-7:	aus StA W. Banhardt, IMK 1984	Bild 10-4:	aus Konstruktionskurs IVK, Uni. Stuttgart 2002, Betreuung: Dipl.-Ing. T. Mim, Porsche AG
Bild 9-13:	aus DA U. Merkle, IMK 1996		
Bild 9-14:	aus StA M. Maier, IMK 1996		
Bild 9-17:	Archiv Zahnradfabrik Friedrichshafen	Bild 10-5:	Prämierte StA, W. Waiblinger, IMK-TD, Uni. Stuttgart 2001
Bild 9-18:	aus Diss. J. Sendler [9-7]	Bild 10-14:	aus [10-5]
Bild 9-19:	aus Diss. J. Sendler [9-7]	Bild 10-19:	aus [10-6]
Bild 9-20:	aus Air Force System Command 1980	Bild 10-20:	(unten) aus Buchheim et al. 1981
		Bild 10-21:	aus Wiedemann, J.: Kraftfahrzeugaerodynamik. Vorlesungsumdruck IVK, Uni. Stuttgart 2004
Bild 9-21:	(links) Daimler-Archiv		
Bild 9-22:	aus StA R. Mayenberger, IMK 1988		
Bild 9-23:	aus Diss. J. Sendler [9-7]	Bild 10-23:	aus hobby Nr. 7, 1960
Bild 9-24:	aus [2-10]	Bild 10-24:	R. BOSCH GmbH
Bild 9-29:	Zeichnungen von S. Werner in: Motorrevue o. J.	Bild 10-25:	MAN Truck & Bus AG
		Bild 10-26:	Die Zeit, Nr. 9, 19.02.09, S. 36
Bild 9-30:	VDO-Informationsschrift o. J.	Bild 10-27:	aus StA Human Powered Vehicle – Dreirad Cumulus. J. Kunkel, IMK 1995
Bild 9-31:	Dokumentation der Motoryacht Hyperion, hrsg. von MTU Friedrichshafen o. J.		
		Bild 10-28:	aus DA R. Pröbstl, IMK 1989
Bild 9-32:	Kässbohrer Pistenbully, Ulm	Bild 10-29:	aus StA Verbesserung der Alltagstauglichkeit eines Pkw. R. Zenz, IMK 2001
Bild 9-33:	VDO		
Bild 9-34:	aus StA P. Burkhardt, IMK 1988		
Bild 9-35:	aus Bedienungsanleitung Mercedes A-Klasse	Bild 10-30:	aus StA Analyse von Dachlastträgern zum Fahrradtransport. F. Beutenmüller, IMK 1994
Bild 9-36:	aus [2-13]		
Bild 9-42:	aus Diss. J. Sendler [9-7]	Bild 10-32:	Hochschule Hamburg – FB Fahrzeugtechnik. Jubiläumspublikation 1996
Bild 9-43:	aus Diss. A. Petrov [9-13]		
Bild 9-44:	Daimler-Archiv		
Bild 9-46:	aus Ausstellungsbroschüre LGA Stuttgart 1968, Design an Investitionsgütern am Beispiel Henschel	Bild 10-33:	Hochschule Hamburg – FB Fahrzeugtechnik. Jubiläumspublikation 1996
		Bild 10-34:	Daimler-Archiv
Bild 9-47:	aus [11-1]	Bild 10-35:	Daimler-Archiv
Bild 9-48:	Ramsis-Unterlage	Bild 10-37:	Zeichnung von Siegfried Werner (S.W.) aus: Mercedes-Benz Supersportwagen, Verlag Heel 2010
Bild 9-49:	aus StA N. Anguelov, IMK 2002		
Bild 9-50:	aus [1-2]		
Bild 9-52:	aus StA O. Laqua, IMK 1994		

Bild 10-38: Daimler-Archiv
Bild 10-40: Daimler-Archiv
Bild 10-41: BMW AG, München
Bild 10-42: W. Bührer
Bild 10-46: aus [10-18]
Bild 10-47: Daimler-Archiv
Bild 10-48: aus DA C. Köttgen, IMK 1990
Bild 10-50: aus Seeger, H.; Gallitzendörfer, J., 1969
Bild 10-52: Ergebnis aus dem Strak-Kurs von H. Dörner am Institut für Flugzeugbau 1997
Bild 10-53: aus VIAVISION, März 2013, Volkswagen AG
Bild 11-2: aus StZ Nr. 283, 07.12.2011, S. 18
Bild 11-3: Daimler
Bild 11-4: Daimler-Archiv
Bild 11-5: aus [11-1]
Bild 11-6: Daimler-Archiv
Bild 11-9: Daimler-Archiv
Bild 11-13: Porsche-Archiv
Bild 11-16: MAN AG, München
Bild 12-2: aus Fäth [12-1]
Bild 12-5: aus Hückler, A. Design nur mit Invarianten. Papiere zur Designwissenschaft 22. Berlin 2008
Bild 12-25: aus Gerstner, K. Formen der Farbe 1986
Bild 12-26: Mitte: Rechnergeneriert von cand. mach. Peter Chechelski 2007 mit Programm CINEMA 4 D
Bild 12-27: Abschlussarbeit von P. Galek in Transportation-Design. HS Pforzheim 2009
Bild 12-28: aus Ueding, R.: Skulpturen weisen den Weg. In: Form 237, 2011, S. 40–45
Bild 12-29: aus StZ Nr. 33, 08.02.2013
Bild 12-30: Einladungskarte zu der Ausstellung Design zählt. Design Center Stuttgart 2011
Bild 12-36: Daimler Konzern-Kommunikation
Bild 12-37: Bayer AG, Material Science, Präsentation K 2013
Bild 13-10: aus Jung, U. u. H. Stuttgarter Karosseriewerk Reutter 2006
Bild 13-13: aus Barber, C. Der Käfer 2003
Bild 13-19: Prämierte Studie zum FORD-Wettbewerb 1967. Das Auto von morgen. StA am IVK, TH Stuttgart. Idee und Betreuung H. Seeger
Bild 13-20: aus StA von W. Klie 1969 am IMK-TD, Uni. Stuttgart
Bild 13-21: Studie zur Kölner Kundentypologie 1980. J. v. Magyary-Kossa u. H. Seeger
Bild 13-22: aus DA von A. Kahle 1982 am IMK-TD, Uni. Stuttgart
Bild 13-27: Konzept für eine modulare Karosserie von Thyssen Krupp Automotive, in: Interaktiv, Fraunhofer IPA 3/08 S. 20
Bild 13-28: aus [9-1]
Bild 13-32: W. Bührer 1967 für NSU
Bild 13-33: aus StA von H. J. Ostertag 1982 am IMK
Bild 13-35: aus DA von K. Luik 1983 am IMK
Bild 13-36: aus DA von K. Luik 1983 am IMK
Bild 13-37: Mannesmann-Kienzle, Villingen-Schwenningen
Bild 13-38: ZF Lenksysteme GmbH, Schwäbisch Gmünd
Bild 13-39: aus DA J. Puttfarken, IMK 1991
Bild 13-40: aus DA J. Puttfarken, IMK 1991
Bild 13-42: aus Votteler, A. [13-8]
Bild 13-49: aus VDI nachrichten Nr. 12/13, 22.03.2013, S. 14
Bild 13-50: Daimler AG
Bild 13-51: Daimler AG
Bild 13-52: aus Diss. T. Maier 1993 [5-8]
Bild 13-53: aus Diss. T. Maier 1993 [5-8] und Diss. S. Hess 1999 [5-9]
Bild 14-1: CAT-Fahrzeugsystem, DEMAG-Fördertechnik, Wetter (Ruhr) 1971
Bild 14-2: Dornier-Rufbus in „Dornier erlebt" 2009, Hrsg. Freundes- und Förderkreis Dornier Museum
Bild 14-3: aus [14-3]
Bild 14-4: aus [14-4]
Bild 14-9: aus [14-10]
Bild 14-10: aus [14-10]
Bild 15-11: Bau des Halbmodells durch die Schreinerei der Uni. Stuttgart und durch die Werkstatt des OKFD
Bild 15-21: Johnson Controls GmbH, Burscheid, Stand IAA 2013

Bild 15-22/23: RECARO Automotive Seating,
              Kirchheim, Stand 2013

Alle anderen Bilder aus den Forschungs- und
Designprojekten sowie den Publikationen des
Verfassers.
Die Bilder aus der Geschichte des Transporta-
tion-Designs stammen mehrheitlich aus Seeger
2007.

Abkürzungen:

StA   Studienarbeit
DA   Diplomarbeit
Diss.   Doktorarbeit
IMK   Institut für Maschinenkonstruktion
          und Getriebebau bis 2005
IMK-TD   Forschungs- und Lehrgebiet Techni-
          sches Design am IMK
IKTD   Institut für Konstruktionstechnik und
          Technisches Design seit 2005
IVK   Institut für Verbrennungsmotoren
          und Kraftfahrwesen
HS   Hochschule (früher: Fachhochschule)

Sachwortverzeichnis

Ihr Bonus als Käufer dieses Buches

Als Käufer dieses Buches können Sie kostenlos das eBook zum Buch nutzen. Sie können es dauerhaft in Ihrem persönlichen, digitalen Bücherregal auf springer.com speichern oder auf Ihren PC/Tablet/eReader downloaden.

Gehen Sie dazu bitte wie folgt vor

1. Gehen Sie zur springer.com/shop und suchen Sie das vorliegende Buch (am schnellsten über die Eingabe der ISBN).
2. Legen Sie es in den Warenkorb und klicken Sie dann auf „zum Einkaufwagen/zur Kasse".
3. Geben Sie den unten stehenden Coupon ein. In der Bestellübersicht wird damit das eBook mit 0, - € ausgewiesen, ist also kostenlos für Sie.
4. Gehen Sie weiter zur Kasse und schließen den Vorgang ab.
5. Sie können das eBook nun downloaden und auf einem Gerät Ihrer Wahl lesen. Das eBook bleibt dauerhaft in Ihrem Springer digitalem Bücherregal gespeichert.

Ihr persönlicher Coupon

9emMkc4bp8CSBtQ